高职高专食品类专业系列规划教材

GAOZHI GAOZHUAN SHIPINLEI ZHUANYE XILIE GUIHUA JIAOCAI

食品微生物检测技术

主　编◇刘兰泉　刘建峰

副主编◇王　东　李和平　吴俊琢

U0341821

重庆大学出版社

内 容 提 要

本书主要介绍了食品微生物基础、光学显微镜使用技术、培养基配制技术、消毒与灭菌技术、微生物的分离、纯化与保藏技术、食品微生物检测技术等主要内容。本书对食品微生物检测技术的基本知识作了比较系统而详细的阐述,并以项目实施为载体加强了实践动手能力的强化培训。在编写过程中,本书广泛采纳了国内高职高专院校食品专业同行的大量建议,紧密结合了当前高职高专院校教育教学改革和企业生产的实际需要。

本书可作为高职高专食品、生物技术等专业基础课教材,也可作为生物技术、食品酿造等相关专业微生物知识的选修课教材,还可作为食品微生物相关生产者和科研工作者的参考资料和食品微生物检测技术的科普读物。

图书在版编目(CIP)数据

食品微生物检测技术/刘兰泉,刘建峰主编. —重庆:重庆大学出版社,2013.8
高职高专食品类专业系列规划教材
ISBN 978-7-5624-7509-5

Ⅰ.①食… Ⅱ.①刘…②刘… Ⅲ.①食品微生物—微生物检定—高等职业教育—教材 Ⅳ.①TS207.4

中国版本图书馆 CIP 数据核字(2013)第 130891 号

食品微生物检测技术

主 编 刘兰泉 刘建峰
策划编辑:屈腾龙
责任编辑:文 鹏 刘钥凤　　版式设计:屈腾龙
责任校对:贾 梅　　　　　　责任印制:赵 晟

*

重庆大学出版社出版发行
出版人:邓晓益
社址:重庆市沙坪坝区大学城西路 21 号
邮编:401331
电话:(023) 88617190　88617185(中小学)
传真:(023) 88617186　88617166
网址:http://www.cqup.com.cn
邮箱:fxk@cqup.com.cn(营销中心)
全国新华书店经销
重庆市远大印务有限公司印刷

*

开本:787×1092　1/16　印张:15.25　字数:381 千
2013 年 8 月第 1 版　　2013 年 8 月第 1 次印刷
印数:1—3 000
ISBN 978-7-5624-7509-5　定价:30.00 元

本书如有印刷、装订等质量问题,本社负责调换
版权所有,请勿擅自翻印和用本书
制作各类出版物及配套用书,违者必究

高职高专食品类专业系列教材

GAOZHI GAOZHUAN SHIPINLEI ZHUANYE XILIE JIAOCAI

◀ 编委会 ▶

总主编　李洪军

包志华	冯晓群	付　丽	高秀兰
胡瑞君	贾洪锋	李国平	李和平
李　楠	刘建峰	刘兰泉	刘希凤
刘　娴	刘新社	唐丽丽	王　良
魏强华	辛松林	徐海菊	徐衍胜
闫　波	杨红霞	易艳梅	袁　仲
张春霞	张榕欣		

高职高专食品类专业系列教材

GAOZHI GAOZHUAN SHIPINLEI ZHUANYE XILIE JIAOCAI

◀ 参加编写单位 ▶

（排名不分先后，以拼音为序）

安徽合肥职业技术学院	黑龙江农业职业技术学院
重庆三峡职业学院	黑龙江生物科技职业学院
甘肃农业职业技术学院	湖北轻工职业技术学院
甘肃畜牧工程职业技术学院	湖北生物科技职业学院
广东茂名职业技术学院	湖南长沙环境保护职业技术学院
广东轻工职业技术学院	内蒙古农业大学
广西工商职业技术学院	内蒙古商贸职业技术学院
广西邕江大学	山东畜牧兽医职业学院
河北北方学院	山东职业技术学院
河北交通职业技术学院	山东淄博职业技术学院
河南鹤壁职业技术学院	山西运城职业技术学院
河南漯河职业技术学院	陕西杨凌职业技术学院
河南牧业经济学院	四川化工职业技术学院
河南濮阳职业技术学院	四川烹饪高等专科学校
河南商丘职业技术学院	天津渤海职业技术学院
河南永城职业技术学院	浙江台州科技职业学

前言
Foreword

　　食品微生物检测技术已经并将继续为农产品的生物转化、微生物资源利用与开发、安全生产等做出重大贡献。作为一门专业基础课课程,根据教育部(教高[2000]2号)《关于加强高职高专教育和人才培养工作的意见》和(教高司[2000]19号)《关于加强高职高专教育教材建设的意见》的精神,编写过程中紧密结合了当前高职高专教育教学改革和相关教材建设的实际需要,将培养高端应用型专门人才作为全书编写的指导原则。

　　本书的编写按照"工学结合"与"教学做一体化"的课程建设和强化职业能力培养的要求,主要从六个项目对食品微生物检测技术的主要内容进行了阐述。在编写的结构安排上,我们既注重了知识体系的完整性、系统性,也突出了相关生产岗位核心技能掌握的重要性,明确了相关工种的国家职业技能鉴定要求。

　　参加本书编写工作的有王东(重庆三峡职业学院,编写绪论;计1万字)、刘兰泉(重庆三峡职业学院,编写项目1、项目3;计11万字)、刘建峰(湖北轻工职业技术学院,编写项目2中知识目标、能力目标及理论基础2.1;计1万字)、吴俊琢(濮阳职业技术学院,编写项目2中任务2.2;计2万字)、张红娟(杨凌职业技术学院,编写项目4;计2万字)、徐晓霞(甘肃农业职业技术学院,编写项目6中任务6.1;计1万字)、张娟梅(商丘职业技术学院,编写项目6中任务6.2;计1万字)、王涛(黑龙江农业职业技术学院,编写项目6中知识目标、能力目标及任务6.3、6.4、6.5、6.6;计5.5万字)、胡海霞(内蒙古农业大学职业技术学院,编写项目5;计3万字)、李和平(河南牧业经济学院,编写附录2、3、4、5;计1万字)、邱正福(重庆啤酒股份有限公司,编写附录1;计0.5万字)。全书由刘兰泉副教授统稿和定稿,由重庆诗仙太白酒业(集团)有限公司正高级工程师程宏连同志主审。

　　在编写过程中,本书参考了有关专著和文献,在此向相关作者致以敬意和感激,也感谢编者所在单位的领导和同事对本书编写工作提供了大量的无私帮助和支持。

　　本书在编写结构及内容等方面进行了一次全新的改革,加之食品微生物检测技术又是一门新兴及交叉课程,涉及的学科门类广泛,更因编者的水平有限,书中存在疏漏或不足,恳切希望同行和广大读者不吝指正。

刘兰泉

2013年3月

目 录
Contents

0 绪论 ……………………………………………………………… 1
  0.1 微生物的概念 ………………………………………………… 1
  0.2 微生物的特点 ………………………………………………… 1
  0.3 微生物学的形成和发展 ……………………………………… 2
  0.4 食品微生物学 ………………………………………………… 3
  0.5 食品微生物学的研究内容和任务 …………………………… 4
  0.6 食品微生物检验技术的目的及任务 ………………………… 5

项目1 食品微生物基础 ………………………………………………… 6
  任务1.1 原核微生物(理论基础) ……………………………… 7
  任务1.2 真核微生物 ……………………………………………… 17
  任务1.3 病毒 ……………………………………………………… 24
  任务1.4 营养与代谢 ……………………………………………… 32
  任务1.5 微生物与食物中毒 ……………………………………… 48
  思考题 ………………………………………………………………… 61

项目2 光学显微镜使用技术 …………………………………………… 62
  任务2.1 理论基础 ………………………………………………… 63
  任务2.2 细菌形态观察技术 ……………………………………… 69
  思考题 ………………………………………………………………… 81

项目3 培养基配制及发酵控制技术 …………………………………… 82
  任务3.1 理论基础 ………………………………………………… 83
  任务3.2 马铃薯-葡萄糖培养基的配制技术 …………………… 93
  思考题 ………………………………………………………………… 98

项目4 消毒与灭菌技术 ………………………………………………… 99
  任务4.1 理论基础 ………………………………………………… 100
  任务4.2 干热灭菌技术 …………………………………………… 110
  任务4.3 高压蒸汽灭菌技术 ……………………………………… 112
  任务4.4 紫外线灭菌技术 ………………………………………… 114

思考题 ·· 117

项目 5　微生物的分离、纯化与保藏技术 ······························· 118
　　任务 5.1　常用基本技术 ·· 119
　　任务 5.2　理论基础 ··· 125
　　任务 5.3　菌种保藏方法 ·· 141
　　任务 5.4　液体石蜡保藏法 ··· 148
　　思考题 ·· 149

项目 6　食品微生物检测技术 ··· 150
　　任务 6.1　霉菌形态的观察和数量测定 ································· 151
　　任务 6.2　酵母菌的形态观察及鉴别 ···································· 170
　　任务 6.3　微生物的无菌操作和接种技术 ······························ 177
　　任务 6.4　环境和人体表面微生物的检验 ······························ 188
　　任务 6.5　食品中大肠菌群的检验 ······································· 195
　　任务 6.6　化学药剂对微生物的作用 ···································· 202
　　思考题 ·· 208

附录 ··· 210
　　附录一　食品检验工国家职业标准 ······································ 210
　　附录二　常用培养基的制备 ·· 212
　　附录三　染色液的配制 ·· 226
　　附录四　常用消毒剂的配制 ·· 230
　　附录五　常用消毒剂的使用方法 ··· 231

参考文献 ·· 235

绪 论 0

0.1 微生物的概念

微生物是指用肉眼不能观察到的一群微小生物的总称,它是一大群种类各异、独立生活的生物体。这些微小的生物包括:无细胞结构不能独立生活的病毒、亚病毒(类病毒、拟病毒、朊病毒),原核细胞结构的真细菌、古细菌和有真核细胞结构的真菌(酵母、霉菌、蕈菌等)。有的也把藻类、原生动物包括在其中。在以上这些微小生物群中,大多数是肉眼不可见的,像病毒等生物体,即使在普通光学显微镜下也不能看到,必须在电镜下才能观察得到。"微生物"是一个微观世界里生物体的总称,它们的数量之多,不啻天文数字;种类繁杂,仅真菌就达 7 万种。

0.2 微生物的特点

微生物和动植物一样具有生物最基本的特征,即新陈代谢,有其生命周期,还有其自身的特点:

1)个体微小,结构简单

微生物很小,肉眼不能直接观察,衡量它的大小都用微米(μm)、纳米(nm)计。每个细菌的重量只有 $1 \times 10^{-9} \sim 1 \times 10^{-10}$ mg,即大约 10 亿个菌的质量总和才有 1 mg,这样小的个体,随处都是它们的藏身之地。

微生物的结构非常简单。大多数微生物为单细胞,只有少数为简单的多细胞,有的甚至还不具备完整的细胞结构。

2)代谢旺,繁殖快

代谢旺盛和繁殖快是微生物最重要的特点之一。因为单个细胞其生命周期是有限的,不会保持很长时间,而代谢旺盛和繁殖快速能使微生物很快就发展成为一个种群。以细菌为例,通常每 20 ~ 30 min 即可分裂 1 次,繁殖 1 代,其数目比原来增加 1 倍。按一个细菌每 20 min 分裂 1 次,而且每个克隆子细胞都具有同样的繁殖能力,那么 1 h 后就是 8 个,2 h 后就是 64 个,24 h 后,就是一个很庞大的数量。

3）种类多，分布广

微生物的研究比动植物晚很多，加之微生物物种的鉴定工作及相关标准等问题相当复杂，所以，目前确定的微生物种数仅有 10 万多种。随着科技的发展，将来肯定会有更多的微生物被发现和利用。

微生物的分布也极其广泛，有动植物生存的地方都有它们存在，没有动植物生存的地方，也有它的踪迹。万米以上的高空，几千米以下的海底，90 ℃以上的温泉，冰冷的南极和北极，沙漠以及动植物组织内部等处都有微生物存在。

4）适应强，易变异

微生物对环境条件及"极端环境"具有惊人的适应性，是动植物所无法比拟的。有些微生物体外附着一个保护层，如荚膜等，一是可作为营养，二是抵御吞噬细胞对它的吞噬。细菌的休眠体芽孢、放线菌的分生孢子和真菌孢子都有比繁殖体大得多的对外界抵抗力，这些芽孢和孢子一般都能存活数月、数年甚至数十年。一些极端微生物都有相应特殊结构蛋白质、酶和其他物质，使其适应于恶劣环境，使物种能延续。

虽然微生物的变异频率不高，但由于时代短和子代数量大，可在短时间内产生大量变异的后代。变异的表现涉及结构、形态、抗性、代谢产物的种类和产量，等等。

5）食谱杂，易培养

土壤是现已发现的微生物的基质大本营。1 g 肥土含几十亿个微生物，几乎成了微生物的天下，从简单的无机物到复杂的有机物，都有能利用的微生物种类。有些物质如纤维素、塑料等不能被其他生物利用，但有些微生物就可以利用它们。这反映了微生物对物质利用的多样性和广泛性，也使得微生物的培养变得容易。

微生物这一特点有利于人类对自然界进行综合利用，变废为宝，为人类创造更多的财富。

微生物因为个体微小，繁殖又快，观察和研究常以其群体为对象，而且必须从众多而复杂的混合菌中分离出来，变成纯培养物。这样，无菌技术、分离、纯化、培养技术、显微观察技术以及杀菌技术就是微生物学必备的基本技术，没有这些技术就无从着手。又由于表面积和体积的比值大，与外界环境的接触面大，因而受环境影响也大。一旦环境变化，不适于微生物生长时，很多微生物就会死亡，只有少数个体发生变异而存活下来。人们正是利用微生物这个特点，根据需要实施对菌种的人工诱变，再进行筛选，最终得到目的菌。

0.3　微生物学的形成和发展

微生物学的研究对象是微生物。研究微生物及其生命活动规律的科学称为微生物学。人类在长期的生产实践中利用微生物、认识微生物、研究微生物、改造微生物，使微生物学的研究工作日益得到深入和发展（表 0.1）。

表 0.1　微生物学的发展简史

发展时期	时间	特点	代表人物
感性认识时期	约 8 000 年前~17 世纪中叶	人类已在不自觉地应用微生物进行酿酒、酿醋、制酱、沤肥等活动;未发现微生物的存在	各国劳动人民
形态学时期	17 世纪中叶~19 世纪中叶	第一次发现了微生物的存在并对微生物进行形态描述;微生物学开始建立及创立微生物学研究的基本方法	列文虎克(第一个看到微生物的人)
生理学时期	19 世纪中叶~19 世纪末	普通微生物学开始形成;建立了微生物学研究的基本技术	巴斯德(微生物学奠基人)、柯赫(细菌学奠基人)
近现代微生物学发展时期	20 世纪以后	DNA 双螺旋结构模型的建立;广泛运用分子生物学理论和现代研究方法,深刻揭示微生物的各种生命活动规律;以基因工程为主导,把传统的工业发酵提高到发酵工程新水平;微生物基因组的研究促进了生物信息学时代的到来	E. Buc hner(生物化学奠基人) J. Watson 和 F. Crick(分子生物学奠基人)

0.4　食品微生物学

食品微生物学是微生物学的一个分支学科,隶属于应用微生物学范畴(图 0.1)。食品微生物学是研究与食品有关的微生物的特性,研究食品中微生物与微生物、微生物与食品、微生物—食品—人体之间的相互关系,研究微生物以(农副产品)基质为栖息地,快速生长繁殖的同时,又改变栖息地农副产品的物理化学性质,即转化为所需要附加值高的各类食品产品、食品中间体,研究食品原料、食品生产过程、产品包装、贮藏和运输过程微生物介导的不安全因素及其控制。

食品微生物学以食品有关的微生物为主要研究对象,所涉及的范围很广,涉及的学科很多,又是实践性很强的一门学科。同时,在某些方面受一定法规的约束,所以有一个标准化的问题,即在对食品的生产、销售、贸易中均有相应的统一规定和限制,尤其是其中的卫生质量标准,都明确规定了微生物学指标及相应的检验方法。这些都是强制性的标准,都必须遵照执行。

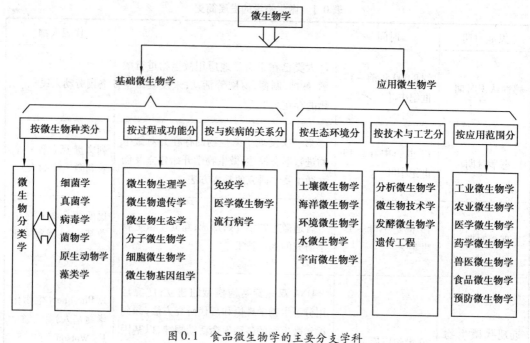

图 0.1 食品微生物学的主要分支学科

0.5 食品微生物学的研究内容和任务

  食品微生物学是专门研究微生物与食品之间相互关系的一门学科。食品微生物学是一门综合性的学科,是微生物学的一个重要分支学科,融合了普通微生物学、工业微生物学、医学微生物学、农业微生物学等学科与食品相关的知识,同时又渗透了生物化学和化学工程有关的内容。食品微生物学是食品科学与工程专业的专业基础课,学习这门课程是为了让食品专业的学生打下牢固的微生物学基础和掌握熟练的食品微生物学技能。食品微生物学的研究内容包括:研究与食品有关的微生物的生命活动规律;研究如何利用有益微生物为人类制造食品;研究如何控制有害微生物,防止食品的腐败变质;研究食品中微生物的检测方法,制定食品中微生物指标,从而为判断食品的卫生质量提供科学依据。

  微生物在自然界广泛存在,在食品原料和大多数食品上都存在着微生物。但是,不同的食品或在不同的条件下,其微生物的种类、数量和作用亦不相同。食品微生物学研究的内容包括与食品有关的微生物的特征、微生物与食品的相互关系及其生态条件等,所以从事食品科学的人员应该了解微生物与食品的关系。一般来说,微生物既可在食品制造中起有益作用,又可通过食品给人类带来危害。

1)有害微生物对食品的危害及防止

  微生物引起的食品有害因素主要是食品的腐败变质,因而使食品的营养价值降低或完全丧失。有些微生物是使人类致病的病原菌,有的微生物可产生毒素。如果人们食用含有大量病原菌或毒素的食物,可引起食物中毒,影响人体健康,甚至危及生命。所以食品微生物学工作者应该设法控制或消除微生物对人类的这些有害作用,采用现代的检测手段,对食品中的微生物进行检测,以保证食品安全性,这也是食品微生物学的任务之一。

2)有益微生物在食品制造中的应用

以微生物供应或制造食品,这并不是新事物。早在古代,人们就采食野生菌类,利用微生物酿酒、制酱,但当时并不知道微生物的作用。随着对微生物与食品关系的认识日益深刻,逐步阐明微生物的种类及其机理,也逐步扩大了微生物在食品制造中的应用范围。概括起来,微生物在食品中的应有三种方式:①微生物菌体的应用。食用菌是受人们欢迎的食品;乳酸菌可用于蔬菜和乳类及其他多种食品的发酵,所以,人们在食用酸奶和泡菜时也食用了大量的乳酸菌;单细胞蛋白(SCP)就是从微生物体中所获得的蛋白质,也是人们对微生物菌体的利用。②微生物代谢产物的应用。人们食用的食品中,有很多是经过微生物发酵作用的代谢产物,如酒类、食醋、氨基酸、有机酸、维生素等。③微生物酶的应用。如豆腐乳、酱油。酱类是利用微生物产生的酶将原料中的成分分解而制成的食品。微生物酶制剂在食品及其他工业中的应用更是日益广泛。

0.6 食品微生物检测技术的目的及任务

食品微生物检测技术就是研究各类食品微生物组成成分的检测方法、检测技术及相关理论的一门技术性和应用性的学科。

食品微生物检测技术的目的与任务就是依据物理、化学、生物化学等学科的基本理论和国家食品卫生标准,运用现代科学技术和分析手段,对各类涉及微生物制备的食品进行检测,以保证产品质量合格。

食品微生物检测技术的内容和范围主要包括:一是食品中有毒有害物质的检测,具体包含有害化学元素、农药及其残留物、各类微生物及其毒素等;二是食品添加剂的检验;三是食品营养物质的检验。

食品微生物检测技术的方法主要包括:感官检验法、化学分析法、仪器分析法、微生物分析法、酶分析法等。

项目1
食品微生物基础

知识目标

◎了解原核微生物、真核微生物在形态及基本结构等方面的知识和区别；了解病毒的基本结构；了解微生物的细胞组成及营养物质；了解食品中常见细菌、霉菌等常识。

◎理解细菌、霉菌引起的食物中毒机理；理解噬菌体的危害及应用；理解微生物的呼吸及物质代谢过程。

能力目标

◎具备细菌、霉菌及酵母菌的基本形态等的鉴别能力。

◎树立起食品微生物检验技术的无菌意识。

◎掌握细菌、霉菌等引起的食物中毒的中毒症状、病原微生物及来源。

任务1.1 原核微生物（理论基础）

原核微生物，是指一大类细胞核无核膜，仅有由裸露 DNA 构成核区的原始单细胞生物，主要包括细菌、蓝细菌、放线菌、立克次氏体、支原体和衣原体等。

1.1.1 细 菌

细菌是一类个体微小、结构简单、细胞壁坚韧、主要以二分裂法繁殖和水生性较强的单细胞原核微生物。在自然界中，细菌分布最广、数量最多，与食品关系最密切，是食品工业、发酵工业的主要研究对象，也是引起食品腐败变质的主要微生物来源。

1)细菌的生物学特性

(1)细菌的形态

细菌的基本形态有 3 种，分别为球状、杆状和螺旋状。杆状最为常见，球状次之，螺旋状较少见。还有少数其他形态如梨状、圆盘形、方形、星形和三角形等。

①球菌:球菌是一类菌体呈球形或近似球形的细菌。根据其分裂方向、分裂后子细胞的分离粘连程度及排列方式，可以分为 6 种类型(图 1.1):单球菌、双球菌、链球菌、四联球菌、八叠球菌、葡萄球菌。

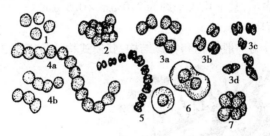

图 1.1 球菌的各种形态及排列方式

1.球菌;2.葡萄球菌;3.双球菌;4.链球菌;

5.具双球菌的链球菌;6.具荚膜的球菌;7.八叠球菌

②杆菌:杆状的细菌称为杆菌。菌种不同，菌体细胞的长短、粗细、弯度等都有差异。杆菌的形态多样(图 1.2)。

图 1.2 杆菌的形态

7

同种杆菌的粗细比较稳定,长短因环境条件的不同而有较大变化。根据菌体长短的不同,有长杆菌(如枯草芽孢杆菌)、短杆菌或球杆菌(如甲烷短杆菌属);根据菌体两端的形态不同,多数菌体两端钝圆,有些呈平截状或刀切状(如炭疽芽孢杆菌);根据菌体某个部位是否膨大,有棒状杆菌(如北京棒状杆菌)和梭状杆菌(如丙酮丁醇梭菌)。有的杆菌在一端分支,故呈"丫"或叉状(如双歧杆菌属);有的杆菌稍弯曲而呈月亮状或弧状(如脱硫弧菌属)。杆菌的细胞排列有"八"字状、栅状、链状以及有菌鞘的丝状。

③螺旋菌:菌体呈弯曲状的细菌称为螺旋菌。根据其弯曲情况可分为弧菌和螺菌。弧菌菌体仅一个弯曲,呈弧形或逗号形,如霍乱弧菌、逗号弧菌;螺菌菌体有多个弯曲,如鼠咬热螺菌。

细菌的形态与环境因素有关,培养温度、培养时间、培养基的成分和浓度等都可影响细菌的形态。一般在幼龄及生长条件适宜时,细菌形态正常;而在陈旧培养物或处于不正常的培养条件下,如含有药物、抗生素、抗体、高浓度的 NaCl 等,细菌细胞会表现出不正常形态,尤其是杆菌。这种由环境条件而引起的非正常形态的细菌,若获得适宜条件,会恢复正常形态。一般在适宜条件下,细菌培养 8 ~ 18 h,形态比较典型。因此,在观察细菌的形态时,必须注意培养的时间。

(2)细菌的大小

细菌细胞大小的度量单位是微米(μm),使用显微测微尺在显微镜下可以测量其大小。球菌的大小用其直径表示,直径一般为 $0.5 \sim 2.0$ μm;杆菌的大小用长度×宽度表示,大小一般为 $(1.0 \sim 5.0)\mu$m × $(0.5 \sim 1.0)\mu$m;螺旋菌大小的表示与杆菌一样,只是其长度指的是弯曲形长度,而不是真正的总长度,大小为 $(1.0 \sim 5.0)\mu$m × $(0.3 \sim 1.0)\mu$m。典型细菌的大小可用大肠杆菌表示,其平均大小约为 2.0 μm × 0.5 μm。

(3)细菌的细胞结构

细菌的细胞结构分为一般结构和特殊结构,其模式构造见图1.3。

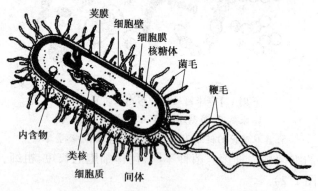

图 1.3　细菌细胞结构的模式图

①一般结构。细菌的一般结构也称基本结构,是所有细菌都具有的,包括细胞壁、细胞膜、细胞质、核质体。除细胞壁外的其余部分合称为原生质体。

a.细胞壁:细胞壁位于菌体最外层,坚韧且略具弹性,占细胞干重的 10% ~ 25%,主要成分为肽聚糖。细胞壁的基本功能:固定细胞外形(去细胞壁后的原生质体呈球形);为细胞的生长、分裂和鞭毛的着生、运动等所需;保护细胞免受外力的损伤(如革兰氏阳性细菌可承受 15 ~ 25 个大气压的渗透压,革兰氏阴性细菌可承受 5 ~ 10 个大气压);与细菌的抗原性、致病性和对抗生素及噬菌体的敏感性密切相关。

由于细菌细胞极其微小又十分透明，在光学显微镜下观察不方便。丹麦医生 C. Gram 创立了革兰氏染色法，几乎可以将所有细菌分成两大类。其主要操作过程是：先用草酸铵结晶紫液初染，再用碘液媒染，然后用95%乙醇脱色，最后用蕃红(沙黄)等红色染料复染。被染成紫色的细菌称为革兰氏阳性细菌(G^+)；染成红色的细菌称为革兰氏阴性细菌(G^-)。

b. 细胞膜与间体：细胞膜是紧贴细胞壁内侧的一层柔软、富有弹性的半透性薄膜，约占细胞干重的10%，其主要成分为双层磷脂和蛋白质，还有少量糖类，蛋白质有些穿过磷脂层，有些位于表面。细胞膜具有的生理功能：控制细胞内、外的物质(营养物质及代谢废物)的运送、交换；参与合成膜脂、细胞壁各种组分和荚膜等大分子；参与产能代谢，在细菌中，电子传递链和 ATP 合成酶均位于细胞膜；分泌细胞壁和荚膜的成分、胞外蛋白(各种毒素、细菌溶菌素)以及胞外酶；维持细胞内正常的渗透压；参与 DNA 的复制与子细菌的分离；鞭毛的着生点和提供其运动所需的能量等。

间体是细胞膜内陷形成的层状、管状或囊状结构，又称中体。它的功能目前还不完全了解。位于细胞中央的间体可能与 DNA 复制与横隔壁的形成有关，位于细胞周围的间体可能是分泌胞外酶(如青霉素酶)的地点。它可能还与细菌的呼吸和芽孢的形成有关。

c. 细胞质：细胞膜所包围的、除核质体以外的一切无色、透明、黏稠的胶状物质统称为细胞质。其主要成分是蛋白质、核酸、脂类、水分、多糖类及少量无机盐类。细胞质中含有很多酶系，是新陈代谢的主要场所。细胞质含有多种内含物，有质粒、核糖体、贮藏颗粒等。

d. 核区：细菌是原核细胞，无成形的细胞核，不具核膜和核仁，故称为"类核"、核区、核质体。核区由一个环状双链 DNA 分子高度缠绕而成，其长度达 0.25～1 mm，一般位于细胞的中央，呈球状、卵圆状、哑铃状或带状。核区的功能相当于细胞核，是细菌遗传的物质基础。

②特殊结构。特殊结构为某些种类的细菌所具有，包括鞭毛、菌毛、荚膜、芽孢等。特殊结构对细菌的生命活动非必需，在分类鉴定上具有重要意义。

a. 荚膜：荚膜是覆盖在某些细菌细胞壁外的一层厚度不定、富含水分的多糖黏胶状物质。折光率低，不易着色，可用负染色法在光学显微镜下观察到。有三种基本形态(图1.4)：大荚膜(较厚、有明显的外缘和一定的形状、与细胞壁结合紧密)；微荚膜(薄、与细胞壁结合较紧密)；黏液层(厚、没有明显的边缘、结合比较松散)。黏液层能将多个菌体黏合在一起形成分支状的大型黏胶物，称为菌胶团。

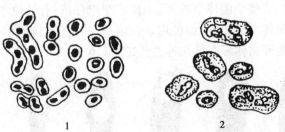

1　　　　　　　　2

图 1.4　细菌荚膜的形态
1.细菌的荚膜；2.细菌的菌胶团

　　荚膜的基本功能:贮藏养料(必要时可为细菌提供营养等);保护作用(含水分,可保护细菌免于干燥;可抵御吞噬细胞的吞噬;可保护菌体免受噬菌体和其他物质的侵害);致病功能(为主要表面抗原,是某些病原菌的毒力因子;是某些病原菌必需的黏附因子)。

　　产荚膜细菌除了致病外,还给食品工业带来危害,如产荚膜菌的污染将导致"黏性牛奶""黏性面包",肠膜状明串珠菌产生的黏液影响糖液的过滤。

　　b. 鞭毛:鞭毛是某些细菌体表生长的一种纤长而呈波浪形弯曲的丝状物,起源于细胞膜内侧的基粒,穿过细胞膜和壁而伸到外部。数目从 1~2 根到数百根。鞭毛的直径只有 10~20 nm,长度达 15~20 μm,超过菌体长度数倍到数十倍不等。经电镜技术、特殊染色、暗视野、悬滴法或半固体穿刺法可看到或判断鞭毛的存在。所有弧菌、螺菌和假单胞菌,约半数杆菌和少数球菌具有鞭毛。鞭毛着生的位置和数目主要有一端单生、两端单生、一端丛生、两端丛生和周生几种类型(图 1.5)。鞭毛是细菌的运动器官。

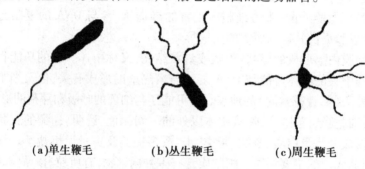

(a)单生鞭毛　　　　(b)丛生鞭毛　　　　(c)周生鞭毛

图 1.5　鞭毛菌的几种主要类型

　　c. 菌毛:菌毛是某些 G⁻ 菌(如大肠杆菌、铜绿假单胞菌、伤寒沙门氏菌和霍乱弧菌等)与 G⁺ 菌(如链球菌属等)的个别菌体表面的细毛状物,呈中空柱状,细、短、直,数目多,周身分布。由菌毛蛋白组成,非运动器官。其基本功能是:促进细菌的黏附(如沙门氏菌、霍乱弧菌和淋病奈瑟氏菌等致病菌依靠菌毛黏附于宿主的肠上皮细胞和生殖道而致病);是 G⁻ 菌的抗原;促使好氧菌或兼性厌氧菌形成菌膜。

　　d. 芽孢:某些细菌生长到后期,在细胞内形成一个圆形或椭圆形、折光性强、壁厚、具抗逆性的休眠体,称为芽孢。一个细胞仅形成一个芽孢,一个芽孢只能形成一个菌体,所以芽孢无繁殖功能。绝大多数产芽孢的细菌为 G⁺ 杆菌,主要为好氧的芽孢杆菌属和厌氧的梭状芽孢杆菌属。

　　芽孢的形状、大小和位置因菌种而异。大多数厌气性芽孢杆菌的芽孢直径大于菌体的宽度且位于菌体中央,故整个菌体呈梭形,如梭状芽孢杆菌;有的位于菌体的一端,且直径大于细菌的宽度,使菌体呈鼓槌状,如破伤风梭菌;有的位于细胞中央,直径小于菌体的宽度,如枯草杆菌。芽孢和菌体形态的几种类型如图 1.6 所示。

图 1.6　各种芽孢的形态和位置示意图

芽孢的代谢活性很低,对干燥、热、化学药物(酸类和染料)和辐射等具有高度抗性。比如肉毒梭菌在沸水中能存活数年之久,而其营养细胞在80 ℃仅需5～10 min即可死亡。芽孢对理化因素抵抗力强的原因与其结构及成分有关。芽孢具有多层结构(图1.7),由外到内依次为:芽孢外壁,为保护层,主要由蛋白质、脂质和糖类组成;一层或几层芽孢衣,主要成分为蛋白质,致密,通透性差,能抗酶和化学物质的透入;皮层,约占芽孢总体积的一半,主要由一种芽孢所特有的肽聚糖组成,渗透压很高。

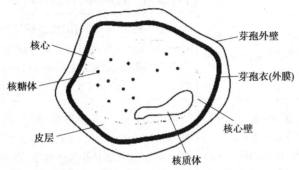

图1.7　细菌芽孢结构模式图

研究细菌的芽孢的意义:芽孢是细菌分类鉴定的重要依据之一;也是制定灭菌标准的基本依据。在食品工业上,主要以杀灭肉毒梭菌、破伤风梭菌、产气荚膜梭菌和嗜热脂肪芽孢杆菌等强致病性或高耐热性细菌的芽孢为标准,嗜热脂肪芽孢杆菌的芽孢在121 ℃下12 min才能杀死,因此要求湿热灭菌在121 ℃下至少保持15 min。

(4)细菌菌落的形态特征

将单个微生物细胞或少数同种细胞接种在固体培养基的表面,繁殖的细胞会以母细胞为中心,形成肉眼可见的、有一定形态构造的子细胞群体,称为菌落。如果固体培养基表面有许多菌落连成一片,便成为菌苔。菌落形态包括大小、形状、边缘、颜色、光泽、隆起、质地、扩展性、透明度等。

细菌菌落的共同特征:湿润、光滑、较黏稠、较透明、易挑取、质地均匀以及菌落正反面或边缘与中央部位的颜色一致等。但是不同细菌的菌落也有自己的特点,如无鞭毛的细菌尤其是球菌,通常形成较小、较厚、边缘整齐的菌落;有鞭毛的细菌,形成的菌落大而扁平、形状不规则和边缘呈锯齿状、波浪状(甚至树根状)等;有荚膜的细菌,其菌落较大且光滑;无荚膜的则表面较粗糙;有芽孢的细菌菌落表面粗糙、多褶、不透明、边缘不规则。

对于细菌菌落的研究成果已广泛应用于菌种的分离、鉴定、纯化、计数和选育等方面,在基因工程中也得到普遍应用。

2)**细菌的繁殖**

细菌最主要的繁殖方式是无性繁殖——二分裂。进行二分裂时,先是DNA复制形成两个核质体,随着细菌的生长,核质体彼此分开,菌体中部的细胞膜也对称地向心凹陷生长,同时核质体均等地分配到凹陷的两边;接着细胞壁沿着凹陷的横隔,向心生长逐渐增厚并于中央会合,形成完整的细胞壁;最后两个子细胞分裂形成独立的新细胞。

3)**食品中常见的细菌**

食品中常见的细菌分葡萄球菌属、微球菌属等(见表1.1)。

表1.1　食品中常见细菌简明表

名　称	菌体形状及大小	生物学特性
葡萄球菌属	细胞呈球形,直径为0.5~1.5 μm,成单球、双球和葡萄串状排列	不运动,无芽孢,革兰氏阳性。本属细菌能产生金黄色、白色和柠檬色色素。在自然界分布极广,大部分不致病,但金黄色葡萄球菌能引起人类生疖、脓肿、伤口的化脓等,还污染食品产生肠毒素,引起食物中毒
微球菌属	细胞呈球形,直径为0.5~2.0 μm,单生、双生或形成四联球菌,不成链	一般不运动,革兰氏阳性,菌落呈黄色、淡黄色、绿色或橘红色,因此食品被该菌污染后会改变颜色。能耐热和耐受高浓度的盐,少数种能生长在寒冷的地方,引起冷藏食品腐败变质。广泛分布于土壤、淡水和海水、新鲜谷物和陈粮中
芽孢杆菌属	细胞呈直杆状,大小为(0.5~2.5) μm×(1.2~10.0) μm,单个、成对或短链状排列,具有圆端或方端,极生或周生鞭毛	运动或不运动,芽孢椭圆、卵圆、柱状或圆形,革兰氏阳性,需氧或兼性厌氧。在自然界分布广泛。本属细菌中的枯草芽孢杆菌、蜡状芽孢杆菌等,是食品工业上常见的腐败菌,产蛋白酶的能力强,可用来生产蛋白酶;炭疽芽孢杆菌是毒性很强的病原菌,能引起人畜共患炭疽病
醋酸杆菌属	细胞呈椭圆形杆状,单独、成对或成链排列,无芽孢	好氧,喜欢在含糖和酵母膏的培养基上生长。周生鞭毛菌能氧化醋酸生成CO_2和H_2O,而极生鞭毛菌不能。本属细菌可用于酿醋、生产维生素C和葡萄糖酸。目前国内外用于生产食醋的菌种有:奥尔兰醋酸杆菌、许氏醋酸杆菌、巴斯德醋酸杆菌、纹膜醋酸杆菌、恶臭醋酸杆菌等。幼龄菌为革兰氏阴性,老龄不稳定
梭菌属	细胞呈杆状,大小为(0.3~2.0) μm×(1.5~2.0) μm,成对或短链状排列,端部圆或渐尖,形态多,芽孢大于菌体,呈卵圆形至球形,多数种具周身鞭毛	幼龄时常呈革兰氏阳性,厌氧或微需氧。本属细菌污染发酵的豆、麦制品,牛肉、羊肉等肉制品,鱼类、奶制品以及水果罐头等。其中肉毒梭状芽孢杆菌是具有极大毒性的病原菌;热解糖梭菌是分解糖类的专性嗜热菌,常引起蔬菜罐头的产气性变质;腐化梭菌能引起蛋白质食品变质
黄色杆菌属	细胞呈直杆状,大小为(0.2~2.0) μm×(0.5~6.0) μm,或弯曲状,有鞭毛	能运动,无芽孢,革兰氏阴性,好氧或兼性厌氧。能产生黄、橙、红和茶色等脂溶性色素,分解蛋白质的能力强。本属细菌广泛分布于土壤和水中,可引起多种食品如乳、禽、鱼、蛋的腐败变色,也引起蔬菜的腐败变质
沙门氏菌属	细胞呈短杆状,大小为(0.7~1.5) μm×(2.0~5.0) μm,除少数种外,具周生鞭毛,无芽孢,无荚膜	革兰氏阴性。兼性厌氧。能发酵葡萄糖和其他单糖,除个别外,能产酸产气,不发酵乳糖。本属包括四个亚属,根据血清学反应可分为约两千多菌型,是人畜共患的致病菌,污染食品而引起沙门氏菌食物中毒。因此是食品卫生检验中一个重要的卫生指标菌

名　称	菌体形状及大小	生物学特性
志贺氏菌属	细胞呈短杆状,无鞭毛,无芽孢,革兰氏阴性,需氧,喜温	常存在于污染水源和人类消化道中,是引起人类细菌性痢疾的病原菌;能污染食品、牛乳和水,导致痢疾暴发性流行。本属细菌抵抗力较其他肠道菌弱,在食品中存活期较短。也是食品卫生检验中的重要指标菌之一
埃希氏菌属	本属与肠杆菌属都归于大肠菌群。细胞呈短杆状,大小为$(1.1 \sim 1.5)\ \mu m \times (2.0 \sim 6.0)\ \mu m$,无芽孢,周生鞭毛	运动或不运动,单个或成对,革兰氏阴性。生长最适温度为 $30 \sim 37$ ℃,兼性厌氧。不能利用柠檬酸盐作为唯一碳源,能发酵葡萄糖和其他碳水化合物,产生乳酸、乙酸和甲酸。本属细菌是食品中重要的腐生菌,主要存在于人和动物的肠道中,其次为水和土壤中。其中,大肠杆菌是人和哺乳动物肠道中的正常菌群,如在食物中发现一定数目的大肠杆菌,即可证明该食物被粪便污染
假单胞菌属	细胞呈直或弯杆状,大小为$(0.5 \sim 1.0)\ \mu m \times (1.5 \sim 4.0)\ \mu m$,无芽孢,极生鞭毛	能运动,革兰氏阴性,需氧。本属细菌在自然界中分布极为广泛,常见于土壤、水和各种植物体上。某些菌株能强力分解脂肪和蛋白质,在污染的食品表面上可迅速生长,产生水溶性荧光色素、氧化产物及黏液,引起食品变质;在低温下也能很好生长,故可引起冷藏食品腐败变质。其中荧光假单胞菌引起肉类及乳制品腐败;生黑色腐败假单胞菌能在动物性食品上产生黑色素;菠萝软腐病假单胞菌可使菠萝果实腐烂,被损害的组织变黑并枯萎

1.1.2　放线菌

1)放线菌的生物学特性

(1)放线菌的形态

放线菌由于菌落呈放射状而得名,是一类主要呈丝状生长和以孢子繁殖的原核生物。其种类繁多,形态各异,它的菌体是由分支状菌丝组成的,菌丝细胞在培养生长阶段无横隔膜,故一般都呈多核的单细胞状态。

放线菌菌体为单细胞,大部分放线菌的菌体由分支状菌丝组成,这种菌丝状体称为菌丝体。少数为最简单的杆状或有原始分支。其菌丝细长,直径为 $1\ \mu m$,除个别种的气生菌丝形成横隔以外,大多数菌丝无横隔,其中有多个分散的原核,大多数放线菌为革兰氏阳性。其菌丝根据形态和功能不同分为三种类型(图1.8)。

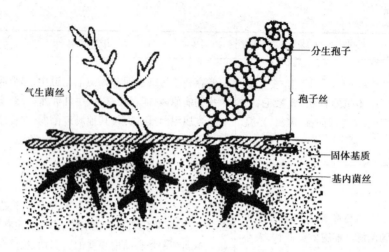

图1.8 放线菌（链霉菌）的三种菌丝

基内菌丝，又称营养菌丝，直径为 $0.2 \sim 0.8 \ \mu m$。在琼脂培养基中，营养菌丝深入到培养基中或匍匐生长在培养基表面上吸收营养。营养菌丝能产生水溶性或脂溶性的各种色素，使培养基或菌落呈现相应的颜色，是鉴定菌种的重要依据。

气生菌丝，营养菌丝体生长发育到一定阶段后，向空间长出分支菌丝体，叫气生菌丝。气生菌丝一般比营养菌丝粗，直径 $1 \sim 1.4 \ \mu m$。气生菌丝颜色较深，少数产生色素，一般无横隔。

孢子丝，又称繁殖菌丝，由气生菌丝逐步成熟时分化而成。孢子丝在气生菌丝上的排列方式，因菌种不同而不同，有直形、钩形、波曲形、螺旋形等。孢子丝的排列方式有交替着生、丛生和轮生等，孢子丝的形态与排列上的差异也是进行分类鉴定的重要依据。孢子丝成熟后，可形成各种各样形态不同的分生孢子。孢子呈球形、椭圆形、杆状、瓜子状等。孢子表面结构有光滑、生刺、带小疣或有毛发状等，成熟的孢子也呈现出特定的颜色。

（2）放线菌的群体特征

放线菌因在固体培养基上产生与细菌有明显区别的菌落，菌落周围具有放射状菌丝而得名。放线菌菌落由菌丝体组成，菌落一般呈圆形、平坦或有许多皱褶，干燥、不透明，表面呈致密的丝绒状或彩色的干粉状。菌落颜色多，正面呈现孢子颜色，背面呈现菌丝颜色。

（3）放线菌菌丝细胞的结构

放线菌菌丝细胞的结构与细菌相似，细胞壁也主要由肽聚糖组成，但不同放线菌细胞壁所含肽聚糖的组成成分不同。细胞壁化学组成中含有原核生物所特有的胞壁酸和二氨基庚二酸，而不含几丁质或纤维素。在幼龄菌丝细胞中有明显的核质体，数量众多。菌丝细胞革兰氏染色一般呈阳性。

2）放线菌的生长和繁殖方式

放线菌以菌丝断裂、产生分生孢子或形成孢囊孢子进行繁殖，其中主要是以形成无性孢子的方式进行繁殖。在液体培养基中，则靠菌丝断裂进行繁殖。有些则是菌丝上形成孢子囊，成熟后释放出大量孢囊孢子。最常见的孢子是分生孢子，如链霉菌等大多数放线菌均能由气生菌丝产生成串的分生孢子;少数放线菌如诺卡氏菌是以营养菌丝分裂形成分生孢子进行繁殖的;有些放线菌产生的孢子则是孢囊孢子,如链孢囊菌和游动放线菌。放线菌孢子形成的方式可归纳为以下三种。

(1)横隔分裂

放线菌有两种形式进行横隔分裂,一种是孢子丝的细胞膜内陷,并由外向内逐渐收缩,形成完整的横隔,孢子丝凝缩成球状或豆状,由旧细胞壁相连成链,成熟后断开形成单个分生孢子,如链霉菌孢子的形成;另一种是当分支状营养菌丝成熟后,细胞壁和细胞膜同时内陷并向中心缢缩,将营养菌丝分节后通过横隔分裂方式形成圆柱状的分生孢子,如诺卡氏菌孢子的形成(图1.9)。

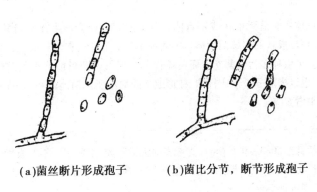

(a)菌丝断片形成孢子　　　　(b)菌比分节,断节形成孢子

图1.9　放线菌的两种横隔分裂方式

(2)在菌丝顶端形成少量孢子

有的放线菌如小单孢放线菌,多数不形成气生菌丝,孢子的形成是在基内菌丝上作单轴分支再生出直而短的特殊分支,分支可再分,分支顶端形成单个圆形、椭圆形或长圆形分生孢子;小双孢菌和小四孢菌这两属放线菌,在基内菌丝上不形成孢子,仅气生菌丝顶端分别形成2个和4个孢子。

(3)形成孢子囊产生孢囊孢子

少数放线菌如链孢囊菌和游动放线菌,在气生菌丝或营养菌丝上形成孢子囊,在孢子囊内形成孢子,孢子囊成熟后破裂释放出多个孢囊孢子。孢囊孢子上着生有一至数根极生或周生鞭毛,可运动。

放线菌也可借各种菌丝节段进行无性繁殖,如在液体中振荡或通气搅拌培养时,很难形成孢子,这时其菌丝片段有繁殖功能,对发酵工业非常重要。

3)常见的放线菌属(表1.2)

可引起食品腐败变质的放线菌很少,绝大多数属于有益菌。据James编著的《现代食品微生物学》第二版中有关的介绍,仅有一属可能对食品有所危害,即链霉菌属。

表1.2　常见的放线菌属简明表

名　称	生物学特性
链霉菌属	营养菌丝多分支,无横隔,纤细(0.5～1 μm),多核。气生菌丝较粗,比基内菌丝宽,形成各种形状的孢子丝,呈直线、螺旋、波曲和轮生等形状,再以横隔分裂方式形成形态各异的孢子,菌落由紧密交织的菌丝体构成,呈平滑、多皱、崎岖或皮革样等各种形状,气生菌丝分化为孢子丝并形成孢子后,菌落表层呈粉状或颗粒状,并具有各种颜色。 　本菌属有千余种,已知其中有六百多个菌种能产生抗生素,占各种生物包括其他放线菌所产生的抗生素种类的90%
诺卡氏菌属	菌丝体弯曲呈树根状或不弯曲。分支的菌丝体会产生横膈膜并断裂成杆状或球状体,并再形成新的多核菌丝体。多数种无气生菌丝只有营养菌丝,以横隔分裂方式形成孢子。少数种在营养菌丝表面覆盖极薄一层气生菌丝或孢子丝,孢子丝个别呈钩状或初旋,也以横隔分裂形成杆状、柱形或椭圆形孢子。菌落较小,表面多皱、干燥、易碎,也有的平滑发亮
小单孢菌属	菌丝纤细(0.3～0.6 μm),直或弯曲无横膈膜,不断裂。不形成气生菌丝,只在基内菌丝上长出很多分支,小梗顶端着生单个孢子,菌落比链霉菌小得多。表面覆盖一薄层孢子,呈现各种颜色
链轮丝菌属	气生菌丝对称轮生,孢子链很短,二级轮生,孢子光滑。主要用于生产各种抗肿瘤、抗霉菌、抗结核等抗生素,如:博莱霉素(链轮丝菌72)、结核放线菌素(灰色链轮丝菌 S. griseoverticillatus)、柱晶白霉素(北里链轮丝菌 S. kitasatoensis)、金丝菌素(硫藤黄链轮丝菌 S. thioluteus)、丝裂霉素 C(头状链轮丝菌 S. caespitosus)等
链孢囊菌属	链孢囊菌属基内菌丝体分支很多,横隔很少,气生菌丝体成丛、散生或同心环排列。主要特征是能形成孢子囊和孢囊孢子,有时还可以形成螺旋孢子丝,成熟后分裂为分生孢子
游动放线菌属	游动放线菌以孢囊孢子繁殖,孢囊着生于营养菌丝体上或孢囊梗上,每分支顶端形成一至数个孢囊,内生孢子。孢子略有棱角,并有一至数个发亮小体和几根端生鞭毛,能运动

任务1.2　真核微生物

真核微生物是指一大类细胞核具有核膜,能进行有丝分裂,细胞质中存在线粒体或同时存在叶绿体等多种细胞器的生物。主要包括酵母菌、霉菌、担子菌、藻类和原生动物等。

1.2.1　酵母菌

酵母菌是一群以出芽繁殖进行无性繁殖的单细胞真菌的统称,不是分类学上的定义。在真菌分类系统中属于子囊菌亚门、担子菌亚门和半知菌亚门。已知酵母菌约有 370 种,多数腐生,少数寄生,分布于含糖丰富、偏酸的环境中。大多具有发酵糖类产生酒精的能力,广泛应用于食品工业。有些酵母菌引起食品腐败变质,少数引起人类疾病。

1)酵母菌的生物学特性

(1)酵母菌的形态大小和细胞结构

酵母菌的形态多样,基本形态为圆形、椭圆形、卵圆形、柠檬形、香肠形等,常见的形态多为卵圆形。细胞的大小与种类有关,一般长 5 ~ 30 μm,宽 1 ~ 5 μm,最大的可达 100 μm。有些可形成假菌丝。

酵母菌是单细胞真核微生物,具有典型的细胞结构(表 1.3),有核膜和核仁,能进行有丝分裂,细胞质中有线粒体、中心体、内质网和高尔基体等细胞器(图 1.10)。在光学显微镜下,可清晰分辨个体细胞及模糊地看到细胞内的结构。

表 1.3　酵母菌细胞结构简明表

名　称	细胞结构主要特征
细胞壁	细胞壁厚约 25 nm,为干重的 25%,其主要成分是甘露聚糖(31%)、葡聚糖(29%)、蛋白质(13%)和类脂质(8.5%)、几丁质等。葡聚糖位于细胞壁的内层,紧邻细胞膜,是酵母菌细胞壁的主要结构成分;甘露聚糖主要分布在外层;蛋白质位于中间层,大多数与多糖相结合,或者以酶的形式与细胞壁结合
细胞膜	酵母菌细胞膜的结构、成分与细菌细胞膜基本相同,但功能没有细菌那样具有多样性
细胞质	细胞质是一种黏稠的胶体,主要成分是蛋白质。幼细胞的细胞质较稠密而均匀,老细胞的细胞质则出现较大的液泡和各种贮藏物。细胞质是新陈代谢的场所,含有核糖核酸 RNA,还有重要的细胞器如线粒体、核糖体、内质网等
细胞核	酵母菌的细胞核较小,直径仅 2 nm,为核膜所包裹,核膜上许多核孔,核内有核仁和染色体。幼年细胞核呈圆形,位于细胞的中央,成年细胞核由于液泡的逐渐扩大而被挤至一边,变为肾形

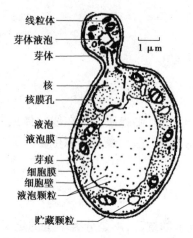

图 1.10　酵母细胞的基本结构

线粒体
芽体液泡
芽体
核
核膜孔
液泡
液泡膜
芽痕
细胞膜
细胞壁
液泡颗粒
贮藏颗粒

1 μm

（2）酵母菌菌落的形态特征

酵母菌的菌落特征是菌种鉴定的重要依据之一。在平板上,酵母菌菌落的形态与细菌很相似,光滑、湿润、黏稠,易被接种环挑起,比细菌菌落要大而厚;酵母菌菌落的颜色较单调,大多为乳白色,少数为红色、黑色等。有些酵母菌因培养时间过长,会起皱、干燥、颜色变暗。假丝酵母因其边缘产生丰富的藕节状假菌丝,故细胞易向外围蔓延,使菌落较大,扁平而无光泽,边缘不整齐。

2）酵母菌的繁殖方式

酵母菌的繁殖方式有无性繁殖和有性繁殖两种。一般以无性繁殖为主,分为出芽繁殖和分裂繁殖。有性繁殖则产生子囊孢子。

（1）无性繁殖

①芽殖:出芽繁殖简称芽殖,是酵母菌的主要繁殖方式。芽殖开始时,成熟的母细胞液泡产生一根小管,同时在细胞表面形成一个小突起,小管穿过细胞壁进入小突起内;接着母细胞的细胞核分裂成两个子核,一个随母细胞的部分原生质进入小突起内,小突起逐渐变大成为芽体;当芽体长大到母细胞大小的一半时,两者相连部分收缩,芽体脱离母细胞成为新细胞(图 1.11)。芽体脱落时,在母细胞表面留下的痕迹称为芽痕。大多数酵母菌可在母细胞的各个方向进行出芽,称为多边芽殖;有的在细胞两端出芽,称为两端芽殖;极少数可在三端出芽,使细胞呈三角形。一个成熟的酵母细胞平均可产 24 个子细胞。在良好的环境中,酵母菌生长繁殖旺盛,芽殖形成的子细胞不脱离母细胞,又可进行出芽繁殖,形成成串的细胞群,像霉菌的菌丝,因此称为假菌丝。

图 1.11　酵母菌芽殖过程示意图

②裂殖:分裂繁殖简称裂殖,是少数酵母菌的繁殖方式,类似细菌的二分裂。如裂殖酵母属,当细胞长到一定大小后,细胞核分裂,细胞中央产生隔膜,将母细胞分成两个单独的子细胞。

③芽裂殖:芽裂殖简称芽裂,是芽殖和裂殖的中间类型。少数酵母菌在一端出芽的同时在芽基处形成隔膜,把母细胞和子细胞分开。

有些酵母菌还可形成一些无性孢子进行繁殖,如形成掷孢子、厚垣孢子、节孢子或在小梗上形成孢子等。

（2）有性繁殖

酵母菌的有性繁殖是以形成子囊和子囊孢子的方式来进行的，一般分为三个阶段，即质配、核配和减数分裂。生长到一定阶段的两个性别不同的酵母细胞彼此靠近，各伸出哑铃状突起而接触，接触处的细胞壁变薄，细胞壁和细胞膜逐渐溶解，形成一个通道，两细胞质接触融合，形成质配。两核向通道移动、融合，形成二倍体的核，称为核配。二倍体接合子在融合管垂直方向上长出芽体，其核进入芽体内，芽体脱落，形成二倍体细胞。二倍体营养细胞因其个体大、生活力强，广泛应用于生产、研究中。当二倍体细胞接入营养贫乏的培养基，会停止营养生长而进入繁殖阶段，经过减数分裂，染色体减半后形成2、4或8个子核，每个子核的周围包有细胞质并长出细胞壁，形成孢子，称为子囊孢子。原来的二倍体细胞成为子囊（图1.12）。成熟后子囊破裂，子囊孢子释放，萌发长成单倍体酵母细胞。

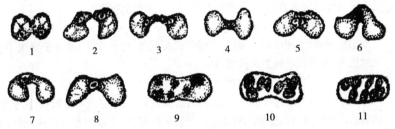

图1.12　酵母菌子囊孢子的形成过程

1~4.两个细胞结合；5.接合子；6~9.核分裂；10~11.核形成子囊孢子

（3）酵母菌的生活史

在酵母菌的生活史中，既可进行无性繁殖，也可进行有性繁殖。单倍体细胞和二倍体细胞都可独立存在、进行无性繁殖。根据两种细胞存在时期长短，可把酵母菌生活史分为三种类型。

①单倍体型：以八孢裂殖酵母为代表，特点是在生活史中单倍体阶段较长，二倍体阶段较短。过程是单倍体细胞进行裂殖，质配后立即进行核配，二倍体细胞进行减数分裂形成8个子囊孢子。

②二倍体型：以路德氏酵母为代表，特点是在生活史中单倍体阶段较短，二倍体阶段较长。过程是子囊孢子在孢子囊内就成对接合，发生质配和核配，形成二倍体；该二倍体进行芽殖，产生的二倍体细胞转变为子囊，子囊内的核减数分裂形成4个子囊孢子。单倍体阶段仅以子囊孢子的形式存在，故不能进行独立生活。

③单双倍体型：以啤酒酵母为代表，特点是在生活史中单倍体阶段和二倍体阶段都可以较长，都能进行芽殖。过程是单倍体营养细胞进行出芽繁殖，在一定条件下质配、核配，形成二倍体；二倍体不立即进行减数分裂，而是进行芽殖，成为二倍体营养细胞；二倍体营养细胞在适宜条件下转变成子囊，减数分裂形成4个子囊孢子。

3）食品中常见的酵母菌

食品中常见的酵母菌分酵母菌属、毕赤氏酵母属等（见表1.4）。

表1.4　食品中常见的酵母菌简明表

名　称	生物学特性
酵母菌属	细胞呈圆形、椭圆形、腊肠形。多边芽殖,产生1～4个子囊孢子。发酵力强,主要发酵产物为乙醇和CO_2。广泛存在于水果和蔬菜中,以及果园的土壤和酒曲中。主要的种有啤酒酵母(啤酒、果酒、白酒的酿造和面包的制造)、葡萄汁酵母(啤酒酿造中可进行底层发酵)
毕赤氏酵母属	细胞具不同形状。多边芽殖,多数种形成假菌丝。分解糖的能力弱,不产生乙醇,能氧化和耐受高浓度的乙醇。该属也污染酒类饮料,产生菌醭
汉逊酵母属	细胞呈圆形、椭圆形、卵形或腊肠形。多边芽殖,有假菌丝。该属的各种可以是单倍体型、二倍体型或单双倍体型,发酵或不发酵糖,产生乙酸乙醋,可用于纺织和食品工业。汉逊酵母容易污染酒类饮料,是酒类生产工业中的有害菌
裂殖酵母属	细胞呈椭圆形、圆柱形。裂殖,有时形成假菌丝,能产生4～8个子囊孢子。具有酒精发酵能力,常存在于糖类及其制品中
假丝酵母属	细胞呈圆形、卵形或长形。多边芽殖,形成假菌丝,未发现有性繁殖,属于半知菌亚门。该属的许多种具有酒精发酵的能力。产朊假丝酵母,也称产蛋白假丝酵母,常用来生产食用或饲用单细胞蛋白(SCP)以及维生素B
红酵母属	细胞呈圆形、卵形或长形。多边芽殖,大多不形成假菌丝,不产生子囊孢子。能同化某些糖类。有的能产生大量脂肪。少数种为致病菌,常污染食品,在肉和酸菜上形成红斑
球拟酵母属	细胞呈球形、卵形或长圆形。多边芽殖,无假菌丝。具有发酵能力,有些种产生多元醇,能耐受高浓度的糖和盐。易变球拟酵母在酱油中常见,赋予酱油特殊香味

1.2.2　霉　菌

霉菌是"丝状真菌"的总称。凡生长在营养基质上形成绒毛状、絮状或蜘网状菌丝体的小型真菌,都统称为霉菌。在分类学上它属于鞭毛菌亚门、接合菌亚门、子囊菌亚门和半知菌亚门;喜偏酸性、糖质环境;大多数为好氧性微生物;多为腐生菌,少数为寄生菌。霉菌在自然界分布广泛,种类繁多,在食品加工中具有重要意义。但很多霉菌能引起粮食和食品腐败变质。

1)霉菌的生物学特性

(1)霉菌的形态

霉菌的营养体由分支或不分支的菌丝构成。菌丝交织形成菌丝体。在光学显微镜下,菌丝是一种管状的细丝,直径一般为2～10 μm,比细菌和放线菌的细胞约粗几倍到几十倍。菌丝在功能上分化为两种:伸入培养基内吸收养料的,称为营养菌丝或基内菌丝;伸向空气中的,称为气生菌丝。

根据菌丝中是否存在隔膜,可把霉菌菌丝分成两种类型(图1.13):一种是无隔菌丝,菌丝无隔膜,整个菌丝为长管状单细胞,含有多个细胞核,其生长只表现为细胞核的增多和菌丝的伸长,如毛霉属和根霉属等低等真菌的菌丝。另一种是有隔菌丝,菌丝中有隔膜,被隔膜隔开的一段菌丝就是一个细胞,菌丝由多细胞组成,每个细胞内有一个或多个细胞核。在隔膜上有小孔,使细胞质、细胞核和营养物质可以相互流通。菌丝生长时,顶端细胞分裂,使细胞数目不断增加,如木霉属、青霉属和曲霉属等大部分真菌的菌丝。

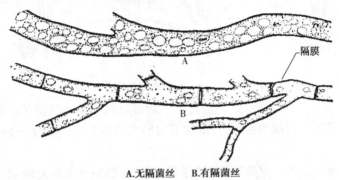

A.无隔菌丝　　B.有隔菌丝

图1.13　霉菌的营养菌丝

(2)霉菌菌丝的细胞结构

霉菌菌丝的细胞结构包括细胞壁、细胞膜、细胞质、细胞核及各种内含物。霉菌细胞壁厚0.1~0.3 μm,主要由几丁质组成。少数低等的水生霉菌细胞壁以纤维素为主。细胞膜厚7~10 nm,其组成与酵母菌基本相同。细胞质中含有线粒体、核糖体和各种内含物。幼龄菌丝的细胞质充满整个细胞,老龄细胞中出现较大的液泡。细胞核有核膜、核仁和染色体,核的直径为0.7~3 μm,在光学显微镜下经常消失,在菌丝的顶端细胞中也常找不到细胞核。

(3)霉菌菌落的形态特征

由于霉菌的菌丝较粗且长,所以形成的菌落较疏松,呈绒毛状、絮状或蛛网状,一般比细菌和放线菌菌落大几倍到几十倍。有些霉菌,如毛霉、根霉、脉胞菌等生长迅速,呈扩散性蔓延,以致菌落没有固定大小。菌落最初常呈浅色或白色,当长出各种不同形状、构造和颜色的孢子后,菌落表面会呈现肉眼可见的不同结构和色泽,如黄、绿、青、黑、橙等。有些霉菌的菌丝能分泌水溶性色素扩散到培养基内,使培养基的正反面颜色不同。霉菌菌落中心的菌丝菌龄比边缘的菌丝菌龄大,使菌落中央与边缘颜色不一致。

2)霉菌的繁殖方式

霉菌的繁殖能力强,方式多样,但主要通过产生无性和有性孢子进行繁殖。

(1)无性繁殖

霉菌的无性繁殖是不通过两性细胞的结合,而只通过营养菌丝分裂或分化而形成新个体的过程。霉菌的无性繁殖主要通过产生无性孢子来实现。无性孢子有:孢囊孢子、分生孢子、节孢子、厚垣孢子和芽孢子。

孢囊孢子为内生孢子(图1.14)。气生菌丝或孢囊梗顶端膨大,形成圆形、椭圆形或梨形的孢子囊,囊内的原生质分化成许多小块,每一小块内都有一个细胞核,外面产生壁将原生质包围起来,最终形成孢子囊孢子。连接孢子囊壁的菌丝称为孢囊梗,孢子囊与孢囊梗之间的隔膜称为囊轴。孢子成熟后,孢子囊破裂,孢囊孢子即分散出来,如毛霉、根霉等。

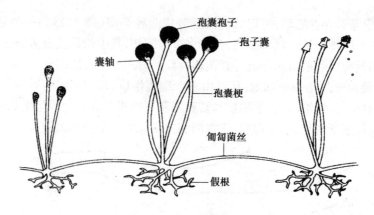

图1.14 根霉的孢囊孢子

分生孢子为外生孢子。分生孢子是真菌中最常见的一类无性孢子。在气生菌丝的顶端细胞或分生孢子梗的顶端细胞上，分割缢缩而形成的单个或成簇的孢子，称为分生孢子，如曲霉、青霉等。

节孢子是菌丝生长到一定阶段，出现许多横隔膜，然后从隔膜处断裂，产生许多成串、圆柱形的单个孢子。如白地霉的衰老菌丝可断裂形成节孢子。

厚垣孢子是菌丝顶端或中间部分的原生质浓缩、变圆、细胞壁加厚，形成圆形、纺锤形或长方形的休眠体。如总状毛霉、白地霉等。

芽孢子是菌丝细胞像发芽一样产生小突起，经过细胞壁缢缩而形成的圆形或椭圆形孢子，如毛霉和根霉在液体培养基中就能形成芽孢子。

（2）有性繁殖

霉菌的有性繁殖是通过不同性别的细胞或菌丝结合后，经过质配、核配和减数分裂产生有性孢子的过程。有性孢子包括卵孢子、接合孢子和子囊孢子等。

同一菌丝分化为大小不同的两个配子囊，大配子囊叫藏卵器，小配子囊叫雄器。在配子囊内细胞核进行减数分裂，藏卵器内形成一个或数个单倍体卵球，雄器内形成相应的单倍体配子核。配子核通过受精管进入藏卵器，与卵球接合经过质配、核配形成二倍体的卵孢子。

两个相邻的菌丝相遇，各向对方伸出极短的侧枝，互相接触，顶端各自膨大并产生横隔，形成配子囊。配子囊下面的部分称为配子囊柄。接触处的隔膜溶解，两个菌丝内的细胞质和细胞核相互融合，同时外面形成厚壁，内部形成二倍体的接合孢子。接合孢子萌发时，经过减数分裂形成大量单倍体的孢囊孢子（图1.15）。

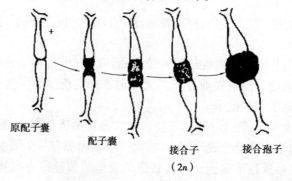

| 原配子囊 | 配子囊 | 接合子（2n） | 接合孢子 |

图1.15 接合孢子

子囊孢子是子囊菌的主要特征。两条菌丝先分化出配子囊,两个配子囊结合后发育成子囊。在子囊中核配形成二倍体,二倍体再经减数分裂、有丝分裂,形成单倍体的子囊孢子。子囊是一种囊状结构,呈球形、棒形或圆筒形,每个子囊中能形成 2~8 个子囊孢子。

(3)霉菌的生活史

霉菌的生活史是指霉菌从孢子开始,经过一定的生长和发育,直至又产生同一种孢子的过程。整个生活史包括无性阶段和有性阶段。无性繁殖阶段是指一个无性孢子从萌发菌丝体,再由菌丝体产生无性孢子的过程。有性繁殖阶段是指在菌丝体上形成配子囊,配子囊经过质配、核配形成二倍体的细胞核,再经过减数分裂,形成单倍体的有性孢子的过程。一般的霉菌都具有这两个繁殖阶段,半知菌亚门目前只发现无性繁殖,尚未发现有性繁殖。

3)食品中常见的霉菌

食品中常见的霉菌有毛霉属、曲霉属、青霉属等(见表1.5)。

表1.5 食品中常见的霉菌简明表

名　称	主要生物学特征
毛霉属	毛霉属在分类学上属于接合菌亚门、接合菌纲、毛霉目、毛霉科。菌落呈灰白色或灰褐色的絮状,菌丝体高度可由几毫米至十几厘米。菌丝无隔膜,分支,不产生假根和匍匐菌丝。气生菌丝发育到一定阶段,产生孢子囊和孢囊孢子进行无性繁殖,孢子囊呈黑色或褐色的球形,表面光滑,孢囊孢子为球形、椭圆形。有性繁殖产生的接合孢子呈球形,黄褐色,有的有突起。广泛分布于自然界,生长的最适温度为 25~30 ℃,喜高湿。在工业上可用来进行糖化和做腐乳,但也引起食品腐败变质。常见的有高大毛霉、总状毛霉、刺状毛霉、微小毛霉等
曲霉属	曲霉属在分类学上属于半知菌亚门、丝孢纲、丝孢目、丛梗孢科。菌落呈圆形,菌丝有隔膜,从菌丝分化形成厚壁而膨大的足细胞,在其垂直方向生出直立的分生孢子梗。分生孢子梗大多无隔膜,不分支,顶端膨大形成顶囊,顶囊上长满一至二层呈辐射状的小梗,上层小梗顶端着生成串的球形分生孢子。分生孢子呈绿、黄、橙、褐、黑等各种颜色,故菌落颜色也多样。在自然界分布极广,已被广泛应用于制造发酵食品、酶制剂、有机酸、抗生素以及转化甾族化合物。易引起皮革、布匹和工业品发霉及食品霉变,有少数是条件致病菌和致病菌。常见的有米曲霉、黄曲霉、黑曲霉、灰绿曲霉、白曲霉、杂色曲霉、构巢曲霉群等
青霉属	青霉与曲霉同属丛梗孢科,大多数菌只具有无性阶段。其菌落圆形,扩展生长,菌丝具隔膜,但无足细胞,其分生孢子梗顶端不膨大,经多次分支,产生几轮对称或不对称的小梗,呈帚状排列,称为帚状枝;小梗的顶端产生成串的蓝绿色分生孢子。分生孢子呈球形、卵形或椭圆形,光滑或粗糙。分生孢子梗、小梗及着生的分生孢子合称孢子穗。是生产青霉素的主要菌种,在食品与发酵工业上也可以用来生产柠檬酸、葡萄糖酸等多种有机酸。分布广泛,许多种是常见的有害菌,不仅引起食品和原材料的腐败变质,而且有些种还可产生毒素,引起人、畜中毒。常见的青霉菌有橘青霉、展开青霉、产黄青霉、点青霉等
根霉属	根霉与毛霉同属毛霉科,菌落呈疏松的棉絮状,菌丝无隔膜,分支,生长迅速,菌丝体发达,气生菌丝白色。毛霉与根霉的主要区别在于根霉有假根和匍匐菌丝。根霉菌丝的气生性强,大部分菌丝在培养基表面水平生长,呈弧形,这种气生菌丝称为匍匐菌丝或蔓丝。匍匐菌丝生节,从节向下分支,形成树根状的基内菌丝,称为假根,这是根霉的重要特征。假根起固定和吸收养料的作用,由假根着生处,向上长出直立的 2~4 根孢囊梗,梗的顶端膨大形成孢囊,囊内产生孢囊孢子。其有性繁殖产生接合孢子。可用作酿酒、制醋业的糖化菌。有些根霉还用于甾体激素、延胡索酸和酶剂制的生产。根霉属分布广泛,常引起淀粉质食品腐败。常见的有米根霉、黑根霉(异名匍枝根霉)和华根霉

 知识链接)))

原核微生物与真核微生物的区别

自然界里存在的细胞微生物,按其细胞核的结构特点,又可分为原核微生物和真核微生物两大类型。真核微生物主要有酵母菌、霉菌和蕈类等真菌,而原核微生物主要有细菌、放线菌、立克次氏体、螺旋体、衣原体、蓝细菌等。原核生物细胞与真核生物细胞主要有以下几点区别:

1)细胞核

原核微生物细胞中具有一个絮状的核区,核区内只有一条由双螺旋脱氧核糖核酸(DNA)构成的基因体,亦称为染色体,它附着在细胞膜或中间体上。由于核外没有核膜包围,故称为原核。

真核微生物细胞具有明显的胞核,核外由核膜包围,故称为真核。核内含有由多条染色体组成的基因群体。DNA 与组蛋白结合,形成复合物。

2)细胞膜

原核细胞的细胞膜形成大量褶皱,向内陷入细胞质中,折叠形成管状或囊状结构的中间体,它们是能量代谢与许多合成代谢的场所。

真核细胞的细胞膜不内陷,细胞质中有各种细胞器,如线粒体和叶绿体等,这些细胞器外表均有一层膜包围。而这些膜与细胞膜没有关系。

3)核糖核蛋白体

核糖核蛋白体又叫核糖体,分布在细胞质中,是蛋白质合成的场所。原核细胞中核糖体较小,沉降系数为 70S。真核细胞中核糖体较大,沉降系数为 80S。

在原核细胞蛋白质合成中,DNA 的转录和转译是在细胞质中同时进行的;而在真核细胞蛋白质合成中,DNA 的转录是在核中进行的,而转译则是在细胞质中进行的。

4)繁殖

原核细胞以无性的二分裂法繁殖为主,极少有接合的。真核细胞则是有性和无性繁殖兼有,接合是其繁殖方式的一部分。

任务 1.3　病毒

病毒是一种非细胞型的生物,个体微小,比细菌小得多,能通过孔径为 0.22 ~ 0.45 μm 的细菌过滤器,大小为纳米(nm)级,须借助电子显微镜才能观察到,一般大小范围为 10 ~ 300 nm。

1.3.1 病毒的生物学特性

1)病毒的种类

病毒的种类繁多,凡是有细胞生物生存之处,就有其相应的专性病毒存在。病毒的分类方法很多,按照病毒的宿主来分,可分为动物病毒、植物病毒和细菌病毒(噬菌体)三大类,如图1.16。即有人体病毒(如流感病毒、肝炎病毒、人类免疫缺陷性病毒等)、动物病毒(如腺病毒、口蹄疫病毒、鸡瘟病毒等)、植物病毒(如烟草花叶病毒、马铃薯黄矮病毒、玉米条纹病毒等)、真菌病毒(约100多种)和细菌(放线菌)病毒-噬菌体。

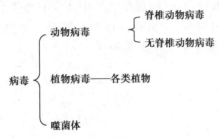

图1.16　病毒的分类

病毒按其组成可分成真病毒和亚病毒两类。真病毒(简称病毒)至少含有核酸和蛋白质两种组分;亚病毒包括类病毒(只含单独侵染性的RNA组分)和拟病毒(只含不具单独侵染性的RNA组分)。

2)病毒的特点

病毒是一类由核酸(只含DNA或RNA)和蛋白质等少数几种成分组成的超显微的专性活细胞内寄生的微生物。与其他细胞型微生物相比,其主要特征为:个体极其微小,一般可通过细菌滤器;必须用电子显微镜才看得见;无细胞结构,仅由核酸和蛋白质组成的大分子微生物;每一种病毒只含有一种类型的核酸(DNA或RNA);大部分病毒没有酶或酶系统极不完全,不含有独立代谢的酶,不含有自身的核糖体,故不能进行独立的代谢作用,合成蛋白质;严格的活细胞内寄生(专性寄生),必须依赖寄主细胞进行自身的核酸复制,形成子代;在宿主细胞内才具有生命特征,在离体时只具有一般化学大分子的特征;对抗生素不敏感,但对干扰素敏感。

3)病毒的化学组成

病毒的化学组成因种而异,主要由核酸和蛋白质组成。核酸位于病毒的中心,为病毒核酸基因组,其携带病毒复制所需的遗传信息。蛋白质组成病毒的外壳,包围着病毒核酸基因组,构成病毒一定的形态。所有的病毒蛋白基因均由病毒基因组编码。

(1)核酸

核酸是病毒的主要组成部分,一般只含有DNA或RNA一种核酸,不能两者兼备。动物病毒有些属DNA型,如天花病毒;有些属RNA型,如流感病毒。植物病毒绝大多数属RNA型,只有极少数属DNA型。噬菌体多属DNA型,少数属RNA型。核酸有单、双链之分。在一般的细胞型生物中,DNA往往是双链,而RNA为单链。但是,病毒的情况比较复杂,DNA 或 RNA 链均有双链或单链类型存在。

病毒核酸的功能同其他的细胞型生物一样,是病毒遗传的物质基础,储存着病毒的遗传信息,控制着病毒的遗传变异、自身增殖以及对宿主的感染性。

（2）蛋白质

蛋白质是病毒的另一主要组成部分,构成病毒粒子外壳,保护病毒核酸免受环境因素的破坏,并决定病毒感染的特异性,与易感宿主细胞表面存在的"受体"形成具特异性的亲和力,促使病毒粒子的吸附。此外,蛋白质还构成了病毒的活性酶。比较简单的植物病毒大都只含一种蛋白质,而动物病毒和噬菌体均由两种以上的蛋白质所组成。

（3）其他

除了含有蛋白质和核酸外,有些病毒在囊膜中还含有脂类和多糖。脂类以磷脂、胆固醇为主,多糖以糖脂、糖蛋白居多,少数病毒还含有胺类。植物病毒中还含有多种金属离子,在个别病毒中存在类似维生素之类的物质。

1.3.2 噬菌体

1）噬菌体的基本形态

噬菌体是侵染原核生物(细菌、放线菌和蓝细菌)的病毒,它是一种超显微的、没有细胞结构的、专性活细胞寄生的大分子微生物。噬菌体主要有三种形态:蝌蚪形、球形和杆形,大多数为蝌蚪形。其中,又可再细分为六种不同形态(图1.17)。

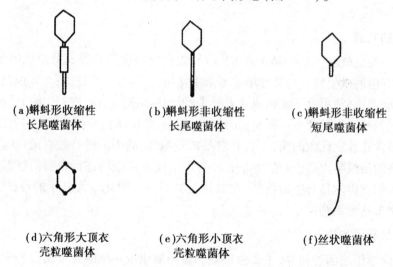

(a)蝌蚪形收缩性　　　　(b)蝌蚪形非收缩性　　　　(c)蝌蚪形非收缩性
　长尾噬菌体　　　　　　　长尾噬菌体　　　　　　　　短尾噬菌体

(d)六角形大顶衣　　　　(e)六角形小顶衣　　　　　(f)丝状噬菌体
　壳粒噬菌体　　　　　　　壳粒噬菌体

图 1.17　噬菌体的三种基本形态

（1）蝌蚪形

蝌蚪形噬菌体具有六角形(实为二十面体)的头部和尾部,形似小蝌蚪。尾部长而直,有尾鞘,能收缩,双链 DNA,例如大肠杆菌偶数噬菌体 T_2、T_4、T_6,芽孢杆菌噬菌体 sp50;尾部长而易弯,无尾鞘,不能收缩,双链 DNA,如大肠杆菌奇数噬菌体 T_1、T_5 和 λ 温和噬菌体等;尾部比头部短,无尾鞘,不能收缩,双链 DNA,例如大肠杆菌奇数噬菌体 T_3、T_7,芽孢杆菌噬菌体 GA_1 等。

（2）微球形

微球形噬菌体只有呈微球形的头部,没有尾部。六角形头部的顶角各有一个较大的衣壳粒,单链 DNA,如大肠杆菌噬菌体 $\Phi \times 174$（环状单链 DNA）和 S_{13},沙门氏菌噬菌体 ΦR 等;六角形头部的顶角无衣壳粒或有小衣壳粒,单链 RNA,例如大肠杆菌的雄性噬菌体 f_2、QB、MS_2,极毛杆菌噬菌体 $7S$、PP_7 等。

（3）纤线形

纤线形噬菌体即丝状噬菌体,无头部和尾部,为一条长而略弯的纤线,单链 DNA,如大肠杆菌雄性噬菌体 M_{13}、fd、f_1 等。

2）噬菌体的组成与溶菌

（1）噬菌体的组成

大肠杆菌 T 偶数噬菌体呈蝌蚪形,是病毒学和分子遗传学研究的最好材料,目前对 T_4 噬菌体的了解已较之前更为深刻。以 T_4 为例,介绍典型的蝌蚪形噬菌体的基本结构（图 1.18）,由头部、尾部和颈部三个部分组成。

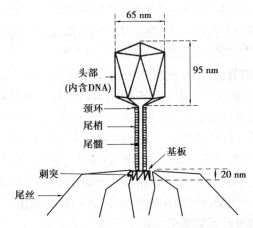

图 1.18　大肠杆菌噬菌体 T_4 的形态结构模式图

（2）噬菌体的溶菌

噬菌体的寄生具有高度的专一性,感染宿主后可产生两种情况:一是噬菌体可以在寄主细胞内繁殖;二是噬菌体在寄主细胞内不繁殖,潜伏在寄主细胞内。根据噬菌体与宿主细胞的相互关系,可将其分为烈性噬菌体和温和噬菌体两大类。凡导致寄主细胞裂解者叫烈性噬菌体,而不使寄主细胞发生裂解,只是使它们的核酸和寄主细胞产生同步复制的这类噬菌体称为温和噬菌体。当噬菌体感染宿主细胞后,产生溶菌现象,其具体过程（如图 1.19）可分为:吸附、侵入、增殖、成熟和释放五个阶段。

①吸附。噬菌体由于分子布朗运动而与宿主相遇,噬菌体吸附宿主细胞时,尾部末端的尾丝散开并附着于细胞表面的特异性受体上,尾丝进一步固定在上面,并向下弯曲,使噬菌体向细胞表面移动,刺突及尾丝使噬菌体固着在宿主细胞表面上。

宿主细胞表面对各种噬菌体也具有特异性的受体,受体是脂多糖对噬菌体如 T_3、T_4 和 T_7 的吸附,受体是脂蛋白对噬菌体如 T_2 和 T_6 的吸附。而枯草杆菌对 SP-50 噬菌体的受体则是磷壁酸。发酵生产上可利用此特性来选育抗噬菌体的变异菌株。

②侵入。噬菌体吸附后,尾髓末端所携带的少量溶菌酶水解局部细胞壁的肽聚糖产生

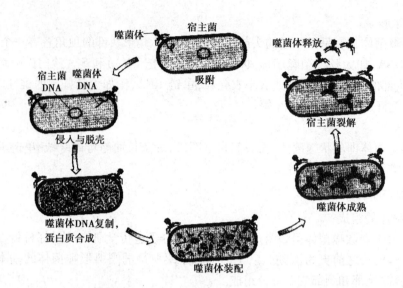

图 1.19 大肠杆菌 T 偶数噬菌体的生长繁殖过程

一小孔洞,然后尾鞘收缩为原长的一半,将尾髓推出并插入到细胞内。接着,头部的核酸通过中空的尾髓注入到宿主细胞中,而将蛋白质外壳留在细胞外。

③增殖。增殖包括噬菌体 DNA 复制和蛋白质外壳的合成。双链 DNA 的烈性噬菌体的增殖是按早期、次早期和晚期基因的顺序来进行转录、转译和复制的。双链 DNA 注入宿主菌细胞后,首先利用宿主菌原有的 RNA 聚合酶,以噬菌体的早期基因为模板来合成噬菌体的早期 mRNA,再转译合成噬菌体的早期蛋白质。这些早期蛋白质主要是病毒复制所需要的酶及抑制细胞代谢的调节蛋白质。在这些酶的催化下,以亲代 DNA 为模板,半保留复制方式复制出子代 DNA。在 DNA 开始复制以后转录的 mRNA 称为晚期 mRNA,再经过晚期转译产生很多可用于子代噬菌体装配的晚期蛋白,包括头部蛋白、尾部蛋白、多种装配蛋白和溶菌酶等,期间细胞内看不到噬菌体粒子。

④成熟。成熟指噬菌体的装配过程。当噬菌体 DNA、头部蛋白质亚单位以及尾部各组件完成后,首先 DNA 收缩聚集,被头部外壳蛋白包围,形成二十面体的头部。尾部的各个组件和尾丝独立完成装配,再与头部连接,最后才装上尾丝,整个噬菌体就装配完毕,成为新的成熟子代噬菌体。在 T_4 噬菌体的装配过程中,约有 30 个不同的蛋白和至少 47 个基因参与。

⑤裂解。当大量的子代噬菌体在宿主菌内完全成熟后,由于所产生的脂肪酶和溶菌酶分别对细胞质膜和细胞壁的水解作用,促使宿主细胞产生裂解作用,大量的子代噬菌体便释放出来。少数纤丝状噬菌体在成熟后并不破坏细胞壁,从宿主细胞中钻出来,宿主细胞仍继续生长。大肠杆菌 T 系偶数噬菌体从吸附到粒子成熟释放需 15 ~ 30 min。释放出的子代噬菌体粒子在适宜条件下便能重复上述过程。

3)噬菌体的危害与应用

(1)噬菌体的危害

大量的噬菌体广泛存在于自然界,凡有细菌、放线菌的地方必有噬菌体。噬菌体在发酵食品、抗生素药物、微生物农药和发酵有机溶剂等发酵产品生产中都具有一定的危害性。

工业生产上应用的菌种一旦被噬菌体污染就会造成很大的损失。食品工业中,如制造干酪、乳酸用的乳酸杆菌、乳酸链球菌等,受到相应的噬菌体的侵染时,发酵作用就会很快停止,不再积累发酵产物,菌体被溶解后很快消失,整个发酵被破坏。

(2)噬菌体的应用

随着科学技术的进步,人们对病毒的认识日益全面和深刻,一方面控制和消灭它不利的方面,同时也积极应用其有益方面为国民经济服务。噬菌体可用于细菌的鉴定、分型和治疗疾病。由于噬菌体的溶菌具有高度的特异性,一种噬菌体只能裂解和它相应的细菌,故可利用此特性鉴别难以分辨的细菌病原菌。如鼠疫邪尔森菌、霍乱弧菌的鉴定就采用了噬菌体溶菌法。噬菌体不仅有种的专化性,还有型的专化性,故可用于细菌的分型。如用葡萄球菌噬菌体将葡萄球菌分成132个型;伤寒沙门菌噬菌体将伤寒杆菌分为72个型。

目前医学上还采用噬菌体来裂解对多种抗生素有耐药性的病原菌,如有不少金黄色葡萄球菌、痢疾、绿脓杆菌患者或手术后大肠杆菌感染者,菌株对多数化疗药物及抗生素产生抗药性。通过利用新分离的噬菌体制剂治疗,收到了很好的疗效。

由于噬菌体的结构简单,基因数较少,易于大量增殖,噬菌体已成为分子生物研究的重要工具。三个核苷酸决定一个氨基酸的三联密码这一重要发现就是通过研究噬菌体基因与蛋白质的关系后得到的。在遗传工程研究中,也利用噬菌体作为载体将目的基因带入宿主细胞中去,细菌在增殖过程中可表达目的基因产物。近年在基因工程抗体研究方面,也利用噬菌体表达的产物存在于噬菌体表面这一特性,通过多轮的抗原吸附—洗脱—扩增而大大简化筛选过程,并且噬菌体表达的抗体具有产量高、活性强、特异性好等优点,现已将噬菌体用于基因工程抗体库的建立。

总而言之,就目前而言,噬菌体对人类的威胁依然很大。但随着人类科技的不断进步,人们对它们了解的日益加深,不仅能彻底解决它们的危害,而且还能利用它们来为我们人类的生产和生活服务。

 知识链接)))

病毒介导的食物中毒及监控

病毒广泛地存在于生物体中,迄今为止已发现有600~700种,能感染人的就有300种以上。但与细菌和真菌相比,对食品中的病毒的了解还相对甚少。实际上,任何食品都可以作为病毒的运载工具,特别是人体食入和排出的方式。由于病毒对生物体组织有亲和性,所以真正能起到传播载体功能的食品也只是针对人类肠道的病毒。引起腹泻或胃肠炎的病毒包括轮状病毒、诺沃克病毒、肠道腺病毒、冠状病毒等。引起消化道以外器官损伤的病毒有脊髓灰质炎病毒、柯萨奇病毒、埃可病毒、甲型肝炎病毒和肠道病毒等71种。在食品环境中,胃肠炎病毒常见于海产品和水源中,主要是水生贝类动物对病毒能起到过滤浓缩作用。病毒污染食品的途径主要包括:动植物生长的环境被病毒污染;原料动物病毒;食品加工人员带有病毒;不良的卫生习惯;食品交叉感染等。

1）禽流感

禽流感是禽流行性感冒的简称，它是一种由甲型流感病毒的一种亚型（也称禽流感病毒）引起的传染性疾病，被国际兽疫局定为甲类传染病，又称真性鸡瘟或欧洲鸡瘟。按病原体类型的不同，禽流感可分为高致病性、低致病性和非致病性禽流感三大类。非致病性禽流感不会引起明显症状，仅使染病的禽鸟体内产生病毒抗体。低致病性禽流感可使禽类出现轻度呼吸道症状，食量减少，产蛋量下降，出现零星死亡。高致病性禽流感最为严重，发病率和死亡率均高，人感染高致病性禽流感后死亡率约是 60%，家禽鸡感染的死亡率是 100%，无一幸免。

（1）结构特性

至今，从世界各地分离到的禽流感病毒有 80 多种，其性质基本相似。病毒粒子呈杆状或球状，直径为 80~120 nm，但也常有同样直径的丝状形态，长短不一。禽流感病毒基因组由 8 个负链的单链 RNA 片段组成。这 8 个片段编码 10 个病毒蛋白，其中 8 个是病毒粒子的组成成分（HA、NA、NP、M_1、M_2、PB_1、PB_2 和 PA），另两个是分子质量最小的 RNA 片段，编码两个非结构蛋白——NS_1 和 NS_2。NS_1 与胞浆包涵体有关，但对 NS_1 和 NS_2 的功能目前尚不清楚。现在已经获得了包括 H_3、H_5 和 H_7 在内的几个禽流感病毒亚型 HA 基因的全部序列以及所有 14 个血凝素基因的部分序列。

感染人的禽流感病毒亚型主要为 H_5N_1、H_9N_2、H_7N_7，其中感染 H_5N_1 的患者病情重，病死率高。研究表明，原本为低致病性禽流感病毒株，可经 6~9 个月禽间流行的迅速变异而成为高致病性毒株。

（2）症状

高致病性禽流感病毒毒力较强，引发的传染性变态反应（IV 型变态反应）是导致进行性肺炎、急性呼吸窘迫综合征和多器官功能障碍综合征等严重并发症的根本原因。

禽流感的症状依感染禽类的品种、年龄、性别、并发感染程度、病毒毒力和环境因素等而有所不同，主要表现为呼吸道、消化道、生殖系统或神经系统的异常。禽流感的病征及发病初期都与一般流感类似，但发烧可高至 40 ℃，且较一般流感容易影响肝功能，也较易引致淋巴细胞减少及呼吸衰竭，甚至多器官功能衰竭而死亡。禽流感的发病率和死亡率差异很大，取决于禽类种别和毒株以及年龄、环境和并发感染等，通常情况为高发病率和低死亡率。在高致病力病毒感染时，发病率和死亡率可达 100%。禽流感潜伏期从几小时到几天不等，其长短与病毒的致病性、感染病毒的剂量、感染途径和被感染禽的品种有关。

（3）病毒来源及防治措施

家禽及其尸体是该病毒的主要传染源。病毒存在于病禽的所有组织、体液、分泌物和排泄物中，常通过消化道、呼吸道、皮肤损伤和眼结膜传染。病禽的肌肉、禽蛋可带毒。有专家认为，禽流感的扩散主要是通过粪便中大量的病毒粒子污染空气而传播，人员和车辆往来是传播禽流感的重要因素（带病禽类的肌肉、羽毛及禽蛋、粪便、排泄物、被病毒污染的饲料、空气及运输工具等）。

禽流感一般发生在春冬季。禽流感病毒一般不会在人与人之间传染。若人类患上禽流感之后，只要及时治疗，一般能痊愈且不留后遗症。可以做好预防工作：一是加强禽类疾病的监测，一旦发现禽流感疫情，动物防疫部门立即按有关规定进行处理。养殖和处理的所有相关人员做好防护工作。二是加强对密切接触禽类人员的监测。当这些人员中出现流感样症状时，应立即进行流行病学调查，采集病人标本并送至指定实验室检测，以进一步明确病原，同时应采取相应的防治措施。三是远离家禽的分泌物，尽量避免触摸活的家禽和鸟类。接触人禽流感患者应戴口罩、戴手套、穿隔离衣。接触后应洗手。四是要加强检测标本和实验室禽流感病毒毒株的管理，严格执行操作规范，防止医院感染和实验室的感染及传播。五是注意饮食卫生，不喝生水，不吃未熟的肉类及蛋类等食品；勤洗手，养成良好的个人卫生习惯。六是重视高温杀毒。

2）疯牛病

疯牛病在医学上被称为牛脑海绵状病，简称 BSE。1985 年 4 月，医学家们在英国首先发现了一种新病，专家们对这一世界始发病例进行组织病理学检查，并于 1986 年 11 月将该病定名为 BSE，首次在英国报刊上报道。1996 年以来，这种病迅速蔓延，英国每年有成千上万头牛患这种导致神经错乱、痴呆，不久死亡的病。

疯牛病典型临床症状为出现痴呆或神经错乱，视觉模糊，平衡障碍，肌肉收缩等。病人最终因精神错乱而死亡。医学界对克-雅氏症的发病机理还没有定论，也未找到有效的治疗方法。英国政府海绵状脑病顾问委员会的一位科学家警告说：因疯牛病死亡的人数将以每年 30% 左右的速度逐年上升，最终每年可造成成千上万人丧生。迄今为止，死于此疫的人数为 69 人，另有 7 例死亡事件可能与疯牛病有关。科学家们认为，人们可通过食用感染克-雅式病毒的牛肉而受感染，但这一致命疾病只有在受害者死后通过对大脑的检查才可能确诊。

疯牛病的传染途径主要是受孕母牛通过胎盘传染给犊牛和食用染病动物肉加工成的饲料两种。两名英国专家的研究表明，病牛粪便很可能是传染疯牛病的第三条途径。

现在对于疯牛病的处理，还没有什么有效的治疗办法，只有防范和控制这类病毒在牲畜中的传播。一旦发现有牛感染了疯牛病，只能坚决予以宰杀并进行焚化深埋处理。但也有人认为，染上疯牛病的牛即使经过焚化处理，其灰烬仍然有疯牛病病毒，把灰烬倒在堆田区，病毒也有可能会因此而散播。

任务 1.4　营养与代谢

1.4.1　微生物细胞组成及营养物质

1)微生物细胞的化学组成

分析微生物细胞的化学成分,发现微生物细胞含有由碳、氧、氢、氮和各种矿质(灰分)元素组成的蛋白质、核酸、糖类、脂类及无机盐等许多各不相同的化合物。这些化合物在细胞内分别行使着不同的功能。微生物吸收何种营养物质取决于微生物细胞的化学组成。与其他生物细胞的化学组成类似,微生物细胞由碳、氢、氧、氮、磷、硫、钾、钠、镁、钙、铁、锰、铜、钴、锌、钼等化学元素构成(表1.6)。

表 1.6　微生物细胞中主要元素含量

元素　　在干物质中的含量/%　　微生物种类	细　菌	酵母菌	霉菌
碳	50.4	49.8	47.9
氮	12.3	12.4	5.2
氢	6.7	6.7	6.7
氧	30.5	31.1	40.2

微生物细胞平均含水分80%左右,其余20%左右为干物质。干物质主要由有机物和无机物组成,有机物主要有蛋白质、碳水化合物、脂类、维生素和代谢产物等,有机物占细胞干重的90%以上。这些干物质是由碳、氢、氧、氮、磷、硫、钾、钙、镁、铁等主要化学元素组成,其中碳、氢、氧、氮是组成有机物质的四大元素,占干物质的90%~97%,可见它们在微生物细胞构造上的重要性。余下的3%~10%是矿物质元素。除上述磷、硫、钾、钙、镁、铁外,还有些含量极微的铜、锌、锰、硼、钴、碘、镍、钒等微量元素,这些矿质元素对微生物的生长也起着重要的作用。

各种化学元素在微生物细胞中的含量因其种类不同而有明显差异,微生物细胞的化学元素组成也伴随着菌龄、培养条件等的不同而在一定范围内发生变化。如细菌、酵母菌的含氮量比霉菌高。在特殊生长环境中的微生物,常在细胞内富集少量特殊化学元素,如铁细菌细胞内积累较高的铁;硅藻在外壳中积累硅、钙等化学元素。

2）微生物的营养物质及其生理功能

（1）水分

水分是微生物最基本的组成成分，在微生物细胞中平均含量达70%～90%，因而水也是微生物最基本的营养要素。不同种类微生物细胞含水量不同，细菌含水量为75%～80%，酵母为70%～85%，丝状真菌为85%～90%。同种微生物处于发育的不同时期或不同的环境其水分含量也有差异，幼龄菌含水量较多，衰老菌和休眠体含水量较少（表1.7）。微生物细胞中的水分由结合水和游离水组成，两者的比例大约为1∶4。

表1.7　各类微生物细胞中的含水量（%）

微生物类型	细菌	霉菌	酵母菌	芽孢	孢子
水分含量	75～85	85～90	75～80	40	38

水分在微生物细胞中的生理功能主要有：①水是细胞物质的组成成分，直接参与各种代谢活动；②水能维持蛋白质等生物大分子稳定的结构和活性；③水是细胞中其他物质的溶剂和运输介质；④水的比热高，是热的良好导体，能有效调节细胞内温度的变化；⑤水是维持细胞形态和渗透压的重要因素。

此外，水还能给微生物细胞供给氢、氧两种化学元素。如果微生物细胞内水分含量不足，就会影响整个细胞的代谢功能。培养微生物时应供给足够的水分，可用自来水、河水、井水等满足微生物对水分的要求，但水中的矿物质过多时，应软化后使用，如在特殊情况下可用蒸馏水。

（2）干物质

微生物细胞干物质占总重量的10%～30%，其中碳、氢、氧、氮四种元素占全部干重的90%～97%，其余元素只占3%～10%。微生物细胞化学元素的组成量与它们对营养元素的需求量是相一致的，所以在配制微生物的培养基时应包含有组成细胞化学元素的各种营养物质。

根据上述营养物质在微生物细胞中的生理作用，可分为碳源、氮源、生长因子、无机盐和能源这五种营养要素。

①碳源。凡能为微生物提供碳素营养的物质，称为碳源。构成微生物细胞的碳水化合物、蛋白质、脂类等物质及其代谢产物几乎都含有碳。碳源物质通过微生物的分解利用，不仅为菌体本身的合成提供碳素来源，还可为生命活动提供能量，微生物吸收的碳源仅有20%用于合成细胞物质，因此，碳源往往作为能源物质。

自然界中微生物可利用的碳源物质极为广泛，种类很多。根据碳源的来源不同，可将碳源分为无机碳源和有机碳源。迄今为止，自然界中已发现的各种碳源超过了700万种。从简单的无机碳化物（如CO_2）到复杂的天然有机碳化物（如淀粉、纤维素、糖类、脂肪、有机酸等），多种碳源均不同程度地被微生物加以利用，微生物主要以有机碳源作为可利用碳源。

凡能利用无机碳源的微生物，则为自养微生物。自养型的微生物可以利用无机碳化物CO_2作为主要的或唯一碳源。凡必须利用有机碳源的微生物，称为异养微生物，大多数微生物属于这类。微生物的碳源来源虽然很广，但对异养微生物来说，主要从有机化合物糖类、醇类、有机酸、蛋白质及其降解物、脂类、烃类获得碳源。微生物的种类不同,对各种碳源的利用能力也不尽相同。其中,糖类是利用最广泛的碳源,其次是有机酸类、醇类、醛类和脂类等。在糖类中,单糖优于双糖和多糖;己糖优于戊糖;葡萄糖、果糖优于半乳糖、甘露糖。在多糖中,淀粉明显优于纤维素或几丁质等多糖。少数微生物能广泛利用各种不同类型的碳源,如假单胞菌属中的有些菌可利用90种以上的含碳化合物;极少数微生物利用碳源物质的能力极为有限,如个别类型的甲基营养型细菌只能利用甲醇或甲烷进行代谢生长。

在食品微生物发酵工业中,常根据不同微生物的需要,利用各种农副产品如玉米粉、马铃薯、米糠、废糖蜜(制糖工业副产品)、酱渣、酒糟、甘薯以及各种野生植物的淀粉,作为微生物生产廉价的碳源(表1.8),这类碳源往往包含了多种营养要素。总体上讲,自然界中的碳源都可被微生物利用。因为微生物种类繁多,需要的碳源各不相同,但就某一种微生物来讲,所能利用的碳源是有限的,具有选择性。因此,可根据微生物对碳源的利用情况来作为划分微生物营养类型的依据。

表1.8　微生物利用的碳源物质

种类	碳源物质	备　注
糖	葡萄糖、果糖、麦芽糖、蔗糖、淀粉、半乳糖、乳糖、甘露糖、纤维二糖、纤维素、半纤维素、甲壳素、木质素等	单糖优于双糖,己糖优于戊糖,淀粉优于纤维素,纯多糖优于杂多糖
有机酸	糖酸、乳酸、柠檬酸、延胡索酸、低级脂肪酸、高级脂肪酸、氨基酸等	与糖类相比效果较差,有机酸较难进入细胞,进入细胞后会导致 pH 值下降。当环境中缺乏碳源物质时,氨基酸可被微生物作为碳源利用
醇	乙醇	在低浓度条件下被某些酵母菌和醋酸菌利用
脂	脂肪、磷脂	只要利用脂肪,在特定条件下将磷脂分解为甘油和脂肪酸而加以利用
烃	天然气、石油、石油馏分、石蜡油等	利用烃的微生物细胞表面有一种由糖脂组成的特殊吸收系统,可将难溶的烃充分乳化后吸收
CO_2	CO_2	为自养微生物所利用
碳酸盐	$CaCO_3$、白垩等	为自养微生物所利用
其他	芳香族化合物、氰化物、蛋白质、蛋白胨、核酸等	利用这些物质的微生物在环境保护方面有重要作用。当环境中缺乏碳源物质时,可被微生物作为碳源而降解利用

(李志香等,食品微生物学及其技能训练,2011)

②氮源。凡能被微生物用于构成细胞物质和代谢产物中氮素来源的营养物称为氮源。微生物细胞中含氮5%～13%,它是微生物细胞蛋白质和核酸的重要成分,微生物利用氮源在细胞内合成氨基酸和碱基,进而合成蛋白质等细胞成分。与碳源相似,微生物能利用的氮源种类也是十分广泛的。根据微生物对氮源的利用可分成以下三类:一是空气中的分子态氮,只有极少数具有固氮能力的微生物如固氮菌、根瘤菌能利用;二是无机氮化合物,例如NH_4^+、NO_3^-和简单的有机氮化合物,大多数微生物可以利用;三是有机氮化合物,如氨基酸能被微生物直接加以利用,蛋白质等复杂的有机氮化合物需先经水解成氨基酸等小分子化合物后才能被吸收利用。大多数寄生性微生物和部分腐生性微生物需要以有机氮化合物为必需的氮素营养。

从以上三种类型中可看出,微生物自上而下利用氮源的能力逐渐降低。能够利用无机氮来合成有机物的微生物,称为氮素自养微生物。凡能利用空气中氮分子的微生物称为固氮微生物。在实验室和食品微生物发酵工业生产中,常以铵盐、硝酸盐、酵母浸膏、鱼粉、牛肉膏、蛋白胨、豆饼粉、蚕蛹粉和花生饼粉作为微生物的氮源。

③生长因子。生长因子是微生物维持正常生命活动所不可缺少的、微量的特殊有机营养物。生长因子与碳源、氮源不同,它们不提供能量,也不参与细胞的结构组成,而是作为一种辅助性的营养物。生长因子按它们的化学结构可分成维生素、氨基酸、嘌呤(或嘧啶)及其衍生物、脂肪酸及其他细胞膜成分等。狭义的生长因子仅指维生素,但维生素不是一切微生物所需要的营养要素,绝大多数维生素作为生长因子以辅酶或辅基的形式参与代谢中的酶促反应。自然界中自养型细菌和大多数腐生细菌、霉菌都能自己合成许多生长辅助物质,不需要另外供给就能正常生长发育。

实验室中常用蛋白胨、酵母膏、牛肉膏等满足微生物对生长因子的需要,米曲汁、玉米浆、麦芽汁等天然培养基中含有多种生长因子,可作为生长因子的来源添加到培养基中。

④无机盐。微生物细胞中的无机盐占干重的3%～10%。无机盐为微生物生长提供必需的矿质元素。矿质元素参与酶的组成,激活酶活性,构成酶活性基,维持细胞结构的稳定性,调节细胞渗透压,控制细胞的氧化还原电位,有时可作自养微生物生长的能源物质。无机盐在调节微生物生命活动中起着重大作用。

根据微生物对无机盐需求量的不同,通常将无机盐分为常量元素和微量元素两类。

磷、硫、钾、钠、钙、镁等元素(表1.9)的盐参与细胞结构物质的组成,并有能量转移、细胞透性调节等功能,微生物对它们的需求量相对大些,为10^{-3}～10^{-4}mol/L,因而称为常量元素。没有它们,微生物不能生长。铁、锰、铜、锌、钴、钼等元素的盐类进入细胞一般是作为酶的辅助因子,微生物对它们的需求量甚少,一般为10^{-6}～10^{-8}mol/L,因而称为微量元素。微量元素需求量极少,因此混杂在水或其他营养物中的极小数量就可以满足微生物的需要。无特殊原因,一般配制培养基时不必另外加入,过量的微量元素反而对微生物生长起到毒害作用。

⑤能源。在微生物的生命活动过程中,除了水分和上述四种营养物质外,能源也是不可缺少的。凡能供给最初能量来源的营养物质或辐射能就称为能源。微生物对能源的利用较广泛,在其培养过程中,一般不需要另外提供能源。对于异养微生物来说,碳源就是能源;而自养微生物可以利用光能或无机物氧化作为能源。

表 1.9　部分无机元素的来源及其生理功能

元素	来源	生理功能
P	PO_4^{3-}	核酸、核苷酸、磷脂组分;参与能量转移;缓冲 pH 值
S	SO_4^{2-}、H_2S、S、$S_2O_3^{2-}$、有机硫化物	参与含硫氨基酸、CoA、生物素、硫锌酸的组成;硫化细菌的能源;硫酸盐还原细菌代谢中的电子受体
Mg	Mg^{2+}	许多酶的激活剂;组成光合菌中的细菌叶绿素
K	K^+	酶的激活剂;物质运输
Ca	Ca^{2+}	酶辅助因子,激活剂;细菌芽孢的组分
Fe	Fe^{2+}、Fe^{3+}	细胞色素组分;酶辅助因子,激活剂;Fe^{2+}是铁细菌能源
Mn	Mn^{2+}	酶的辅助因子,激活剂
Zn	Zn^{2+}	参与醇脱氢酶、醛缩酶、RNA 聚合酶及 DNA 聚合酶的活动
Na	Na^+	嗜盐菌所需
Cu	Cu^+	细胞色素氧化酶所需

(杨汝德,现代工业微生物学教程,2006)

1.4.2　营养类型及吸收

1)微生物的营养类型

根据微生物利用能源的性质不同,可把微生物分为光能营养型和化能营养型。能利用光能通过光化学反应产能的微生物称为光能营养型;必须利用化合物通过氧化还原反应产能的微生物属化能营养型。又根据微生物利用碳源的性质不同,可把微生物分为自养型和异养型。自养型微生物以 CO_2 为主要碳源或唯一碳源;异养型微生物以有机物为主要碳源。结合微生物利用碳源、能源的不同,可以把微生物分为光能自养型微生物、光能异养型微生物、化能异养型微生物和化能自养型微生物四种不同的营养类型。

(1)光能自养型微生物

光能自养型微生物将光能作为能源,它们具有光合色素,既能通过光合磷酸化作用产生 ATP,又能以还原性无机化合物(如 H_2O、H_2S、$Na_2S_2O_3$ 等)为供氢体,还原 CO_2 而生成有机物质。

藻类和蓝细菌、红硫细菌、绿硫细菌等少数原核微生物在光照下同化 CO_2 并放出氧。绿硫细菌和紫硫细菌以 H_2S 或 $Na_2S_2O_3$ 作为还原二氧化碳时的供氢体并得到硫。

从广义上讲,光能无机营养型微生物还包括能够或必须利用少量有机化合物(如痕量的维生素)的光能营养微生物。细菌的光合作用与高等绿色植物的光合作用相似,但不放出氧气。

(2)光能异养型微生物

光能异养型微生物,以光能为能源,以外源有机化合物作为供氢体,还原 CO_2,合成细胞的有机物质。

深红螺细菌属于这种营养类型,它能利用异丙醇作为供氢体,将 CO_2 还原为细胞物质,并同时在细胞内积累丙酮。此菌在光和厌氧条件下进行上述过程,但在黑暗和好氧条件下又可能利用有机物氧化产生的化学能推动代谢作用。光能异养型微生物在人工培养时通常还需要提供生长因子。光能异养型微生物能利用低分子有机物迅速增殖,可用来处理废水。

(3)化能自养型微生物

化能自养型微生物的能源来自于无机物氧化所产生的化学能,利用这种能量去还原 CO_2 或者可溶性碳酸盐合成有机物。具体讲,这种营养类型的微生物能利用无机化合物(如 NH_3、H_2、NO_2、H_2S、S、Fe^{2+} 等)氧化时释放的能量,把 CO_2 中的碳还原成细胞有机物碳架中的碳。例如氧化亚铁硫杆菌,可氧化硫代硫酸盐及含铁硫化物获取能量,在氧化黄铁矿时可生成硫酸和硫酸高铁,后者可以溶解铜矿(CuS)实现铜的浸出(生成 $CuSO_4$),即为"细菌冶金"。

化能自养型微生物仅限氢细菌、硫细菌、铁细菌、氨细菌和亚硝酸细菌等五类细菌。这些细菌在产能过程中,都需要大量氧气参加,因此化能自养细菌大多为好氧菌。该类型的微生物完全可以生活在无机的环境中,分别氧化各自合适的还原态的无机物,获得同化 CO_2 所需要的能量。

(4)化能异养型微生物

化能异养型微生物的能源和碳源都来自于有机物。其能源来自于有机物的氧化分解,ATP 通过氧化磷酸化产生;碳源直接取自于有机碳化物。这一营养类型的微生物包括自然界中绝大多数的细菌、全部的放线菌、真菌和原生动物。食品工业上应用的微生物绝大多数属于化能异养型微生物,它们以外界的有机化合物为碳源,在细胞内得到化学能和生物合成材料而生长繁殖。

该类型的微生物根据生态习性分为腐生型和寄生型。腐生型从无生命的有机物获得营养物质,引起食品腐败的某些细菌和霉菌就是这一类型的;寄生型必须寄生在活的有机体内,从寄主体内获得营养物质才能生活。寄生又分为绝对寄生和兼性寄生,只能在一定活的生物体内营寄生生活的叫绝对寄生,它们是引起人、动植物及微生物病害的主要病原菌,如病毒、立克次氏体等。

微生物的营养类型与特性见表1.10。

表1.10　微生物的营养类型

营养类型	氢或电子供体	碳　源	能　源	举　例
光能自养型	H_2O、还原态无机物	CO_2	光能	蓝细菌、着色细菌、藻类等
光能异养型	有机物	CO_2、简单有机物	光能	深红螺细菌
化能自养型	还原态无机物	CO_2、CO^{2-}_3	化学能(无机物)	硝化细菌、硫细菌
化能异养型	有机物	有机物	化学能(有机物)	绝大多数的细菌,全部的放线菌、真菌

(陈玮等,微生物学及实验实训技术,2010)

微生物营养类型的划分不是绝对的,只是根据主要方面决定的。在自养型和异养型、光能型和化能型之间,均有一些过渡的类型。如氢细菌在完全无机营养料的环境中,通过氢的氧化获取能量,同化 CO_2 营自养生活;而当环境中存在有机物时,可直接利用有机物碳架物质而营异养生活。又如深红螺细菌除了在光照下能利用光能生长外,在暗处的有氧条件下,还可以通过氧化有机物获取能量实现生长,表现为化能营养型。

2)微生物营养物质的吸收

微生物体积微小,结构简单,没有专门的摄取营养物质的器官。微生物营养物质的吸收和代谢产物的排出,都是依靠微生物细胞表面的扩散、渗透、吸收等作用来完成的。营养物质进入微生物细胞的过程是一个复杂的生理过程。细胞壁是微生物环境中营养物质进入细胞的屏障之一,能阻挡高分子物质进入。所以,物质能否作为营养物质维持微生物生长,首先取决于这种物质能否进入细胞,还要取决于微生物是否具有分解这种物质的酶系。另外,微生物在生长过程中,进入细胞的物质一方面通过代谢转变成细胞物质,另一方面部分转变成各种代谢产物。这些代谢产物需要及时分泌到胞外,以保持机体内生理环境的相对稳定,保证机体能够正常生长。代谢产物的分泌实际上也是物质运输的过程。微生物个体微小,细胞表面积大,能高效率地进行细胞内外的物质交换,吸收营养物质的速度比高等动植物快得多。

与细胞壁相比较,细胞膜(原生质膜)在控制营养物质进入细胞的作用中发挥着更为重要的作用,主要原因是细胞膜是半渗透性膜,具有选择吸收功能。根据细胞膜上有无载体参与、运送过程是否消耗能量及营养物质结构是否发生变化等基本情况,一般来说,可将微生物吸收营养物质的方式分成四类:单纯扩散、促进扩散、主动运输和基团移位(表1.11)。

表1.11　微生物吸收营养物质的四种方式

内　容	单纯扩散	促进扩散	主动运输	基团移位
特异载体蛋白	无	有	有	有
运输速度	慢	快	快	快
溶质运送方向	由浓到稀	由浓到稀	由稀到浓	由稀到浓
平衡时质膜内外浓度	内外相等	内外相等	内部浓度高	内部浓度高
运送分子	无特异性	特异性	特异性	特异性
能量消耗	不需要	不需要	需要	需要
运送前后溶质分子结构	不变	不变	不变	变化

(陈玮等,微生物学及实验实训技术,2010)

(1)单纯扩散

单纯扩散也称为被动运输,指营养物质依靠细胞内外的浓度差,通过细胞膜上的小孔进入微生物细胞的过程。单纯扩散是一种最简单的吸收营养物质的方式,其特点是物质由高浓度区向低浓度区扩散(浓度差)。这是一种单纯的物理扩散作用,不需要能量,也不与膜上的分子发生反应。单纯扩散不是微生物细胞吸收营养物质的主要方式,主要是一些气体分子(如 O_2、CO_2)、水、某些无机离子以及一些水溶性小分子(甘油、乙醇等)等的吸收方式。

单纯扩散的速度靠细胞内外的浓度梯度来决定,由高浓度向低浓度扩散,当细胞内外该物质浓度达到平衡时便停止扩散。被动扩散的动力来自细胞内外的浓度差。如水分子进出细胞是由简单的渗透作用所引起,即由低渗溶液通过质膜上的小孔向高渗溶液中渗透,如果细胞处于等渗溶液中,水则不能进出。

(2)促进扩散

促进扩散也称为帮助扩散,是营养物质与细胞膜上的特异性载体蛋白结合,从高浓度环境进入低浓度环境的运输过程。此过程同样是靠物质的浓度梯度进行的,不消耗能量,但需要细胞膜上专一性的载体蛋白与相应的营养物结合形成复合物,扩散到细胞膜内部,再释放出营养物。这种具有运载营养物功能的特异性蛋白质,称为渗透酶(或透过酶、传递酶载体蛋白)。它们大多是诱导酶,当外界存在所需的营养物质时,相应的渗透酶才合成。一种渗透酶只能帮助一类营养物质的运输,从而提高相关营养物质的运送速度(图1.20)。

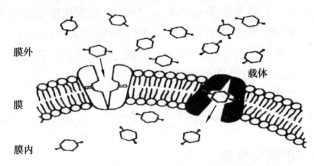

膜外　　　　　　　　　　　　　　　　　载体

膜

膜内

图 1.20　促进扩散示意图

革兰氏阴性细菌的细胞质膜表面有很多种分子量较小的蛋白,针对性地适应各类物质促进扩散的需要。如从沙门氏杆菌的细胞质膜中分离出的与硫酸盐渗透有关的载体蛋白,其相对分子质量为 34 000,每分子硫酸盐与一分子蛋白质专一性结合。这种结合是可逆的,不需要消耗能量。这种渗透酶不表现酶的活性,被运输的分子也不发生结构变化。目前,已分离出有关葡萄糖、阿拉伯糖、半乳糖、苯丙氨酸、亮氨酸、精氨酸、组氨酸、磷酸、酪氨酸、Ca^{2+} 和 Na^+ 等的载体蛋白。

促进扩散与单纯扩散的扩散动力相同,来自于细胞内外营养物质的浓度差。因此,当细胞内外营养物质浓度达到平衡时就不再进行扩散。通过促进扩散吸收的营养物质主要有各种单糖、氨基酸、维生素、无机盐等。

(3)主动运输

主动运输是广泛存在于微生物中的一种主要运输方式,是细胞质膜的最重要的特性之一。其特点是物质运输过程中需要消耗能量,可逆浓度梯度运输。如大肠杆菌在生长期中,细胞中的钾离子浓度要比其生长环境中的钾离子浓度高出 3 000 倍左右,可见这种运输的特点是营养物质由低浓度向高浓度进行,是逆浓度梯度地进入细胞内的。在主动运输过程中,运输物质所需能量来源因微生物不同而不同:好氧型微生物与兼性厌氧微生物直接利用呼吸能,厌氧型微生物利用化学能(ATP),光合微生物利用光能。

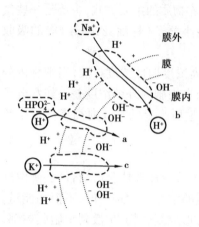

图 1.21　主动运输示意图

主动运输与促进扩散相似之处在于物质运输过程中同样需要载体蛋白,载体蛋白通过构象变化而改变与被运输物质之间的亲和力大小,使两者之间发生可逆性结合与分离,从而完成相应物质的跨膜运输,区别在于主动运输过程中的载体蛋白构象变化需要消耗能量。

通过主动运输吸收的营养物质很多,如各种离子、糖类和氨基酸等。

（4）基团移位

基团移位主要存在于厌氧型和兼性厌氧型细菌中,是该类微生物吸收营养物质的一种特殊方式。与其他三种运输方式相比,基团移位过程中有一个复杂的运输系统来完成物质的运输,并且被运送的营养物质在运输过程中发生了结构变化。基团移位主要用于糖的运输,脂肪酸、核酸、碱基等也可通过这种方式运输。

基团移位是由细胞内的特殊复杂运输系统完成的,这些运输系统由多种酶和特殊蛋白构成。比较清楚的基团移位系统是细菌细胞内的磷酸烯醇式丙酮酸—磷酸糖转移酶系统,简称磷酸转移酶系统。该系统中主要由五种不同的蛋白质组成,包括酶 I、酶 II（含有 a、b、c 三个亚基）和一种热稳定的可溶性蛋白（HPr）。

上面介绍了营养物质进入细胞的四种跨膜输送方式。实际上,一种或多种输送方式可能同时存在于一种微生物中,对不同的营养物质进行跨膜运输而互不干扰。

1.4.3　微生物的新陈代谢

微生物在其生命活动过程中为了维持生命、生长和繁殖,一方面不断从环境中吸收营养物质,在酶的作用下合成为复杂的细胞结构成分（合成代谢）,另一方面不断向环境排放废物（分解代谢）。这种生物体与外界环境之间的物质交换作用就是新陈代谢,它保证了微生物的生长与繁殖。代谢作用一旦停止,微生物的生命活动也就停止。

1）微生物的呼吸

微生物所需的能量来源于微生物的呼吸作用。微生物的呼吸是指微生物将营养物质消解,从中获得能量的生物氧化还原反应过程。既然微生物的呼吸是氧化和还原过程,在生物氧化过程中,则无论在有氧或无氧情况下,必须有一部分物质被氧化,同时另一部分物质被还原。生物体的氧化在失掉电子的同时伴随着脱氢和氢的转移,其中供给电子、质子的称为供氢体,接受电子和质子的称为受氢体。根据受氢体物质种类的不同,将微生物的呼吸分为有氧呼吸、无氧呼吸和发酵三种类型。

（1）有氧呼吸

有氧呼吸是以分子氧作为呼吸作用的氢和电子最终受体的生物氧化过程。这是绝大多数微生物都能进行的氧化作用,它们都有细胞色素组成的呼吸链。这种呼吸作用必须有脱氢酶、氧化酶以及电子传递系统参与。脱氢酶使基质脱氢,通过细胞色素 C 将电子和氢传递给氧,氧化酶使分子状态的氧活化,成为氢受体,最终产物为 CO_2 和水。

（2）无氧呼吸

无氧呼吸是指在无氧条件下，微生物以无机氧化物中的氧作为氢和电子受体的生物氧化过程。有少数微生物（厌氧菌和兼性厌氧菌）以无机氧化物（如 NO_3^-、NO_2^-、SO_4^{2-}、$S_2O_3^{2-}$、CO_2 等）代替分子氧作为最终电子和质子的受体，进行无氧呼吸，这是少数微生物的呼吸过程。无氧呼吸过程中，从底物脱下的氢和电子经过呼吸链的传递，最终由氧化态的无机物受氢（电子），并伴随氧化磷酸化作用产生 ATP，但与有氧呼吸相比，产生的能量较少。根据呼吸链末端氢受体的不同，无氧呼吸有多种类型。

①硝酸盐呼吸。又称反硝化作用，是经 NO_3^- 为最终受体的无氧呼吸。硝酸盐呼吸既可使微生物利用硝酸盐作为氮源营养物，又可以将硝酸盐还原成亚硝酸盐，但这一过程必须在一种含钼的硝酸盐还原酶的作用下完成。

②硫酸盐呼吸。硫酸盐还原菌都是一些严格依赖于无氧环境的专性厌氧细菌，能够经呼吸链传递的氢交给硫酸盐这类末端氢受体。通过这一过程，微生物可在无氧条件下借呼吸链的电子传递磷酸化而获得能量。硫酸盐还原的最终产物是 H_2S，自然界中的 H_2S 大多数是由这一反应产生的。

③碳酸盐呼吸。碳酸盐呼吸有两种类型，一种是产甲烷细菌的碳酸盐呼吸，另一种是产乙酸细菌的碳酸盐呼吸，均以 CO_2 或重碳酸作为无氧呼吸链的末端氢受体。进行碳酸盐呼吸的均是一些专性厌氧菌。

（3）发酵

发酵是指微生物在无氧条件下将有机物氧化释放的电子直接交给底物和本身未完全氧化的某种中间产物，同时释放能量并产生各种不同的代谢产物。它是以有机物氧化分解的不彻底中间产物作为氢和质子的最终受体的。在发酵条件下，有机物只是部分地被氧化，因此，只能释放出一小部分的能量。在发酵作用中，有时最终电子和质子的受体就是电子供体的分解产物，所以，是不需要外界提供电子受体的。

2）微生物的物质代谢

微生物的物质代谢由分解代谢和合成代谢两个过程组成：物质代谢＝分解代谢＋合成代谢。

（1）微生物的分解代谢

微生物的分解代谢是指细胞将大分子物质降解为小分子物质的放能过程，即化整为零的过程。它是细胞内碳水化合物经过氧化分解释放出能量的过程，是通过呼吸作用来实现的。由于分解代谢释放的能量供细胞生命活动使用，因此微生物体内只有进行旺盛的分解代谢，才能更多地合成微生物细胞物质，并使其迅速生长繁殖。

①多糖的分解。多糖分解的种类很多，以淀粉为例，其分解主要是由微生物分泌的酶类进行的。淀粉是多种微生物用作碳源的原料，是葡萄糖通过糖苷连接而成的一种大分子物质，可以分为直链淀粉和支链淀粉两种。

分解淀粉的淀粉酶种类很多，作用方式各异，作用后的产物也不同，可分为以下五类：

a. α-淀粉酶，又称液化型淀粉酶。可从淀粉分子内部任意消解 α-1,4-糖苷键，但不能作用于淀粉分子的 α-1,6-糖苷键以及靠近 α-1,6-糖苷键的 α-1,4 糖苷键。水解最终产物是麦芽糖、糊精和少量的葡萄糖。该酶对淀粉的作用结果是使淀粉溶液的黏度下降。在微生物中，放线菌、霉菌、细菌均能产生这种酶。

b. β-淀粉酶,又称淀粉-1,4-麦芽糖苷酶。β-淀粉酶从淀粉分子的非还原性末端开始作用,以双糖为单位,逐步作用于 α-1,4-糖苷键,生成麦芽糖。但它不能作用于淀粉分子中的 α-1,6-糖苷键,也不能越过 α-1,6-糖苷键去作用于 α-1,4-糖苷键。水解终产物为麦芽糖和糊精。

c. 葡萄糖苷酶,又称淀粉-1,4-葡萄糖苷酶或葡萄糖生成酶,它也是从淀粉分子的非还原性末端开始作用,依次以葡萄糖为单位,逐步作用于 α-1,4-糖苷键,生成葡萄糖。不作用于 α-1,6-糖苷键,但能够越过 α-1,6-糖苷键作用于 α-1,4-糖苷键。直链淀粉的水解产物几乎都是葡萄糖。支链淀粉的水解产物除葡萄糖外,还有带有 α-1,6-糖苷键的寡糖。根霉和曲霉能够合成和分泌葡萄糖苷酶。

d. 糖化酶,从淀粉分子的非还原性末端以葡萄糖为单位进行水解,不仅可以作用 α-1,4-糖苷键,还可作用 α-1,6-糖苷键,其水解的速度较慢。直链淀粉、支链淀粉都可以被它彻底水解成葡萄糖。

e. 异淀粉酶,可以分解淀粉中的 α-1,6-糖苷键,生成直链糊精。产气杆菌、中间埃希氏杆菌、黑曲霉都可以用来生产异淀粉酶。

②纤维素的分解。纤维素是葡萄糖由 β-1,4-糖苷键组成的直链大分子化合物,不溶于水,化学性质稳定,广泛存在于自然界,是植物细胞壁的主要成分。人不能直接消化纤维素,但是很多微生物能对纤维素起到消化分解作用。微生物就可以利用自身含有的纤维素酶把纤维素分解成简单的糖。纤维素酶根据作用方式的不同大致可分为三种:

a. C_1 酶,主要作用于天然纤维素,使之转变成水合非结晶纤维素。

b. C_x 酶,又称 β-1,4-葡聚糖酶。主要作用于水合非结晶纤维素,它能水解已经溶解或膨胀、部分降解的纤维素。C_x 酶又分为两种类型:C_{x1} 酶从水合非结晶纤维素分子的 β-1,4-糖苷键,生成纤维糊精、纤维二糖和葡萄糖;C_{x2} 酶则是从水合非结晶纤维素分子的非还原性末端作用 β-1,4-糖苷键,逐步切断 β-1,4-糖苷键生成葡萄糖。

c. β-葡萄糖苷酶,又叫纤维二糖酶。能水解纤维二糖、纤维三糖及低分子的纤维寡糖成为葡萄糖。葡萄糖在需氧性纤维素微生物作用下可彻底氧化成 CO_2 与水;在厌氧性纤维素微生物作用下进行发酵,产生丁酸、丁醇、乙酸、乙醇、CO_2、氢等产物。

③半纤维素的分解。植物细胞壁中,除纤维素以外的多糖统称半纤维素。它在植物组织中的含量很高,仅次于纤维素。真菌的细胞壁中也含纤维素。半纤维素是由各种五碳糖、六碳糖及糖醛酸组成的大分子。常见的半纤维素是木聚糖,它约占草本植物干重的一半,也存在于木本植物中。与纤维素相比,半纤维素容易被微生物分解。半纤维素酶通常与纤维素酶、果胶混合使用,以改善植物性食物的品质,提高淀粉质发酵原料的利用率、果汁饮料的澄清等。

④果胶质的分解。果胶质广泛存在于水果和蔬菜的组织中,是构成高等植物细胞间质的主要物质,它起着"粘合"作用,使细胞壁相连。果胶主要是由 D-半乳糖醛酸通过 α-1,4-糖苷键连接起来的直链高分子化合物,其分子中大部分羧基形成了甲基酯。不含甲基酯的果胶质称为果胶酸。果胶物质包括果胶酸和果胶质。果胶在浆果中最丰富。果胶酶存在于植物、霉菌、细菌和酵母中。其中以霉菌中的果胶酶产量最高,澄清果汁力强,因此工业上常用的菌种几乎都是霉菌,如黑曲霉等。果胶酶大多属于诱导酶。

⑤蛋白质和氨基酸的分解。蛋白质是由氨基酸组成的分子巨大、结构复杂的化合物。

它们不能直接进入细胞。蛋白质在有氧环境下被微生物分解的过程称为腐化,这时蛋白质可被完全氧化,生成简单的化合物,如 CO_2、H_2、NH_3、CH_4 等。蛋白质在厌氧的环境中被微生物分解的过程称为腐败,此时蛋白质分解不完全,分解产物多数为中间产物,如氨基酯、有机酸等。

蛋白质的降解首先是在微生物分泌的胞外蛋白酶的作用下水解生成短肽,然后短肽在肽酶的作用下进一步分解成氨基酸。根据肽酶作用部位的不同,分为氨肽酶和羧肽酶。氨肽酶作用于有游离氨基端的肽键,羧肽酶作用于有游离羧基端的肽健。肽酶是一种胞内酶,在细胞自溶后释放到环境中。产生蛋白酶的微生物很多,如细菌、放线菌、霉菌等。

氨基酸的分解,蛋白质被分解成氨基酸并被微生物吸收后,可直接作为蛋白质合成的原料;也可被微生物进一步分解后,通过各种代谢途径加以利用。微生物对氨基酸的分解,主要是在氨基酸氧化酶、氨基酸脱氢酶或水解酶的催化下进行脱氨作用、在氨基酸脱羧酶催化下进行脱羧基作用。

⑥脂肪和脂肪酸的分解。脂肪是自然界广泛存在的重要的脂类物质。它是由甘油与三个链脂肪酸通过酯键连接起来的甘油三酯。当环境中有其他容易利用的碳源物质时,脂肪类物质一般不被微生物利用。但当环境中不存在除脂肪类物质以外的其他能源与碳源物质时,许多微生物能分解与利用脂肪进行生长。

脂肪和脂肪酸作为微生物的碳源和能源,一般利用缓慢。脂肪不能进入细胞,细胞储藏的脂肪也不能直接进入糖的降解途径,要在脂肪酶的作用下先行水解。脂肪在脂肪酶的作用下可水解生成甘油和脂肪酸。脂肪酶目前主要用于油脂工业、食品工业、纺织工业等。

(2)微生物的合成代谢

微生物利用能量代谢所产生的能量、中间产物以及从外界吸收的小分子合成复杂的细胞物质的过程称为合成代谢。微生物在进行合成代谢时必须具备三个基本条件:代谢能量、小分子前体物质和还原力,它们是细胞合成代谢的三要素。能量由 ATP 和质子动力提供;还原力指还原型的烟酰胺腺嘌呤二核苷酸($NADH_2$)和还原型的烟酰胺腺嘌呤二核苷酸磷酸($NADPH_2$);小分子前体物质通常是指糖代谢过程中产生的中间体碳架物质。这些物质可以直接用来合成生物分子的单体物质。分解代谢和合成代谢是不能分开的,两者在生物体内是有条不紊的平衡过程。

微生物合成代谢的内容较多,如糖类、氨基酸、脂肪酸、嘌呤和嘧啶等主要细胞成分的合成,这些合成是不可逆的。

①糖类的合成。微生物在生长过程中,不断地将简单化合物合成糖类,以构成细胞生长所需的单糖、多糖等。单糖在微生物中以游离的形式存在,多糖或多聚体是以少量的糖磷酸酯和糖核苷酸形式存在。糖的合成对微生物的生命活动十分重要。

A.单糖的合成。微生物可以从周围环境中获取糖,也可通过非糖前体物质合成单糖。微生物合成糖的途径一般都是通过 EMP 途径逆行合成6-磷酸葡萄糖,然后再转化为其他的糖。也就是说,单糖的合成关键是葡萄糖的合成。合成单糖的前体物质可以从周围环境中获取,也可以通过生物合成生成单糖的前体物质。自养微生物和异养微生物由于在营养物质来源方面存在很大的差异,因此,有不同的合成葡萄糖的前体物质来源。许多微生物将己糖作为能量和碳源,同时也将己糖作为生物合成代谢的前体物质。

B.糖原的合成。在糖原合成中,6-磷酸葡萄糖是一个关键,它可通过单糖互变方式合成其他单糖。但6-磷酸葡萄糖必须首先转化为糖核苷酸,即 UDP-葡萄糖。在糖原合成中,是以 UDP-葡萄糖作为起始物,逐步加到多糖链的末端,使糖链延长。

因此,糖核苷酸在微生物细胞中具有两种功能:第一是为某单糖的合成提供了一种转换合成的底物;第二是为多糖的合成提供糖基。

②氨基酸的合成。氨基酸是合成蛋白质的原料,自然界中的生物在合成蛋白质时,都必须首先合成氨基酸。氨基酸的合成包括两个方面的内容:一是氨基酸骨架的合成,二是氨基的结合。合成氨基酸的碳骨架来自代谢产生的中间产物,而氨有以下几种来源:一是直接从外界环境获得;二是通过体内含氮化合物的分解得到;三是通过固氮作用合成;四是由硝酸还原作用合成。应当指出的是,氨是合成氨基酸的直接氮源,其他含氮物如硝酸根等必须先转变成氨,而后再合成氨基酸。对于含硫氨基酸的合成还需要微生物从周围环境中吸收硫酸盐,并经过一系列的还原反应后再作硫的供体。

3)微生物的代谢产物

微生物具有极精细的代谢调控系统,使其各种代谢活动有条不紊地进行。在其生命活动中会产生种类繁多的小分子代谢产物,这些代谢产物一般可以分为两类:初级代谢产物和次级代谢产物。初级代谢产物一般属于分解代谢和能量代谢产物,如乙醇、有机酸、氨基酸等,它与微生物细胞的生长代谢有密切关系。次级代谢产物是在微生物细胞分化过程中产生的,往往不是细胞生长所必需的物质,对细胞生长并不具有明显的作用。初级代谢与次级代谢都受菌体的代谢调节,并且两者的调节相互影响。

（1）初级代谢产物

初级代谢产物是指微生物从外界吸收各种营养物质,通过分解代谢和合成代谢生成维持生命活动所需的物质和能量的过程。这一过程的产物是微生物在生命活动中所必需的,它是相对于次级代谢而言的。初级代谢产物与微生物的生长、繁殖密切相关。初级代谢的产物都是微生物营养性生长所必需的,因此,除了遗传上有缺陷的菌株外,活细胞中初级代谢途径是普遍存在的,也就是说它们的合成代谢流普遍存在。初级代谢的酶的特异性比次级代谢的酶要高,因此初级代谢产物合成的差错会导致细胞死亡。与食品有关的微生物初级代谢产物有酸类、醇类、氨基酸和维生素等。

①酸类。微生物可以产生有机酸,如乳酸、醋酸、丙酸、丁酸等,这些酸类物质与农畜产品加工利用有关。有些微生物要产生无机酸,如硫酸和硝酸与土壤肥力有关系。这些酸类可结合成各种盐在基质中积累。

②醇类。微生物在代谢过程中可产生醇类、酯类和其他芳香物,这些物质与工业和农畜产品加工利用有关。如利用微生物分解碳水化合物生成的醇类,也具有一定的芳香味;在酱油、酸乳、干酪等制造过程中可产生醇类、酯类物质使产品有芳香味;青贮饲料中的芳香味也是醇类、酯类及其他芳香物质的结果。

③氨基酸类。正常代谢过程受到各种形式的抑制,微生物就在培养基中过量积累氨基酸这类代谢产物,如谷氨酸、赖氨酸、苏氨酸等,这类代谢产物已经在食品工业、饲料工业、医药工业中获得广泛的应用。

④维生素。维生素是微生物所必需的营养物质。有些微生物没有合成某些维生素的能力,需要由外界提供才能正常生长。细菌、放线菌、霉菌、酵母菌的一些种,在特定积极条件下会合成超过本身需要的维生素。机体含量过多时可分泌到细胞外。如丙酸杆菌产生

维生素 B_{12};醋酸杆菌合成维生素 C;人、畜肠道内某些细菌能合成维生素 B_6、维生素 B_{12}、维生素 K 等;总之,人类需要的各种维生素都可以由微生物合成后得到。维生素除临床医药用外,还可以用于强化食品和饲料。

(2)次级代谢产物

次级代谢产物是指微生物在一定的生长时期,以初级代谢产物为基础通过支路代谢合成一些对自身的生命活动无明确功能的物质的过程,这一过程产生的物质称为次级代谢产物。与食品有关的次级代谢产物有抗生素、毒素、色素等。

①抗生素。抗生素是生物在代谢过程中产生的,以低微的浓度选择性地作用于它种生物机能的一类天然有机化合物。因为抗生素能选择性地抑制或杀死特定的某些种类微生物的物质,因此成为现代医疗中经常使用的药物。

抗生素主要是通过抑制细菌细胞壁合成、破坏细胞质膜、改变细胞膜的通透性或作用于呼吸链以干扰氧化磷酸化、抑制蛋白质与核酸合成等方式抑制或杀死病原微生物。因此,抗生素是临床、农业和畜牧业生产上广泛使用的化学治疗剂。此外,在工业发酵中抗生素用于控制杂菌污染;在微生物育种中,抗生素常作为高效的筛选标记。另外,一些细菌和放线菌产生的抗生素作为天然生物防腐剂,在食品防腐保鲜中已广泛应用。

②毒素。某些微生物在代谢过程中能产生某些对人和动物有毒害作用的物质,这些物质称为毒素。微生物产生的毒素有细菌毒素和真菌毒素。

细菌毒素主要分外毒素和内毒素两大类。外毒素是细菌在生长过程中不断分泌到菌体外的毒性蛋白质,主要由革兰氏阳性菌产生,其毒力较强,如破伤风痉挛毒素、白喉毒素等。大多数外毒素均不耐热,加热至 70 ℃毒力即被破坏。内毒素是病原细菌在其生命活动过程中产生,并存在于细胞壁中的最外层的脂多糖部分,在活细菌中不分泌到体外,仅在细菌自溶或人工裂解后才释放,其毒力较外毒素弱,如沙门菌属、大肠杆菌属某些种所产生的内毒素。大多数内毒素较耐热,需加热 80～100 ℃,1 h 才能被破坏。能产生内毒素的病原菌包括肠杆菌科的细菌(如致病的大肠杆菌、沙门氏菌等)、布鲁氏杆菌和结核分支杆菌等。

存在于粮食、食品或饲料中,由真菌引起人或动物病理变化的代谢产物被称为真菌毒素。目前已知的影响人类健康的真菌毒素有 200 多种,其中有 14 种能致癌,两种是剧毒致癌剂,这两种是由部分黄曲霉和寄生曲霉产生的黄曲霉素 B_1,和由某些廉刀菌产生的单端孢霉烯族化合物中的 T_2 毒素。

③色素。许多微生物在生长过程中能合成不同颜色的代谢产物,即色素。色素有的积累于细胞内,有的分泌到细胞外,它是细胞分类的一个依据。根据它们的性状可分为水溶性色素和脂溶性色素。水溶性色素可使培养基着色,如绿脓菌色素、蓝乳菌色素、荧光菌的荧光色素等。脂溶性色素可使菌落呈各种颜色,如金黄色葡萄球菌的金黄色素等。还有一些色素,既不溶于水,也不溶于有机溶剂,如酵母菌的黑色素和褐色素等。有的色素可用于食品,如红曲霉属的紫红色素等。由于不同菌种产生的色素不同,可用来作为鉴定微生物种类的依据之一。

④激素。某些微生物在生长的过程中能产生刺激动物生长或性器官发育的一类生理活性物质,称为激素。目前已经发现的微生物能够产生 15 种激素,如赤霉素、细胞分裂素、生长刺激素等。生长刺激素是由某些细菌、真菌、植物合成,能刺激植物生长的一类生理活

性物质。已知有80多种真菌能产生吲哚乙酸。例如,真菌中的茭白黑粉菌能产生吲哚乙酸;赤霉菌所产生的赤霉素是目前广泛应用的植物生长刺激素。

微生物的代谢产物,特别是次级代谢产物,大部分尚未很好地利用。微生物次级代谢产物的资源很丰富,潜力很大,具有极其广阔的应用前景。

 知识链接)))

微生物的遗传与育种

1)微生物的遗传性、变异性

与其他生物一样,微生物也具有遗传和变异,这是微生物的最本质的属性之一。所谓的遗传就是在一定环境条件下,微生物性状相对稳定,能把亲代性状传给子代,维持其种属的性状,从而保持了物种的延续。然而遗传不是绝对的,是随着环境的改变而发生变化的,这种变化可以改变生物的代谢机制及形态结构,这就是变异。遗传和变异在一定条件下可以相互转变。

(1)遗传变异的物质基础

人们以微生物为材料,通过转化实验、噬菌体的感染实验、病毒的重建实验,这三个经典实验证明核酸是一切生物遗传变异的物质基础。核酸分为脱氧核糖核酸(DNA)和核糖核酸(RNA)。绝大多数生物的遗传物质是DNA,只有少数病毒的遗传物质是RNA。

(2)DNA的分子结构和复制

核酸是一切生物遗传变异的物质基础,核酸可分为脱氧核糖核酸(DNA)和核糖核酸(RNA)。核酸的基本单位是核苷酸。DNA是围绕着一根轴的由两条核苷酸长链构成的双螺旋结构。DNA双螺旋结构在细胞中能够复制,并具有独特的生物合成方式。由于新合成的DNA分子中的核苷酸的排列次序和原有的DNA一般都是一模一样的,新DNA分子好像是原有DNA的复制品,所以,这种合成方式叫复制。有些生物(某些动物和植物病毒以及某些噬菌体)只由RNA和蛋白质组成,这时的RNA就成了遗传信息的携带者。

(3)遗传信息的传递

基因是特定遗传信息、具有特定核苷酸序列的DNA(某些病毒是RNA)分子的片断,是遗传物质的功能单位。一个DNA分子中含有许多基因,不同的基因所含的碱基对的数量和排列顺序都不相同。性状是构成一个生物全体的结构、形态、物质、功能等各方面特征的总和。基因决定性状,而性状是基因表达的最终结果。但是基因和性状并不是一一对应的,性状的表现取决于基因之间的相互作用。微生物的遗传信息也是根据中心法则,包括复制、转录、翻译三个阶段,即DNA复制DNA,DNA转录为MRNA,然后由MRNA翻译成特定的蛋白质。某些病毒的RNA可自我复制,并可作模板通过逆转录而合成DNA。

（4）遗传物质存在的形式

遗传物质存在的形式有四：一是染色体，DNA 几乎全部集中在染色体上，真核生物（包括高等的动、植物及真菌）中，DNA 和碱性蛋白质结合，构成染色体，在染色体外包一层膜，叫核膜，形成真核。真核生物每一个细胞核中，染色体的数目随菌的种类不同而不同。原核生物只有拟染色体，或称细菌染色体，其 DNA 不与蛋白质结合，如大肠杆菌中的拟染色体。二是质粒，质粒是一种核外遗传物质，其化学本质是DNA。在一些细菌的染色体 DNA 以外，细胞中还存在着另一些较小的共价闭环结构的双螺旋 DNA 分子，具有自主复制的功能。不同的质粒还分别有使寄主细胞获得某些特殊遗传性状的基因。三是基因，也可称为顺反子或作用子，遗传学中将生物体内决定遗传和变异的最主要因素称为遗传因子或基因，是一段具有特定功能和结构的连续的 DNA 片段。四是遗传密码，是指 DNA 链上各个核苷酸的特定排列顺序。由一定顺序相连的三个核苷酸组成一个"三联体"，就称为密码子。

2）基因突变

基因突变简称突变，泛指细胞内（或病毒粒子内）遗传物质的分子结构或数量突然发生了可遗传的变化。根据突变的依据不同可将突变分为以下几类：

①按突变涉及的范围可将其分为：基因突变和染色体畸变。

②按突变的表型改变可分为：形态突变型、致死突变型、条件致死突变型、营养缺陷突变型、抗性突变型、抗原突变型及其他突变型。

③按突变的条件和原因可将其分为自发突变和诱发突变。

无论哪种突变都具有以下几个共同点：自发性、不对应性、稀有性、独立性、诱变性、稳定性、可逆性。

3）微生物的育种

决定微生物遗传性的是基因，原物质基础是 DNA 或 RNA，微生物的表型受基因控制，因此只有基因发生改变，表型才能出现变化。我们可以人为地改变 DNA 的结构，以改变微生物的遗传特性，达到我们改造和选育菌种的目的。

（1）自然选育

自然选育是利用微生物在一定条件下产生自发变异，通过分离、筛选，排除劣质性状的菌株，选择出原有生产水平或具有更优良生产性能的高产菌株。

（2）诱变育种

诱变育种是指人为地、有意识地将诱变对象生物置于诱变因子中，使该生物体发生突变，从这些突变体中筛选具有优良性状的突变株的过程。

（3）杂交育种

杂交育种是指将两个基因型不同的菌株经细胞的互相联结、细胞核融合，随后细胞核进行减数分裂，遗传性状会出现分离和重新组合的现象，然后以分离和筛选，获得符合要求的生产菌株。一些优良菌种的选育主要是采用诱变育种的方式，但是某一菌株长期使用诱变剂处理后，其生活能力一般要逐渐下降。因此，常采用杂交育种的方法继续优化菌株。

（4）基因工程

自从基因工程问世以来，用于基因工程的技术不断出现，不断更新。随着遗传学的发展，遗传工程正越来越多地被运用于许多育种计划中，一些依靠基因工程手段培育出来的转基因动植物已大量投入生产，进入市场。基因工程食品已摆上餐桌。尽管大多数基因工程食品看起来与普通食品并没有什么两样，但吃起来味道更鲜美，营养更丰富，更耐贮藏，生长过程中可以抵御严寒和病虫害，有更高的经济效益。

任务 1.5　微生物与食物中毒

1.5.1　概述

食物中毒，指食用了被有毒有害物质污染的食品或者食用了含有毒有害物质的食品后出现的急性、亚急性疾病。食物中毒属食源性疾病的范畴，是食源性疾病中最为常见的疾病。食物中毒不包括因暴饮暴食而引起的急性胃肠炎、食源性肠道传染病（如伤寒）和寄生虫病（如旋毛虫病、囊虫病），也不包括因一次大量或长期少量多次摄入某些有毒、有害物质而引起的以慢性毒害为主要特征的疾病。

食物中毒的特点是潜伏期短、突然地和集体地暴发，短时间内可能有多数人发病，发病曲线呈突然上升的趋势。中毒病人一般具有相似的临床症状，多数表现为恶心、呕吐、腹痛、腹泻等肠胃炎的症状，并和食用某种食物有明显关系。发病范围局限在食用该类有毒食物的人群，停止食用该食物后病症很快停止，发病曲线此时呈突然下降趋势。食物中毒病人对健康人不具有传染性，没有个人与个人之间的传染过程。

食物中毒按病原物质分类可分为细菌性食物中毒、真菌性食物中毒、动植物性食物中毒和化学性食物中毒等类型。由细菌引起的食物中毒占绝大多数，一般是人们摄入含有细菌或细菌毒素的食品而引起的。据中毒统计资料表明，细菌性食物中毒占食物中毒总数的50%左右，而动物性食品是引起细菌性食物中毒的主要食品，其中肉类及熟肉制品居首位，其次是变质禽肉、病死畜肉以及鱼、奶、剩饭等。另外，发霉的大豆、花生、玉米中含有黄曲霉的代谢产物黄曲霉素，其毒性很大。它会损害肝脏，诱发肝癌，是真菌性食物中毒中危害很大的一类。食用有毒动植物也可引起中毒，如食入未经妥善加工的河豚可使末梢神经和中枢神经发生麻痹，最后因呼吸中枢和血管运动麻痹而死亡。一些含硝酸盐的蔬菜，贮存过久或煮熟后放置时间太长，细菌大量繁殖会使硝酸盐变成亚硝酸盐，而亚硝酸盐进入人体后，可使血液中低铁血红蛋白氧化成高铁血红蛋白，失去输氧能力，造成组织缺氧，严重时，可因呼吸衰竭而死亡。食入一些化学物质如铅、汞、镉、氰化物及农药等化学毒品污染的食品也可引起中毒。在食品中滥加食品添加剂，对人体也有害。非法使用添加剂造成的食品安全问题近年造成很多不同程度的危害。

发生微生物性食物中毒的根本原因是食品受到了某些微生物或微生物毒素的污染。

微生物污染的原因有内源性污染和外源性污染,其中外源性污染是经常性的和主要的,概括起来主要有以下几个方面:食品原料受到了污染,如禽畜在宰杀前就是病禽、病畜;生产、加工、运输、销售及食用过程中的污染,如卫生状况差,蚊蝇滋生;加工方法不当,主要是某些大块食品烧煮时间太短或温度太低,不能足以杀死微生物,或油炸食品时中心未熟透等;交叉污染,在食品制作时,发生了生熟食品交叉污染,如用盛放过生食品的容器、用具、刀板等与熟食品发生接触,而导致生食品中的某些微生物污染到熟食品上,这种熟品在食用前没有经过再加热或加热温度不足以杀灭污染的微生物;食品从业人员带菌污染,接触食品的工作人员个人卫生状况不良,如患有某种肠道传染病病人或带菌者,则可以将这种病原微生物污染到食品上而导致食物中毒或食物感染。

1.5.2　细菌引起的食物中毒

1)金黄色葡萄球菌

葡萄球菌在自然界中广泛存在于空气、土壤、水及物品上,特别是人和家畜的体表及外界相通的腔道检出率都相当高。葡萄球菌可分为金黄色葡萄球菌、表皮葡萄球菌和腐生性葡萄球菌。葡萄球菌常引起人及动物组织器官脓肿、创伤化脓及败血症、食物中毒。其食物中毒主要是金黄色葡萄球菌引起,是由该菌产生的肠毒素引起的,通常是通过患病的动物产品以及患化脓的食品加工人员及环境因素引起食品污染,如果条件适宜,就有毒素产生,12 h即能产生足以引起中毒的量。这些污染食物被人食用后,就会引起食物中毒。

(1)生物学特性

典型的金黄色葡萄球菌为球形,直径 0.8 μm 左右,显微镜下排列成葡萄串状;无芽孢、鞭毛,大多数无荚膜,不能运动;衰老、死亡或被白细胞吞噬的菌体,染色特性发生逆转,革兰氏染色阳性;需氧或兼性厌氧,最适生长温度 37 ℃,最适生长 pH 值 7.4;平板上菌落厚、有光泽、圆形凸起,边缘整齐、表面光滑、湿润、不透明,直径 1~2 mm;有高度的耐盐性,可在 10%~15% NaCl 肉汤中生长;可分解葡萄糖、麦芽糖、乳糖、蔗糖,产酸不产气;对磺胺类药物敏感性低,但对青霉素、红霉素等高度敏感。

(2)中毒症状

金黄色葡萄球菌是人类化脓感染中最常见的病原菌,可引起局部化脓感染,也可引起肺炎、伪膜性肠炎,甚至败血症、脓毒症等全身感染。金黄色葡萄球菌的致病力强弱主要取决于其产生的毒素和侵袭性酶,包括溶血毒素、杀白细胞素、血浆凝固酶、脱氧核糖核酸酶和肠毒素等。其潜伏期一般为 1~5 h,最短为 15 min,最长不超过 8 h。

(3)病菌来源

金黄色葡萄球菌广泛分布于空气、土壤、水及食具。人和动物具有较高的带菌率。健康人的咽喉、鼻腔、皮肤、头发等常带有产肠毒素的菌株,故易于经手或空气污染食品。近年来,美国疾病控制中心报告,由金黄色葡萄球菌引起的感染占第二位,仅次于大肠杆菌。

金黄色葡萄球菌可通过以下途径污染食品:食品加工人员或销售人员带菌,造成食品污染;食品在加工前本身带菌,或在加工过程中受到了污染,以及加工后成品在贮藏和运输过程中受到污染。

2）沙门氏杆菌

沙门氏菌属是一大群寄生于人类和动物肠道内的,生化反应和抗原构造相似的革兰氏阴性杆菌,统称为沙门氏杆菌。沙门氏菌可引起混合型的食物中毒,一是内源性污染;二是外源性污染。由于沙门氏菌的分布广,如果畜禽粪便污染了食品加工场所的环境或用具,就会造成食品在加工、运输、贮存、销售等环节受到沙门氏菌的污染。

（1）生物学特性

沙门氏菌为革兰氏阴性、两端钝圆的短杆菌(比大肠杆菌细),大小为$(0.7 \sim 1.5) \mu m \times (2 \sim 5) \mu m$,无荚膜和芽孢,(除鸡白痢沙门氏菌、鸡伤寒沙门氏菌外)都具有周身鞭毛,纤毛,能运动,能吸附于宿主细胞表面或凝集豚鼠红细胞;需氧及兼性厌氧菌,在普通琼脂培养基上生长良好,培养24 h后,形成中等大小、圆形、表面光滑、无色半透明、边缘整齐的菌落,其菌落特征亦与大肠杆菌相似(无粪臭味);生化特性较一致,一般是:能发酵葡萄糖、麦芽糖、甘露醇和山梨醇产酸产气;不发酵乳糖、蔗糖;不产吲哚、V-P反应阴性;不水解尿素和对苯丙氨酸不脱氨。本菌不耐热,55 ℃ 1 h、60 ℃ 15 ~ 30 min即被杀死;在外界的生活力较强,在10 ~ 42 ℃的范围内均能生长,最适生长温度为37 ℃,最适生长pH值为6.8 ~ 7.8;在普通水中虽不易繁殖,但可生存2 ~ 3周,在粪便中可存活1 ~ 2个月。

（2）中毒症状

沙门氏菌病是公共卫生学上具有重要意义的人畜共患病之一。沙门氏菌不产生外毒素,但菌体裂解时,可产生毒性很强的内毒素,此种毒素为致病的主要因素。沙门氏菌属食物中毒主要发生在夏秋季节,临床表现有不同的类型,一般以急性胃肠炎型为较多。潜伏期为6 ~ 12 h,最长可达24 h,病人临床表现为恶心、头痛、出冷汗、面色苍白,继而出现呕吐、腹泻、发热,体温高达38 ~ 40 ℃,大便水样或带有脓血、黏液,中毒严重者出现寒战、惊厥、抽搐和昏迷等,此菌中毒死亡率较低。

（3）病菌来源

沙门氏菌来源主要是患病的人和动物以及带菌的人和动物。要控制此菌的感染与蔓延,首先要控制感染沙门氏菌的病畜肉类流入市场,加强食品生产企业、饮食行业的卫生管理,对食品从业人员进行定期健康检查;在烹制食物过程中要做到容器、刀等生熟分开使用,严防食物交叉污染。其次是控制繁殖细菌。另外烹调时还要注意高温杀灭细菌,肉块不宜过大,肉块深部温度须达到80 ℃以上,持续12 min;禽蛋煮沸8 min以上等。

3）大肠埃希菌

在自然界中,本菌分布广泛,主要寄居场所是人和其他温血动物的肠道,是一类条件性致病菌。在致病性大肠埃希氏菌中,有些血清型能够引起人的食物中毒,有些血清型能够引起人的肠道内外感染,还有一些血清型的菌株能够使畜禽发病,危害畜牧业,降低畜产食品的质量。致病性大肠埃希氏菌可从饮用水,未消毒牛乳,病畜脏器、禽类及其人畜粪便污染的各种食品中分离出来。致病性大肠埃希氏菌属主要分为五大类,首先根据发病机理分为三大类,即产毒素型大肠埃希氏菌(ETEC)、侵袭型大肠埃希氏菌(EIEC)和肠道致病性大肠埃希氏菌(EPEC)。近来又提出另外两类,即出血性大肠埃希氏菌(EHEC)和肠黏附性大肠埃希氏菌(EAEC)。

（1）生物学特性

大肠杆菌为革兰氏阴性短杆菌，大小$(0.4 \sim 0.7)\,\mu m \times (1 \sim 3)\,\mu m$，周生鞭毛，有普通菌毛与性菌毛，有些菌株有多糖类包膜，能运动，无芽孢；能发酵多种糖类产酸、产气，是人和动物肠道中的正常栖居菌，婴儿出生后即随着哺乳过程进入肠道，与人终身相伴。大肠杆菌为兼性厌氧菌，对营养要求不高，在 $15 \sim 45$ ℃时均能生长，最适生长温度为 37 ℃，最适 pH 值为 $7.2 \sim 7.4$。该菌对热的抵抗力较其他肠道杆菌强，55 ℃经 60 min 或 60 ℃加热 15 min 仍有部分细菌存活。在自然界的水中可存活数周至数月，在温度较低的粪便中存活更久。

（2）中毒症状

致病性大肠埃希氏菌的致病性是一个很复杂的问题，也并非由某一方面的因素所决定，致病因子有侵袭力、黏附素和毒素等。致病性大肠埃希氏菌中，一般认为能产生耐热和不耐热肠毒素的两种菌株均可引起人的食物中毒。侵入型大肠埃希氏菌引起的腹泻与痢疾杆菌引起的痢疾相似，一般称为急性痢疾型，主要表现为腹痛、腹泻（伴黏液脓血）、发热症状。毒素型大肠埃希氏菌引起的腹泻为胃肠炎型，一般称为急性胃肠炎型。潜伏期一般为 $10 \sim 24$ h，主要表现为食欲不振、腹泻（一日 $5 \sim 10$ 次，无脓血）、呕吐及发热症状。

（3）病菌来源

引起大肠埃希氏菌中毒的主要是一些动物性食品，如乳与乳制品、肉类、水产品等，牛和猪是传播这种病菌、引起中毒的主要原因。该种疾病可通过饮用受污染的水或进食未熟透的食物而感染。此外，若个人卫生欠佳，亦可能会通过人传染人的途径，或进食受粪便污染的食物而感染该种病菌。

4）变形杆菌

变形杆菌类为有动力的革兰氏阴性杆菌，包括变形杆菌属、普罗菲登属和摩根氏菌属。变形杆菌属分为普通变形杆菌、奇异变形杆菌、产黏液变形杆菌和潘氏变形杆菌。普罗菲登斯菌属共有五个种；摩根氏菌属只有一个种，即摩根氏菌。变形杆菌类是腐物寄生菌，自然界中广泛分布，水、土壤、腐败有机物中以及动物肠道中都有存在，健康人变形杆菌带菌率为 $1.3\% \sim 10.4\%$。该菌是一种条件致病菌，这种活菌在肉品上大量繁殖，被人摄食后进入人体，在条件适合时，就有可能引起食物中毒。

（1）生物学特性

变形杆菌是一类大小、形态不一的细菌，有时呈球形，有时呈丝状，呈明显的多形性，周身鞭毛，能运动，无芽孢荚膜，革兰氏阴性，为需氧及兼性厌氧菌，对营养要求不高，在普通琼脂上生长良好，在固体培养基上普通和奇异变形杆菌常扩散生长，形成一层波纹薄膜。其最适生长温度为 20 ℃，在 $10 \sim 43$ ℃均可生长。发酵葡萄糖产酸及少量气体，对果糖、半乳糖与甘油的发酵能力不一致，甲基红试验（MR）阳性。

（2）中毒症状

变形杆菌属条件致病菌，引起食物中毒是由于摄入大量变形杆菌污染的食物所致。变形杆菌还能够产生肠毒素，这种肠毒素会引起人的中毒性胃肠炎。中毒潜伏期短，一般为 $3 \sim 4$ h，主要症状为恶心、呕吐、腹痛剧烈如刀割、腹泻、头疼、发热、全身无力等，腹泻一日数次,多为水样便、有恶臭、少数带黏液,病程较短,一般为 1~3 天。另一种是由于摩根变形杆菌产生很强的脱羧酶,使人体产生过敏型中毒,潜伏期一般为 30~40 min,也可短至 5 min 或长达数小时,主要表现为颜面潮红、酒醉状、头疼、荨麻疹、血压下降、心动过速等,有时也伴有发热、呕吐、腹泻等症状,多在 12 h 内恢复。水产品引起的中毒多为此类。

（3）病菌来源

变形杆菌存在于正常人与动物肠道中,故人粪便中常携带变形杆菌,其次在腐败食物、垃圾中亦可检出,在鱼、蟹类及肉类污染率较高,在蔬菜中亦能大量繁殖。食品感染率高低与食品新鲜程度、运输和保藏时的卫生状况有密切关系。本病多发生在夏季,可引起集体暴发流行。发病者以儿童、青年较多。

5）蜡状芽孢杆菌

蜡状芽孢杆菌食物中毒是一种常见的食物中毒。蜡样芽孢杆菌分布比较广泛,在土壤和植物上及许多食物上都能分离到。引起食物中毒的食品范围很广,包括肉类、菜汤、烧菜、炒菜、鱼、牛奶、点心食品、剩饭,等等。

（1）生物学特性

蜡状芽孢杆菌为革兰氏阳性的大杆菌,菌体两端较平整,芽孢呈椭圆形,位于菌体中央稍偏一端,芽孢较菌体小。本菌为需氧菌,生长温度范围为 10~45 ℃,最适生长温度为 28~35 ℃;对营养要求不高,在普通培养基上生长良好。在普通琼脂平板上,生长的菌落呈乳白色,不透明,边缘不整齐,直径为 4~6 mm,菌落边缘往往呈扩散状,表面稍干燥。

（2）中毒症状

蜡状芽孢杆菌引起食物中毒,除了必须具有大量的细菌外,肠毒素也是重要的致病毒素。蜡状芽孢杆菌产生的肠毒素有两种,一种是耐热性肠毒素,常引起呕吐型中毒现象,多见于食用过剩米饭和油炒饭。这种情况潜伏期短,一般为 2~3 h,中毒症状为呕吐,腹痉挛,腹泻则少见,一般经过 8~10 h 可缓解症状。另一种为不耐热肠毒素,是引起腹泻型胃肠炎的病因,能在各种食物中形成,潜伏期在 6 h 以上,中毒症状为腹泻,腹痉挛,而呕吐却不常见,病程 24~36 h。

（3）病菌来源

蜡状芽孢杆菌在自然界中分布广泛,污染的食品种类繁多,包括肉制品、乳制品、调味汁、凉拌菜、米粉和米饭等。肉及其制品的带菌率为 10%~26%,乳及其制品带菌率为 23%~77%,食品中该菌的污染源主要是泥土、尘埃、空气,其次是昆虫、苍蝇、不洁的用具等。

6）肉毒梭菌

肉毒梭菌属于梭状芽孢杆菌属,是一种腐物寄生菌,广泛分布于土壤、霉干草、腐物和人畜禽粪便中,容易造成食品污染,并在适宜条件下产生肉毒毒素。我国多以臭豆腐、豆豉、面酱、红豆腐等食品引起中毒。

（1）生物学特性

肉毒梭菌为革兰氏染色阳性大杆菌,周生鞭毛,无荚膜,芽孢为椭圆形,A、B 型菌的芽孢大于菌体,位于菌体近端,使菌体呈匙形或网球拍状。本菌为严格厌氧菌,对营养要求不高,普通琼脂上形成灰白色,半透明、边缘不整齐,呈绒毛网状、向外扩散的菌落;生长最适温度为28~37℃,pH值为6.8~7.6,产毒的最适pH值为7.8~8.2;一般能发酵葡萄糖、麦芽糖、果糖产酸产气。

肉毒梭菌的抵抗力一般,但其芽孢的抵抗力很大,可耐煮沸1~6 h之久,于180℃干热5~15 min、120℃高压蒸汽下10~20 min才能杀死。肉毒毒素抵抗力也较强,80℃、30 min或100℃、10 min才能完全破坏。已知肉毒梭菌有A、B、C、D、E、F、G 7个菌型。引起人群中毒的主要是A、B、E三型,C、D型主要是畜禽肉毒中毒的病原,F型只见报导发生在个别地区,如丹麦和美国各1起。

(2)中毒症状

肉毒梭菌的致病性在于所产生的神经毒素即肉毒毒素,这些毒素能引起人和动物的肉毒中毒,据称,1 g毒素能杀死400万吨小白鼠,一个人的致死量大概1 μg左右。中毒的潜伏期数小时至数天不等,一般12~48 h。通常潜伏期越短,病死率越高。中毒症状早期为瞳孔放大,明显无力、虚弱,晕眩,继而出现视觉不清和雾视,愈来愈感到说话和吞咽困难,通常还可见到呼吸困难,病程一般为2~3 d。

(3)病菌来源

肉毒梭菌广泛存在于自然界,中毒现象一年四季均可发生,发病主要与饮食习惯有着密切关系。本菌主要来源是带菌土壤、尘埃、粪便,尤其是带菌土壤可污染各类食品原料。这些被污染的食品原料在家庭自制发酵和罐头食品的生产过程中,加热的温度或压力不足以杀死肉毒梭菌的芽孢,尤其是食品制成后,有不经加热而食用的习惯者,更容易引起中毒的发生。

1.5.3　霉菌引起的食物中毒

霉菌种类繁多,分布广泛,可以说在自然环境中无处不有。一些霉菌可产生某种毒性物质,即霉菌毒素,引起人和动物发生霉菌毒素中毒。目前发现能引起人和动物中毒的霉菌代谢产物至少有150种以上,主要代表有黄曲霉毒素、展青霉素、赭曲霉毒素A、染色曲霉素、黄变米霉素等。其中最常见的、研究最多的是黄曲霉毒素。真菌毒素一般能耐高温,无抗原性,主要侵害实质器官。它们除了引起机体不同部位发生急性中毒外,某些毒素还具有致畸、致病、致突变的"三致"作用。真菌毒素的其他作用还包括:减少细胞分裂,抑制蛋白质合成,抑制DNA和组蛋白形成复合物,影响核酸合成,抑制DNA的复制,降低免疫应答,等等。这些毒素根据其作用部位,一般分为肝脏毒、肾脏毒、神经毒和其他毒四种类型。

霉菌毒素引起食物中毒与某些食物有联系,检查可疑食物或中毒者的排泄物,可发现有毒素存在,或从食物中分离出产毒菌株。选用合适的动物模型,可重现中毒症状和病理变化。霉菌毒素中毒症发生存在季节性和地区性,但无感染性。霉菌毒素是小分子有机化合物,不是复杂的蛋白质分子,不能刺激机体产生相应的抗体,无免疫性。霉菌毒素食物中毒易并发维生素缺乏症,但补充维生素无效。

1）霉菌产毒的特点

霉菌产毒有以下特点：

①霉菌产毒仅限于少数的产毒霉菌，而且产毒菌种中也只有一部分菌株产毒。

②产毒菌株的产毒能力还表现出可变性和易变性，产毒菌株经过多代培养可以完全失去产毒能力，而非产毒菌株在一定条件下可出现产毒能力。

③一种菌种或菌株可以产生几种不同的毒素，而同一霉菌毒素也可由几种霉菌产生。

④产毒菌株产毒需要一定的条件，主要是受水分、温度、基质、霉菌种类和通风等情况影响：

a.水分。霉菌生长繁殖主要的条件之一是必须保持一定的水分。一般来说，米麦类水分在14%以下，大豆类在11%以下，干菜和干果品在30%以下，微生物是较难生长的。食品中的 Aw（水分活性）为0.98时，微生物最易生长繁殖；当 Aw 降为0.93以下时，微生物繁殖受到抑制，但霉菌仍能生长；当 Aw 在0.7以下时，则霉菌的繁殖受到抑制，可以阻止产毒的霉菌繁殖。

b.温度。温度对霉菌的繁殖及产毒均有重要的影响。不同种类的霉菌其最适温度是不一样的，大多数霉菌繁殖最适宜的温度为25～30 ℃，在0 ℃以下或30 ℃以上，不能产毒或产毒力减弱。如黄曲霉的最低繁殖温度范围是6～8 ℃，最高繁殖温度是44～46 ℃，最适生长温度37 ℃左右；但产毒温度则不一样，略低于生长最适温度，为28～32 ℃。

c.食品基质。与其他微生物生长繁殖的条件一样，不同的食品基质霉菌生长的情况是不同的。一般而言，营养丰富的食品其霉菌生长的可能性就大，天然基质比人工培养基产毒为好。实验证实，同一霉菌菌株在同样培养条件下，以富于糖类的小麦、米为基质者比油料为基质的黄曲霉毒素产毒量高。

d.霉菌种类。不同种类的霉菌其生长繁殖的速度和产毒的能力是有差异的，霉菌毒素中毒性最强者有黄曲霉毒素、赭曲霉毒素、黄绿青霉素、红色青霉素及青霉酸。

e.通风。缓慢通风霉菌更容易繁殖产毒。

2）主要霉菌毒素及食物中毒的特点

（1）黄曲霉毒素（AFT）

黄曲霉是我国粮食和饲料中常见的真菌，如花生、玉米、大米、小麦、豆类、坚果类、肉类、乳及乳制品、水产品等均有黄曲霉毒素污染，其中以花生和玉米污染最严重。黄曲霉菌菌落生长较快，10～14 d 直径3～4 cm 或6～7 cm。菌落正面色泽也随其生长由白色变为黄色及黄绿色，呈半绒毛状。孢子成熟后颜色变为褐色，表面平坦或有放射状沟纹，反面无色或带褐色。在低倍显微镜下观察可见分生孢子头呈疏松放射状，继而为疏松柱状，制片镜检观察，可见分生孢子梗很粗糙。顶囊呈烧瓶形或近球形。

黄曲霉毒素是黄曲霉和寄生曲霉的代谢产物。它是一类结构类似化合物的混合物，其基本结构都有二呋喃环和香豆素。前者为基本毒性结构，后者可能与致癌有关。目前已经确定结构的黄曲霉素有17种之多，例如 B1、B2、G1、G2、M1、M2、P1 等，是一类结构类似的化合物。根据在紫外光照射下发出荧光颜色的不同，黄曲霉毒素可以分为两族：发蓝色荧光的为 B 族，发绿色荧光的为 G 族。

黄曲霉毒素的毒性非常强，属于剧毒毒物，毒性远远高于氰化物、砷化物和有机农药。

当人摄入量大时,可发生急性中毒,出现急性肝炎、出血性坏死、肝细胞脂肪变性和胆管增生。

不同的动物对黄曲霉毒素的敏感性有一定的差异,其发病与种类、年龄、性别及营养状况有关。一般讲,年幼动物、雄性较敏感;营养状况较好的抵抗力较强,各种动物以鸭雏最敏感。黄曲霉毒素急性损伤主要在肝脏,表现为肝细胞变性、坏死、出血及胆管增生。如果持续摄入,会造成慢性中毒。慢性中毒使动物生长出现障碍,引起纤维性病变,致使纤维组织增生,肝脏出现亚急性或慢性损伤。中毒症状主要表现为肝功能发生变化,肝脏组织学发生变化,食物利用率下降,发育缓慢,母畜不孕或产仔少等。

黄曲霉毒素检测方法可归纳为化学方法、生物学方法和免疫学方法三大类。生物学方法一般有:

①抑菌实验。AFT有抑制某些微生物生长的作用,故用其抑菌作用来测定AFT的存在和含量。已经发现巨大芽孢杆菌和短芽孢杆菌对AFT最敏感。通过平皿中抑菌圈大小来衡量AFT含量。

②荧光测定法。根据AFT在紫外光照射下可发出荧光的原理,将待检菌株接种于培养基中,28～30℃培养48～72 h,产生的毒素便浸入培养基中,在紫外灯光下照射培养基会呈现出特异的荧光。此法操作简便。

③大白鼠实验法。AFT对大白鼠毒性最早出现损害的是肝脏,其受损范围广,而幼鼠最敏感,雄性幼鼠比雌性幼鼠敏感性更高。用100～150 g大白鼠作急性中毒试验,一般3～4 d死亡。

④鸭雏实验。鸭雏对AFT非常敏感,致死性强,一般用一次剂量后72 h内死亡。

⑤斑点试验。本法是用于检测真菌毒素致突变试验的一种有意义的方法。主要利用沙门氏菌/微粒体突变性来检测某些样品中AFT的存在与含量。

（2）赤霉病

赤霉病是一种真菌感染,它所引起的是植物病害,病菌主要寄生在小麦、大麦和元麦上。赤霉病是一种世界性病害,谷物赤霉病的流行除造成严重减产外,谷物中存留镰刀菌的有毒代谢产物,可引起人畜中毒。

引起麦类赤霉病的病原菌是几种镰刀菌,其中最主要的是禾谷镰刀菌(无性世代),该菌的有性世代命名为玉米赤霉。禾谷镰刀菌在谷物上的生长繁殖最适温度为16～24℃,相对湿度为85%。如在土壤中,生长繁殖最适温度为12～24℃,相对温度为40%～60%。该菌在大麦、小麦、元麦上能发生病变。病变麦粒细小皱缩,外皮无光泽,粉白或红色,秤沟有时充满粉红色霉状物。该菌也能在玉米、稻谷、蚕豆、甘薯、甜菜叶上生长繁殖。在小麦收割期,如遇阴雨连绵气候,容易造成大量赤霉病麦发生。除禾谷镰刀菌能引起麦类赤霉病外,还有串珠镰刀菌、木贼镰刀菌和黄色镰刀菌等。

引起赤霉病的霉菌,可以产生两类霉菌毒素。一类为引起呕吐作用的赤霉病麦毒素,一类是具有雌性激素作用的玉米赤霉烯酮。赤霉病麦毒素的毒性作用主要是引起呕吐,也是赤霉病麦中毒的主要症状。据许多资料报道,误食赤霉病麦对人、猴、猪、狗、猫、马等动物能引起呕吐等急性中毒症状,但对牛羊、成年鸡、鸭则无此现象。人的急性中毒一般在食后数分钟至两小时内即发生呕吐、头昏、腹痛、腹泻的症状,其中呕吐最为常见,而且发生快;有时还有面部潮红、出汗、头晕、眼花、四肢麻木等症状,有醉酒似的表现,所以又有"醉谷病"之称。未见有中毒死亡的现象。停食后很快恢复正常。

预防赤霉病粮中毒的关键在于防止麦类、玉米等谷物受到侵染和产毒。主要措施有：

①加强田间和贮藏期的防菌措施，包括选用抗霉品种；降低田间水位，改善田间小气候；使用高效、低毒、低残留的杀菌剂；及时脱粒、晾晒，降低谷物水分含量至安全水分；贮存的粮食要勤翻晒，注意通风等。

②制定粮食中赤霉病麦毒素的限量标准，加强粮食卫生管理。

③去除或减少粮食中病粒或毒素。可用比重分离法分离病粒或用稀释法使病粒的比例降低；由于毒素主要存在于表皮内，可用精碾法去除毒素；因为毒素对热稳定，一般烹调方法难以将其破坏，可用病麦发酵制成酱油或醋，达到去毒效果。

（3）青霉菌及其毒素

青霉菌属于曲霉科青霉属，半知菌类，串珠霉目的一属。菌丝为多细胞分支。无性繁殖时，菌丝发生直立的多细胞分生孢子梗。梗的顶端不膨大，但具有可继续再分的指状分支，每支顶端有 2~3 个瓶状细胞，其上各生一串灰绿色分生孢子。常见于腐烂的水果、蔬菜、肉食及衣履上，多呈灰绿色。青霉菌种类很多，分布很广，其中大多菌株均能引起食品的霉烂，少数菌株能产生强烈的毒素。主要有黄绿青霉、橘青霉、冰岛青霉、扩展青霉、鲜绿青霉等，它们所产生毒素的毒性作用各异。

①橘青霉素。橘青霉属于不对称青霉菌，绒状青霉亚群，橘青霉系群。在察氏琼脂培养基上于 24~26 ℃培养 10~14 d，菌落呈天鹅绒状，灰绿色，外缘呈白色，背面有黄色色素。紫外线照射下，可见黄色荧光。橘青霉素是一种能杀灭革兰氏阳性菌的抗生素，因其毒性太强，未能用于治疗。本毒素主要得之于橘青霉、黄绿毒霉、鲜绿青霉等，它是"黄变米"中的霉菌毒素之一。橘青霉素为黄色针状结晶，主要污染大米、小麦、大麦、燕麦和黑麦等。

②冰岛青霉毒素。冰岛青霉属于双轮对称青霉群。在察氏琼脂培养基上于室温培养两周，菌落通常具有显著的环带及轻微的放射性皱纹，背面溶出红褐色色素，带有色素颗粒。分生孢子是卵圆形呈链状排列，壁厚、光滑，呈青灰色或灰绿色。冰岛青霉毒素由冰岛青霉产生，是"沤黄米"或"黄粒米"的主要原因。"沤黄米"是稻谷未及时脱粒干燥而堆放，致使霉变而成。该毒素为含氯环状结构的肽类，无色针状结晶。冰岛青霉毒素有快速肝毒性，染毒后短时间内即可引起肝脏空泡变性、坏死和肝小叶出血，小剂量长时间摄入，可使小鼠肝硬变、肝纤维化和癌变。

③黄绿青霉素。黄绿青霉属于单轮青霉群，在察氏琼脂培养基上于室温培养 12~14 d，菌落呈天鹅绒状，中部隆起，有放射状大皱纹，灰绿色，最外侧呈白色。菌落上着生有黄色的水珠，背面溶出红黄色色素。在紫外光下照射菌落背面时可见黄色的荧光。黄绿青霉素由黄绿青霉等产生，也是"黄变米"中的霉菌毒素之一。它是深黄色针状结晶。它具有神经毒、肝毒性和血液毒，其神经毒具有嗜中枢性，其慢性毒性主要表现于肝细胞萎缩和多形性及贫血。

（4）赭曲霉菌及其毒素

赭曲霉毒素是由赭曲霉、硫色曲霉、蜂蜜曲霉以及绿青霉等产生的一类毒素。在自然界中分布广泛，可寄生在食品、粮食及饲料中并产毒。包括 A、B、C（简称 OA、OB、OC）等几种衍生物，其化学结构也类似香豆素。其中 OA 的含量最高，且毒性最强，是一种强烈的肾脏毒。赭曲霉毒素 A 是一种无色结晶化合物,可溶于极性有机溶剂和稀碳酸氢钠溶液,微溶于水;其苯溶剂化物熔点 94～96 ℃,二甲苯中结晶熔点 169 ℃。其紫外吸收光谱随 pH 值和溶剂极性不同而有别,在乙醇溶液中最大吸收波长为 213 nm 和 332 nm;有很高的化学稳定性和热稳定性。赭曲霉毒素 A 是由多种生长在粮食(小麦、玉米、大麦、燕麦、黑麦、大米等)、花生、蔬菜(豆类)等农作物上的曲霉和青霉产生的。动物摄入了霉变的饲料后,这种毒素也可能出现在猪和鸡等动物肉中。

赭曲霉毒素主要侵害动物肝脏与肾脏。污染饲料中的毒素在动物的肝、肾、脂肪中的蓄积较多,这是肉食污染的重要原因。当人和畜禽持续摄入含毒食物及饲料时,不仅会出现急性症状,可能引起动物的肾脏损伤,肠黏膜炎症和坏死,也可形成严重的慢性中毒、致癌、致畸等。

(5)霉变甘蔗中毒

霉变甘蔗中毒主要发生在初春的 2～4 月份。这是因为甘蔗在不良条件下经过冬季的长期贮存,到第二年春季陆续出售的过程中,霉菌大量生长繁殖并产生毒素,人们食用此种甘蔗即可导致中毒。特别是收割时尚未完全成熟的甘蔗,含糖量低,渗透压也低,有利于霉菌和其他微生物的生长繁殖。现已查明,引起甘蔗霉变的主要是节菱孢属中的霉菌,它们污染甘蔗后可迅速繁殖,在 2～3 周内产生一种叫 3-硝基丙酸的强烈毒素,可损伤人的中枢神经系统,造成脑水肿和肺、肝、肾等脏器充血,从而发生恶心、呕吐、头昏、抽搐、大小便失禁、牙关紧闭等症状,严重时会发生昏迷,可因呼吸衰竭而死亡。

防止甘蔗霉变的主要措施是:甘蔗必须成熟后再收割,因成熟甘蔗的含糖量高、渗透压高、不利于微生物的生长;在贮存过程中要定期检查,发现霉变甘蔗,立即销毁。另外,在选购甘蔗时也应仔细。霉变甘蔗的主要特点是:外观光泽不好,尖端和断面有白色或绿色絮状、绒毛状菌落;切开后,甘蔗剖面呈浅黄或棕褐色甚至灰黑色,原有的致密结构变得疏松,有轻度的霉酸味或酒糟味,有时略有辣味。

3)防霉方法

根据霉菌生长繁殖的主要条件,可以采取相应的方法加以防霉。

①选用抗病品种。

②粮食收割、晾晒与贮藏,要做到快收、快打,及时晒干、贮藏于干燥的环境中,则不易发霉。

③改善粮食贮藏环境,通过控制湿度和水分、控制温度、控制气体成分以及化学方法达到防霉的效果。一般来说,在水分活性低于 0.7 时可以有效地抑制霉菌、细菌和害虫的生长繁殖。小于 10 ℃和大于 30 ℃霉菌生长显著减弱,在 0 ℃时几乎不生长。粮堆内氧气浓度控制在 2% 以下或 CO_2 浓度增高到 40%～50% 以上,可以有效抑制霉菌的生长繁殖。要定期消毒、打扫、防鼠。堆放要规范,下面要有垫底,上方及周围要留空隙,使空气流通。

④保存时间不宜过长,食品加工前应测定毒素含量。

⑤不吃霉变食品。

 知识链接)))

糕点、鱼类腐败变质及防控

关于糕点和鱼类腐败变质的预防和控制的相关知识非常重要。在这里,我们来简单了解一下。

1)糕点的腐败变质

(1)糕点变质现象和微生物类群

糕点类食品由于含水量较高,糖、油脂含量较多,在阳光、空气和较高温度等因素的作用下,易引起霉变和酸败。引起糕点变质的微生物类群主要是细菌和霉菌,如沙门氏菌、金黄色葡萄球菌、粪肠球菌、大肠杆菌、变形杆菌、黄曲霉、毛霉、青霉、镰刀霉等。

(2)糕点变质的原因分析

糕点变质主要是由于生产原料不符合质量标准、制作过程中灭菌不彻底和糕点包装贮藏不当而造成的。

①生产原料不符合质量标准。糕点食品的原料有糖、奶、蛋、油脂、面粉、食用色素、香料等。市售糕点往往不再加热而直接入口。因此,对糕点原料选择、加工、储存、运输、销售等都应严格地遵守卫生要求。糕点食品发生变质原因之一是原料的质量问题,如作为糕点原料的奶及奶油未经过巴氏消毒,奶中污染有较高数量的细菌及其毒素;蛋类在打蛋前未洗涤蛋壳,不能有效地去除微生物等。为了防止糕点的霉变以及油脂和糖的酸败,应对生产糕点的原料进行消毒和灭菌。对所使用的花生仁、芝麻、核桃仁和果仁等已有霉变和酸败迹象的不能采用。

②制作过程中灭菌不彻底。各种糕点食品生产时,都要经过高温处理,既是食品熟制又是杀菌过程。在这个过程中,大部分的微生物都被杀死,但抵抗力较强的细菌芽孢和霉菌孢子往往残留在食品中,遇到适宜的条件,仍能生长繁殖,引起糕点食品变质。

③糕点包装贮藏不当。糕点的生产过程中,由于包装及环境等方面的原因会使糕点食品污染许多微生物。烘烤后的糕点,必须冷却后才能包装。所使用的包装材料应无毒、无味,生产和销售部门应具备冷藏设备。

2)鱼类的腐败变质

(1)鱼类中的微生物

关于鱼类的微生物学说,到现在为止已发表过很多见解。但大体上不外乎两种,即有菌学说和无菌学说。根据许多资料报道,目前一般认为,新捕获的健康鱼类,其组织内部和血液中常常是无菌的。但在鱼体表面的黏液中、鱼鳃里以及肠内都存在着微生物。鱼体表面的皮肤每平方厘米有 $10^2 \sim 10^7$ 个细菌,鳃每克有 $10^3 \sim 10^7$ 个细菌,肠液中每毫升有 $10^3 \sim 10^8$ 个细菌。由于季节、鱼场、种类的不同,体表所附细菌数有所差异。捕捉方式也会影响细菌的数目。例如用网捕获到的鱼的细菌污染通常要比钩捕到的鱼高 $10 \sim 100$ 倍。据分析检验,存在于鱼类中的微生物种类主要有:假单胞菌属、不动杆菌属、莫拉氏菌属、无色杆菌属、黄杆菌属、弧菌属等。其他如芽孢杆菌、大肠杆菌、棒状细菌等也有报道。

一般来说,新鲜鱼的微生物污染主要由其捕获水域的微生物存在状况而决定。捕获水域的卫生状况是影响鱼微生物污染的关键。除了水源以外,每个加工过程,如剥皮、去内脏、分割、拌粉、包装等都会造成微生物的污染。健康的鱼组织内部是无菌的,微生物在鱼体内存在的部位主要是外层黏膜、鱼鳃和鱼体的肠内。淡水或温水鱼中含有较多的嗜温型革兰氏阳性菌,海水鱼则含有大量的革兰氏阴性菌。

（2）鱼类的腐败变质

在一般情况下,鱼类比肉类更易腐败,这是由于两方面的原因造成的,一是获得水产品的方法,二是鱼类本身的问题。鱼类在捕获后,不是立即清洗处理,多数情况下是带着容易腐败的内脏和鳃一起进行运输,这样容易引起腐败。鱼体本身含水量高（70%～80%）,组织脆弱,鱼鳞容易脱落,造成细菌容易从受伤部位侵入。鱼体表面的黏液又是细菌良好的培养基,再加上鱼死后体内酶的作用,因而鱼类死后僵直持续时间短,自溶迅速发生,很快发生腐败变质。

淡水鱼和海水鱼都有较高水平的蛋白质及其他含氮化合物（如游离氨基酸、氨和三甲胺等一些挥发性氨基氮、肌酸、牛磺酸、尿酸、肌肽和组氨酸等）,不含碳水化合物,而含脂肪量因品种而异,有的很高,有的则很低。鱼变质时腐败微生物首先利用简单化合物,并产生各种挥发性的臭味成分,如氧化三甲胺、肌酸、牛磺酸、尿酸、肌肽和其他氨基酸等,这些物质再在腐败微生物的降解下产生三甲胺、氨、组胺、硫化氢、吲哚和其他化合物。蛋白质降解可以产生组胺、尸胺、腐胺、联胺等恶臭类物质,这些物质也是评定鱼类腐败的重要指标。一般说来,鱼类的腐败变质都有以下几个阶段:

①新鲜鱼的鱼体僵硬（指未经冰冻冷藏的鱼）。鱼体的僵硬一般出现在鱼死亡后4～5 h之内,以后慢慢缓解以致消失。处于僵硬期间的鱼,因死亡不久,较为新鲜。此外,新鲜鱼的鳞片紧附体表,通常无脱落现象;眼球饱满,不下陷;鳃呈红色或暗红色;腹部不膨胀;体表光洁,肌肉有弹性,当用手指按压时,形成的凹陷迅速平复;切开时,肉与骨骼不易分开;无异常臭味。

②变质鱼在鱼体应该僵硬的期间（死后4～5 h内）不僵硬。具体表现为:鱼身颜色暗淡,光泽度较差;鳃多呈淡红色、暗红色至紫红色;眼珠不饱满,稍见下凹;鳞片已有脱落,用手指稍为撕动,也易于剥落,油腻粘手;腹部有轻度膨胀;肌肉弹性减弱,用手指按压,留下的凹陷平复很慢;鱼体有腥臭味;鱼的肌肉与骨骼易分离。

③开始变质时,体表的细菌在黏液中生长繁殖,使鱼体表面发生浑浊,放出不快气味,进一步使鱼鳞脱落,造成污染的细菌进一步蔓延扩散。鱼鳃由于细菌酶作用,使原来的红色变为褐色,细菌通过鱼鳃进入组织。同时肠内的细菌也迅速繁殖,使肠壁溃烂,造成细菌到处扩散。鱼肠也可从肛门中流出去感染其他的鱼。进入组织内部的细菌分解鱼肌肉中的蛋白质,产生吲哚、粪臭素、硫化氢等异味化合物,最后整个鱼体被细菌所腐败。

（3）腌制鱼品的腐败变质

一般情况下,鱼经过腌制以后,能杀灭或抑制大部分微生物的生长。但也有少数耐高渗微生物能在25%～35%的盐环境中生长发育,造成腌制鱼品发生赤变腐败,使鱼变为粉红色,最终引起腐烂。引起赤变的主要菌是玫瑰色微球菌、腌制品假单胞菌、红皮假单胞菌、盐地赛氏杆菌和盐杆菌属等。

(4)鱼变质的主要微生物

新鲜鱼变质的主要微生物有细菌、酵母和霉菌,其中细菌主要有不动细菌、产气单胞菌、产碱杆菌、芽孢杆菌、棒杆菌、肠道菌、大肠杆菌、黄杆菌、乳酸菌、李斯特菌、微杆菌、假单胞菌、嗜冷菌、弧菌等。

鱼经过加食盐腌制后,可以抑制大部分细菌的生长。当食盐的浓度在10%以上时,一般细菌生长即受到抑制。但球菌比杆菌的耐盐力要强,即使在15%的食盐浓度时,多数球菌还能发育。为此,欲抑制腐败菌的生长和鱼体本身酶的作用,食盐浓度必须提高到20%以上。但经高盐腌制的鱼体经常还会发生变质现象,主要是由于嗜盐菌在鱼体上生长繁殖的缘故。

3)食品中腐败微生物的防治与食品保藏

食品保藏的原理是围绕着防止微生物污染、杀灭或抑制微生物生长繁殖以及延缓食品自身组织酶的分解作用而采用物理学、化学和生物学方法,使食品在尽可能长的时间内保持其原有的营养价值、色、香、味及良好的感官性状。要防止微生物的污染,就需要对食品进行必要的包装,使食品与外界环境隔绝,并在贮藏中始终保持其完整和密封性。因此食品的保藏与食品的包装是紧密联系的。食品保藏技术主要有:

(1)食品的低温保藏

食品在低温下,本身酶活性及化学反应得到延缓,食品中残存微生物生长繁殖速度大大降低或完全被抑制,因此食品的低温保藏可以防止或减缓食品的变质,在一定时期内,可较好地保持食品的品质。

①食品的冷藏。冷藏的温度一般设定在 $-1 \sim 10\ ℃$ 范围内(一般为数天或数周)。

②食品的冷冻保藏。食品在冰点以上时,只能作较短期的保藏,较长期保藏需在 $-18\ ℃$ 以下冷冻贮藏。

(2)食品的气调保藏

气调保藏是指用阻气性材料将食品密封于一个改变了气体的环境中,从而抑制腐败微生物的生长繁殖及生化活性,达到延长食品货架期的目的。

(3)加热杀菌保藏

该技术利用了微生物的耐热性及影响加热杀菌的因素。微生物具有一定的耐热性。加热杀菌的方法主要有常压杀菌(巴氏消毒法)、加压杀菌、超高温瞬时杀菌、微波杀菌、远红外线加热杀菌和欧姆杀菌等。

①微波杀菌。微波(超高频)一般是指频率在 $300 \sim 300\ 000$ MHz 的电磁波。微波杀菌保藏食品是近年来在国际上发展起来的一项新技术,具有快速、节能、对食品的品质影响很小的特点。

②远红外线加热杀菌。远红外线是指波长为 $2.5 \sim 1\ 000$ μm 的电磁波。食品的很多成分对 $3 \sim 10$ μm 的远红外线有强烈的吸收作用,因此食品往往选择这一波段的远红外线加热。

远红外线加热具有热辐射率高;热损失少;加热速度快,传热效率高;食品受热均匀,不会出现局部加热过度或夹生现象;食物营养成分损失少等特点。

③欧姆杀菌。欧姆杀菌是一种新型的热杀菌方法。欧姆加热是利用电极将电流直接导入食品,由食品本身介电性质所产生的热量,以达到直接杀菌的目的。一般所使用的电流是 50~60 Hz 的低频交流电。

(4)非加热杀菌保藏

非加热杀菌(冷杀菌)是相对于加热杀菌而言的,无需对物料进行加热,利用其他灭菌机理杀灭微生物,因而避免了食品成分因热而被破坏。冷杀菌方法有多种,如放射线辐照杀菌、超声波杀菌、放电杀菌、高压杀菌、紫外线杀菌、磁场杀菌、臭氧杀菌等。

①辐照杀菌。食品的辐照保藏是指用放射线辐照食品,借以延长食品保藏期的技术。微生物受电离放射线的辐照,细胞膜等分子引起电离,进而引起各种化学变化,使细胞直接死亡。

②超声波杀菌。声波在 9~20 kHz 以上都为超声波。超声对细菌的破坏作用主要是强烈的机械震荡作用,使细胞破裂、死亡。超声波作用于液体物料,产生空化效应,空化泡剧烈收缩和崩溃的瞬间,泡内会产生几百兆帕的高压、强大的冲击波及数千度的高温,对微生物会产生粉碎和杀灭作用;另外,还有加热和氧化作用。

③高压杀菌。高压杀菌是指将食品物料以某种方式包装以后,置于高压200 MPa以上大气压装置中加压,使微生物的形态、结构、生物化学反应、基因机制以及细胞壁、膜发生多方面的变化。

(5)食品的干燥和脱水保藏

防霉干制食品的水分一般在 3%~25%,如水果干为 15%~25%,蔬菜干为 4%以下,肉类干制品为 5%~10%。

(6)食品的化学保藏法

化学保藏法包括盐藏、糖藏、醋藏、酒藏和防腐剂保藏等。盐藏和糖藏都是根据提高食物的渗透压来抑制微生物的活动,利用增加食品渗透压、降低水分活度,从而抑制微生物生长的一种贮藏方法。醋和酒在食物中达到一定浓度时也能抑制微生物的生长繁殖,防腐剂能抑制微生物酶系的活性以及破坏微生物细胞的膜结构。防腐剂按其来源和性质可分成有机防腐剂和无机防腐剂两类。有机防腐剂包括苯甲酸及其盐类、山梨酸及其盐类、脱氢醋酸及其盐类、对羟基苯甲酸酯类、丙酸盐类、双乙酸钠、邻苯基苯酚、联苯、噻苯咪唑等。

思考题 》》》

1. 比较细菌、酵母菌和霉菌菌落的差异。

2. 什么是革兰氏染色? 简述其基本原理和主要操作步骤。

3. 微生物细胞的化学组成有哪些主要物质,这些物质的主要生理功能是什么?

4. 微生物有哪几种呼吸类型?

5. 各举一例,分别描述细菌和霉菌引起的食物中毒的中毒症状、病原微生物来源。

项目2
光学显微镜使用技术

知识目标

◎ 熟悉光学显微镜的基本构造,主要包括目镜、物镜、聚光器和调节装置等。

◎ 理解光学显微镜的成像原理和分辨率,主要包括光路的走向、光强的调节部件和最小分辨率(鉴别限度)等。

能力目标

◎ 会正确使用粗调、微调和转换器等。

◎ 会调节光的强度,包括光源强度、聚光器(包括光圈)和滤光片的选择等。

任务 2.1　理论基础

2.1.1　普通光学显微镜的基本构造

显微镜的种类繁多,外形特征各异,但其功能基本相似,主要分为光学显微镜和电子显微镜两种。其中光学显微镜又分为普通光学显微镜、暗视野显微镜、相差显微镜、荧光显微镜等;电子显微镜分为透射电子显微镜、扫描隧道显微镜和扫描电子显微镜等。教学上常用的是普通光学显微镜。本模块主要讲授普通光学显微镜。

普通光学显微镜(图2.1)是由机械系统和光学系统两部分组成。

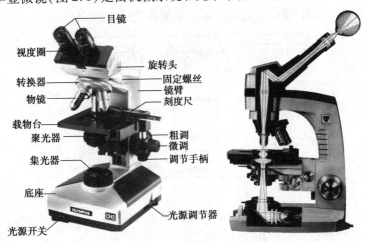

图2.1　光学显微镜机械系统和光学系统

1)机械系统

机械系统包括镜座、镜臂、载物台、转换器、镜筒及调节装置等。

①镜座:也称为底座,位于最底部,是显微镜的最下部位,起支撑显微镜的作用。

②载物台:又称为镜台或平台,是位于物镜转换器下方的方形平台,是放置被观察玻片标本的地方。载物台上装有前后左右移动的推进器或弹簧夹,载物台中央有通光孔,供光线通过。

③镜臂:支撑镜筒,是显微镜移动时手握的部位。

④转换器:又称为物镜旋转盘,是安装在镜筒下方的一圆盘状构造,用来装载不同放大倍数的物镜,其下有 3 ~ 4 个孔。

⑤调节装置:也叫调焦器,由粗、细两个螺旋组成,位于镜臂基部,起调节焦距的作用。升降载物台(转动粗、细调)可清晰地观察标本。

2)光学系统

主要包括目镜、物镜、聚光器、集光器、电源开关和灯泡等,它是显微镜的主要组成部

图 2.2　目镜镜头

件,使被检物体被放大,形成物体放大图像。

（1）目镜

目镜也称为接目镜（见图 2.2）,在镜筒的最上端,起着将物镜所放大的图像进一步放大的作用,并把物像映入观察者的眼中。目镜一般有三种（5×、10×、15×）,由两块透镜组成,上面一块称接目透镜,决定放大倍数和成像的优劣,下面一块称为场镜或会聚透镜,它使视野边缘的成像光线向内折射,进入接目透镜中,使物体的影像均匀明亮而清晰。

（2）物镜

物镜也称为接物镜（见图 2.3）,安装在物镜转换器下方。每台光学显微镜一般有 3～4 个不同倍率的物镜（4×、10×、40×、100×,其中 100×为油镜）。物镜倍数的大小决定着光学显微镜分辨率的高低,显微镜质量好坏也主要由物镜来决定。

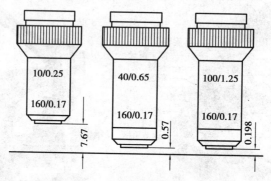

图 2.3　物镜的性能参数及工作距离

注:两箭头间距离为工作距离,单位为 mm。

（3）聚光器

聚光器又称为聚光镜,安装在载物台下方,其作用是把平行的光线聚焦在标本上,增强亮度,使物像明亮清晰。为了保证聚光镜的焦点在镜筒正中,可以使用聚光镜上的调节器来调节聚光镜的上下,以适应使用不同厚度的玻片,同时也能保证焦点落在被检标本上。

此外,聚光镜上装有虹彩光圈开关,通过调整光圈孔径的大小,可以调节进入物镜光线的强弱。

（4）滤光片

滤光片是塑料或玻璃片再加入特种染料做成的,红色滤光片只能让红光通过,如此类推。玻璃片的透射率原本与空气差不多,所有色光都可以通过,所以是透明的,但是染了染料后,分子结构变化,折射率也发生变化,对某些色光的通过就有变化了。比如一束白光通过蓝色滤光片,射出的是一束蓝光,而绿光、红光极少,大多数被滤光片吸收了。蓝光的波长为 450～500 nm,相比日光可以较好地提高显微镜的分辨率。

（5）电源开关

安装在镜座后方或两旁,同时还可以调节光源的大小。

2.1.2　普通光学显微镜的光学原理

1)光学显微镜成像的原理

由灯泡发出的光线经聚光镜会聚在被检标本上,使标本得到足够的照明,由标本反射或折射出的光线经物镜进入,通过与水平面倾斜45°的棱镜,将光汇聚到目镜的焦平面上,即在目镜的视场光阑处,形成放大的侧光实像,该实像再经目镜的接目透镜放大成虚像,所以人们看到的是虚像(图2.4)。

2)光学显微镜的基本参数

(1)显微镜的放大倍数

被检物体经显微镜放大后的倍数是物镜的放大倍数和目镜放大倍数的乘积。如用放大40倍的物镜和放大10倍的目镜,其总放大倍数是40×10 倍 $=400$ 倍。

(2)分辨率

物镜前面发光点发射的光线进入物镜的角度称为开口角度。透镜的放大率与开口角度成正比,与焦距成反比。数值孔径(NA)是光线投射到物镜上的最大开口角度一半的正弦值和折射率(指光通过标本与物镜间的介质时产生的)的乘积,即:$NA = n \times \sin \alpha$(见图2.5)。

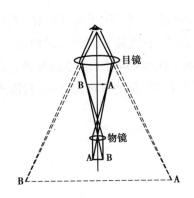

图2.4　光学显微镜的成像原理

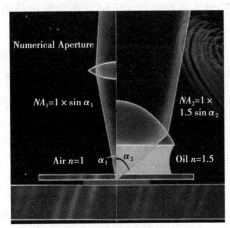

图2.5　数值孔径示意图

NA 为数值孔径,n 是介质折射率,α 为最大开口角度的半数。由于介质为空气时 $n = 1$,α 最大值只能到90°(实际上 α 值不可能达到90°),$\sin 90° = 1$,所以在干燥系下物镜的数值孔径都小于1。使用油镜时,物镜与标本间的介质为香柏油($n = 1.515$)或液体石蜡($n = 1.52$),不仅能增加照明度,更主要是增大了数值孔径。目前技术下,最大的数值孔径为1.4(表2.1)。

表 2.1　物镜的放大倍数与数值孔径

物质类型	焦距/mm	放大倍数	开口角	α	$\sin \alpha$	折射率 n	NA
干燥系	16	10 ×	29°	14.5°	0.250 4	1	0.25
	4	40 ×	81°	40.5°	0.649 4	1	0.65
	4	40 ×	116°	58°	0.850 3	1	0.85
油浸系	2	90 ×	110°	55°	0.822 3	1.52	1.25
	2	90 ×	134°	67°	0.921 1	1.52	1.4

评价一台显微镜的质量优劣,不仅要看其放大倍数,更重要的是看其分辨率。分辨率是指显微镜能够辨别发光的两个点或两根细线间最小距离的能力,该最小的距离称为鉴别限度(R):

$$R = \lambda / 2n \sin \alpha = \lambda / 2NA$$

R 为鉴别限度,λ 为光波波长。日光的波长 $\lambda = 0.560\ 7 \sim 0.6\ \mu m$,如果用 $NA = 1.4$ 的物镜,则 $R = 0.22\ \mu m$,这表示被检物体在 $0.22\ \mu m$ 以上时可被观察到,若小于 $0.22\ \mu m$ 就不能观察到图像。由此可见,R 值愈小,分辨率愈高,物像愈清楚。所以,我们可以减低波长、增大折射率和加大镜口角来提高分辨率。

(3)工作距离

工作距离是指观察标本最清晰时,物镜透镜的小表面与标本之间(无盖玻片时)或与盖玻片之间的距离。物镜的放大倍数越大,其工作距离越短,油镜的工作距离最短,约为 0.2 mm。所以使用油镜时,要求盖玻片的厚度为 0.17 mm。虽然不同放大倍数的物镜工作距离不同,但生产厂家已进行校正,使不同放大倍数物镜转换时,都能观察到标本,只需进行细调焦便可以使物像清晰明亮。

(4)目镜的放大倍数

根据计算,显微镜的有效放大倍数是:

$$E \times O = 1\ 000 \times NA$$

$$E = 1\ 000\ NA / O$$

注:E 为目镜放大倍数,O 为物镜放大倍数

根据上式可知,在与物镜的组合中,目镜有效的放大倍数是有限的,过大的目镜放大倍数并不能提高显微镜的分辨率。如用 $90 \times$,NA 为 1.4 的物镜,目镜有效的最大倍数是 $15 \times$。

关于显微镜

显微镜的正确使用、维护与保养方法非常重要。关于显微镜这一贵重精密的光学仪器,我们还应该了解更多的内容,现简单介绍如下:

1)显微镜的维护和保养

显微镜是贵重精密的光学仪器,正确的使用、维护与保养,不但使观察物体清晰,而且还能延长它的使用寿命。

①显微镜应放置在通风干燥,灰尘少,不受阳光直接曝晒的地方。不使用时,用有机玻璃或塑料布防尘罩罩起来。也可套上布罩后放入显微镜箱内或显微镜柜内,并在箱或柜内放置干燥剂。

②显微镜要避免与酸、碱及易挥发具有腐蚀性的化学物品放置在一起,以免受损。

③从显微镜箱或柜内取出或放入显微镜时,应一手提镜臂,另一手托镜座,让显微镜直立,防止目镜从镜筒中脱落。

④显微镜的目镜、物镜、聚光镜和反光镜等光学部件必须保持清洁,防止长霉,只能用擦镜纸擦拭,不能用其他物品或手擦拭。

⑤用油镜观察后,先用擦镜纸擦去镜头上的油,然后用擦镜纸蘸少许清洁液或二甲苯擦拭,最后用干净的擦镜纸擦干。清洁液或二甲苯用量不要过多,以免溶解胶合透镜的树脂,使透镜脱落。

⑥显微镜是精密的实验设备,一旦镜头损坏不能随意拆开,必须请专业人员维修。

2)其他类型的光学显微镜

(1)暗视场显微镜

用暗视场显微镜能观察到小于 4～200 nm 的微粒子,分辨率要比普通显微镜高50 倍。在构造上,暗视场显微镜应用丁达尔现象装配了一种特殊聚光器——暗视场聚光器,使入射光束从聚光器斜向照明被检物品,这是暗视场显微镜与普通显微镜的主要不同点。由于照明光线与显微镜光轴形成较大的角度通过物场和因聚光器的特殊构造,照明光线在聚光器顶透镜(或盖片)的上表面发生全反射,致使照明光线不能入射物镜之内,但是,样品被照明并发出反射和散射光。镜检时,因不能直接观察到照明光线,与光轴垂直的平面视场暗黑,在深暗的背景上能清晰地看到由散射光和反射光形成的明亮的物体影像,物像与背景造成极大的反差(见图2.6)。视场内的样品被斜射光线照明,可从样品各种结构表面散射和反射光线,看到许多细胞器的明亮轮廓,如细胞核、线粒体、液泡以及某些内含物等。如果是正在分裂的细胞,其各类纺锤丝和染色体亦可看见。

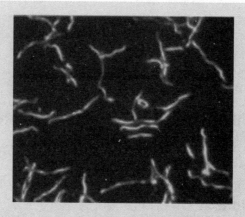

图 2.6　暗视场显微镜下的图像

(2)相差显微镜

由于活细胞多是无色透明的,光线通过活细胞时,波长和振幅都不发生变化,在普通光学显微镜下,整个视野的亮度是均匀的,所以我们不能分辨活细胞内的细微结构。而相差显微镜能克服这方面的缺点,利用相差显微镜观察活细胞是最好的方法。

相差显微镜(或称相衬显微镜)的形状和成像原理与普通显微镜相似。不同的是相差显微镜具有专用的带环状光阑的聚光镜和带有相板的相差物镜。当光线经过相差聚光器、样品、相差物镜,将光束分成两部分,一部分是样品结构的折射光,另一部分为不受样品影响的光,经过相板,二者干涉,形成干涉图像。由于两束光的相位接近 $\lambda/2$(半波长),相差显微镜可使光的相位变化转变为振幅变化,这样就可以见到反差分明的图像(见图 2.7)。相差显微镜适于观察较透明的或染色反差小的细胞组织。

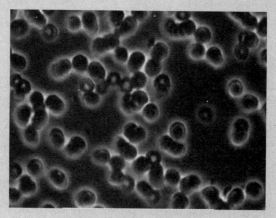

图 2.7　相差显微镜下的图像

任务 2.2　细菌形态观察技术

2.2.1　细菌形态观察及大小测定

1)细菌基本形态观察

(1)实训目的

①学习使用油镜观察、识别细菌的个体形态。

②学会生物图的绘制。

(2)实训材料、仪器

①材料:细菌三型标本片。

②试剂:二甲苯、香柏油。

③器具:显微镜、擦镜纸、废物缸。

(3)实训步骤

①观察前的准备。a.显微镜安置:右手紧握镜臂、左手托住镜座将显微镜放于平稳的实验台上,镜座距实验台边沿 3～4 cm。镜检时镜检者姿势要端正,使用显微镜时两眼应同时睁开,以减少疲劳。一般左眼观察,右眼便于绘图或记录。b.调节光源:显微镜的照明光源有两种:一种是安置于镜座内的内置光源,另外一种是通过反光镜采集的外置光源。内置光源显微镜光源的调节一般可通过调节安于镜座一侧的旋钮调节光的强弱;外置光源显微镜通常利用反光镜采集光源。光线较强的天然光源宜用平面镜;光线较弱的天然光源或人工光源宜用凹面镜。c.调节目镜:主要是针对双目显微镜。观察者在使用时可根据自己的情况,调整显微镜的目镜间距。在左目镜上一般还配有屈光度调节环,两眼视力有差别的观察者可根据自己的情况调节。

②低倍镜观察。检查的标本需先用低倍镜(10×物镜)观察,因为低倍镜视野较大,易发现目标和确定检查的位置。

将细菌三型玻片标本置镜台上(正面朝上),用标本夹夹住,移动推进器,使观察对象处在物镜正下方,转动粗准焦螺旋升起载物台(或下降物镜)至物镜降距标本约 0.5 cm 处,由目镜观察。此时可适当地缩小光圈,否则视野中只见光亮一片,难见到目的物。同时用粗调节器慢慢下降载物台(或升起镜筒),直至物像出现后再用细准焦螺旋调节到物像清楚时为止,然后移动标本,认真观察标本各部位,找到合适的目的物,并将其移至视野中心,准备用高倍镜观察。

③高倍镜观察。轻轻转动物镜转换器将高倍镜转至正下方。在转换物镜时,需用眼睛在侧面观察,避免镜头与玻片相撞。如果高倍镜触及载玻片应立即停止转动,这说明原来低倍镜就没有调准焦距,目的物并没找到,要用低倍镜重调。如果焦距调准了,换高倍镜时基本可以看到目的物,若有点模糊,用细准焦螺旋调清即可。找到最适宜观察的部位后,并将此部位移至视野中心,准备用油镜观察。

④油镜观察。a. 用粗准焦螺旋将镜筒提起（或下降载物台）约 2 cm，将油镜转至正下方。b. 在玻片标本的镜检部位滴上一滴香柏油，切勿加多。c. 从侧面注视，用粗准焦螺旋将镜筒小心地降下（或升起载物台），使油镜浸在香柏油中，其镜头几乎与标本相接，应特别注意不能压在标本上，更不可用力过猛，否则不仅会压碎玻片，也会损坏镜头。d. 从接目镜内观察，进一步调节光线，使光线明亮，再用粗准焦螺旋将镜筒徐徐上升（或下降载物台），直至视野出现物像为止，然后用细准焦螺旋校正焦距。如油镜已离开油面而仍未见物像，原因可能是油镜还未下降到位或油镜上升过快。为了找到并看清物像，必须重复 C 的操作，直到看清物像，并分别在油镜下绘图。注意：切勿将粗准焦螺旋方向旋反了，以免油镜头与载玻片相碰而损坏了镜头及玻片。e. 观察完毕，关闭电源，上旋镜筒（或下降载物台），然后将油镜镜头转开，取下玻片。清洗油镜时，先用擦镜纸擦 1～2 次，把大部分油去掉，再用二甲苯滴湿的擦镜纸擦 2 次，以擦去镜头上残留油迹，最后再用擦镜纸擦 1 次，以擦去残留的二甲苯。擦镜纸要折成 4 层以上，且擦过之处不能再次擦拭。如果聚光器上有油滴也要同样清洁。载玻片上的油可用"拉纸法"擦净，即把一小张擦镜纸盖在载玻片油滴上，在纸上滴一些二甲苯，趁湿把纸往外拉，这样连续 3～4 次，即可干净。用绸布擦净显微镜的金属部件。f. 将各部分还原，将接物镜转成八字形，再向下旋。同时把聚光镜降下，以免接物镜与聚光镜发生碰撞，反光镜垂直于镜座。

（4）注意事项

①使用显微镜任何时候都要先从低倍镜开始，然后是高倍镜，再到油镜。

②在用高倍物镜或油镜观察完毕后，必须将物镜与装片离开，才能取下装片，放入另一装片后，要按操作规范重新操作，不能在高倍物镜或油镜下直接取下和替换装片。

③使用二甲苯擦镜头时，注意不能用力过多，以防损坏镜头。

④切忌用手或其他纸擦镜头，以免损坏镜头。擦镜头时要顺着镜头直径方向擦，不能沿圆周方向擦。

（5）实训结论

分别绘制出在低倍镜、高倍镜和油镜下观察到的细菌形态图。

细菌形态示意图绘图要求：选择形态典型的部分细菌细胞绘图；仅绘出细菌细胞轮廓，但不同细菌的细胞大小比例要适宜，且形态上应有所区分；细菌与视野相对大小应符合实际，应将细菌细胞排布在视野中离开中心的部位（即绘空心图）；注明菌名、放大倍数。

2）细菌大小的测定

（1）实验目的

①学会测微尺的使用和计算方法及对球菌和杆菌的测量。

②认识测微尺，学习目镜测微尺的标定。

③测定金黄色葡萄球菌和大肠杆菌菌体的大小。

（2）实验材料、仪器

①材料：金黄色葡萄球菌、大肠杆菌的玻片标本。

②试剂：二甲苯、香柏油。

③器具：显微镜、擦镜纸、目镜测微尺、镜台测微尺、废物缸。

（3）实训步骤

①测微尺的构造。目镜测微尺是一块圆形玻片，在玻片中央把 10 mm 长度刻成 100 等

份,或把5 mm长度刻成50等份。测量时,将其放在接目镜中的隔板上(此处正好与物镜放大的中间像重叠)来测量经显微镜放大后的细胞物像。由于不同目镜、物镜组合的放大倍数不相同,目镜测微尺每格实际表示的长度也不一样,因此目镜测微尺测量微生物大小时须先用置于载物台上的镜台测微尺校正,以求出在一定放大倍数下,目镜测微尺每小格所代表的相对长度。

镜台测微尺是中央部分刻有精确等分线的载玻片,一般将1 mm等分为100格,每格长10 μm(即0.01 mm),是专门用来校正目镜测微尺的。校正时,将镜台测微尺放在载物台上,由于镜台测微尺与细胞标本是处于同一位置,都要经过物镜和目镜的两次放大成像进入视野,即镜台测微尺随着显微镜总放大倍数的放大而放大,因此从镜台测微尺上得到的读数就是细胞的真实大小。所以用镜台测微尺的已知长度在一定放大倍数下校正目镜测微尺,即可求出目镜测微尺每格所代表的长度,然后移去镜台测微尺,换上待测标本片,用校正好的目镜测微尺在同样放大倍数下测量微生物大小。

②目镜测微尺的标定。首先取出接目镜,把目镜的上透镜旋下,将目镜测微尺刻度朝下轻轻放在目镜的隔板上,旋上目镜透镜,将目镜放回镜筒内。然后将镜台测微尺放在显微镜的载物台上,使有刻度的一面朝上,对准聚光器。先用低倍镜观察,将镜台测微尺有刻度的部分移到视野中央调焦距,待看清镜台测微尺的刻度后,转动目镜,使目镜测微尺的刻度线与镜台测微尺的刻度线相平行。移动标本推动器,使两测微尺左边的一条线重合,向右寻找另外一条两尺相重合的直线(图2.8),分别数出两重合线之间镜台测微尺和目镜测微尺各自的格数。由于镜台测微尺每格长10 μm,因此由以下公式即可计算出目镜测微尺此物镜下每格所代表的实际长度:

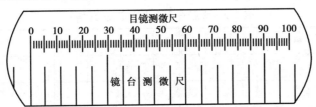

图2.8 镜台测微尺标定目镜测微尺

目镜测微尺每格长度(μm) = 两条重合线间镜台测微尺的格数×10/两条重合线间目镜测微尺的格数。如图2.8,目镜测微尺60个小格等于镜台测微尺10个小格,已知镜台测微尺每格为10 μm,则在目镜测微尺上每小格长度为10×10/60 = 1.67 μm。用同样的方法换成高倍镜和油镜进行校正,分别数出在高倍镜和油镜下两重合线之间镜台测微尺和目镜测微尺各自的格数,再按以上计算方法分别算出高倍镜及油镜下目镜测微尺每格实际长度。

③菌体大小的测定。目镜测微尺校正完毕后,将镜台测微尺取下,分别换上大肠杆菌及金黄色葡萄球菌玻片标本,先在低倍镜和高倍镜下找到目的物,然后在油镜下用目镜测微尺测量菌体的大小。先量出菌体的长和宽占目镜测微尺的格数,再以目镜测微尺每格的长度计算出菌体的长和宽。例如,如果目镜测微尺在这架显微镜油镜下,每格相当于1.5 μm,测量的结果是菌体的平均长度相当于目镜测微尺的4格,则菌体长应为4×1.5 μm = 6.0 μm。

一般测量菌体的大小,应测定 10~20 个菌体,求出平均值,才能代表该菌的大小。

（4）注意事项

①镜台测微尺的玻片很薄,在标定油镜头时,要格外注意,以免压碎镜台测微尺或损坏镜头。

②标定目镜测微尺时要注意准确对正目镜测微尺与镜台测微尺的重合线。

③因为不同显微镜及附件放大倍数不同,所以校正目镜测微尺必须针对特定的显微镜和附件(目镜、物镜、镜筒长度)进行,而且只能在该显微镜上重复使用。当更换不同显微镜目镜或物镜时,必须重新校正目镜测微尺每一格所代表的长度。

（5）实验结论

①将目镜测微尺校正结果填入表 2.2 中。

表 2.2　目镜测微尺校正结果

接物镜/倍数	目镜测微尺格数	镜台测微尺格数	目镜测微尺每格代表的长度/μm
低倍镜/10×			
高倍镜/40×			
油镜/100×			

（引自陈炜,微生物学及实验实训技术,2007）

接目镜放大倍数:

②将大肠杆菌测定结果填入表 2.3 中。

表 2.3　大肠杆菌大小测定记录（格）

	1	2	3	4	5	6	7	8	9	10	11	12	13	14	15	平均值
长																
宽																

（引自孙勇民,微生物技术及应用,2012）

结果计算:长（μm）= 平均格数 × 校正值

　　　　　宽（μm）= 平均格数 × 校正值

③将金黄葡萄球菌测定结果填入表 2.4 中。

表 2.4　金黄葡萄球菌大小测定记录（格）

	1	2	3	4	5	6	7	8	9	10	11	12	13	14	15	平均值
直径																

（引自孙勇民,微生物技术及应用,2012）

结果计算:直径（μm）= 平均格数 × 校正值

2.2.2　细菌的群体特征观察技术(实训)

1)实训目的
①学习观察细菌群体特征的方法,并能对各种特征加以正确的区分。
②了解观察群体特征的作用与缺陷。

2)实验材料、仪器

(1)菌种

大肠杆菌、枯草芽孢杆菌、金黄葡萄球菌的营养琼脂斜面和平板划线以及肉汤液体培养物。

(2)仪器

放大镜、尺子、接种环。

3)实训步骤

(1)细菌在固体培养基上的生长表现

①琼脂平皿上的生长表现。细菌于固体培养基表面生长繁殖,形成单个肉眼可见的细菌集落群体,称为菌落。各种细菌在一定条件下形成的菌落特征具有一定的专一性和稳定性,是辨认和鉴定菌种的重要依据。菌落特征主要包括形状、大小、隆起、表面状况、边缘、光泽、透明度、质地等(图2.9)。如葡萄球菌在琼脂平皿上,由于产生色素的不同,形成各种颜色的圆形而凸起的菌落;炭疽杆菌形成扁平干燥、边缘不整齐的火焰状菌落,用放大镜观察时,呈卷发样构造;肠道杆菌属的细菌,形成圆形、湿润、黏稠、扁平、大小不等的菌落;巴氏杆菌和猪丹毒杆菌,形成细小露珠状菌落。观察菌落的方法除肉眼外,还可用放大镜,必要时也可用低倍显微镜进行检查。

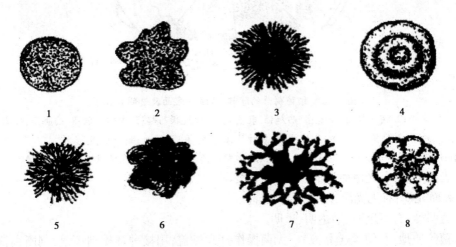

图2.9　细菌菌落的形状

1.圆形;2.不规则状;3.缘毛状;4.同心环状;

5.丝状;6.卷发状;7.根状;8.规则放射叶状

　　a.菌落大小:具体使用尺子度量或估计菌落直径,一般用 mm 表示。一般不足 1 mm 者为露滴状菌落; 1~2 mm 者为小菌落; 2~4 mm 者为中等大菌落; 4~6 mm 或更大者称为大菌落或巨大菌落。

　　b.菌落形状:有圆形、同心环状、假根状、不规则状等。

　　c.凸起情况:有扁平、低凸起、高凸起、台状、脐状、草帽状、乳头状等(图 2.10)。

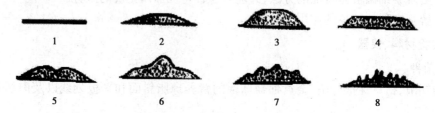

图 2.10　菌落的隆起度

1.扁平状;2.低凸起;3.高凸起;4.台状;

5.脐状;6.草帽状;7.乳头状;8.褶皱凸面

　　d.边缘状况:有整齐、缺刻、圆锯齿形、波浪状、裂叶状、有缘毛、镶边、深裂形、多枝形等(图 2.11)。

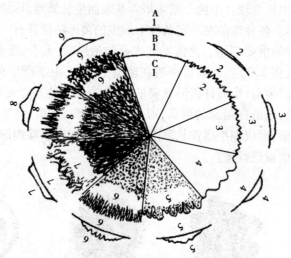

图 2.11　细菌菌落的隆起、边缘和表面及透明状况

A 隆起:1.扁平;2.稍凸起;3.隆起;4.凸起;5.乳头状;6.皱纹状凸起;7.中凹台状;8.凸脐形;9.高凸起

B 边缘:1.光滑;2.缺刻;3.锯齿;4.波状;5.裂叶状;6.有缘毛;7.镶边;8.深裂;9.多枝

C 表面:1.透明;2.半透明;3.不透明;4.平滑;5.细颗粒;6.粗颗粒;7.混杂波纹;8.丝状;9.树状

　　e.表面形状:有光滑而湿润、皱缩而干燥等。

　　f.表面光泽:有无光泽、闪光、金属光泽。

　　g.透明度:有不透明、半透明、透明。

　　h.菌落质地:有硬、软(黏液)。无菌操作打开皿盖,用接种环挑动菌落,判断菌落质地是松软还是脆硬。

　　i.菌落颜色:菌落本身的颜色和分泌的可溶性色素。菌落有无色、灰白色,有的能产生各种色素。

　　j.溶血情况:若是鲜血琼脂平皿,应看其是否溶血、溶血情况怎样。

②琼脂斜面上生长表现(图2.12)。将各种细菌分别以接种针直线接种于琼脂斜面上(自底部向上划一直线),培养后观察其生长表现。

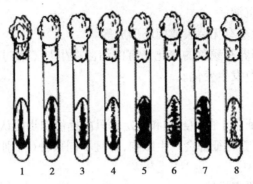

图2.12 细菌的斜面培养特征

1. 丝状;2. 有小凸起;3. 有小刺;4. 念珠状;5. 扩展状;6. 假根状;7. 树状;8. 散点状

(2)琼脂柱穿刺培养

将细菌穿刺接种于半固体培养基中,培养后观察其生长表现(图2.13)。

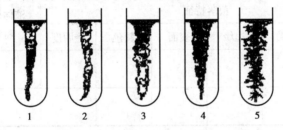

图2.13 细菌在半固体培养基中的特征

1. 丝状;2. 念珠状;3. 乳头状;4. 绒毛状;5. 树状

(3)细菌在液体培养基中的生长表现

将细菌接入液体培养基中培养1~2 d,观察。细菌的液体培养特征主要包括表面状况(如菌膜、菌环等)、沉淀状况、浑浊程度、颜色及有无气泡等(图2.14)。

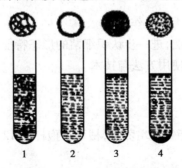

图2.14 细菌的液体培养特征

1. 絮状;2. 环状;3. 覆膜状;4. 膜状

将金黄葡萄球菌、大肠杆菌、枯草芽孢杆菌等分别接种于肉汤中,培养后观察其生长情况。

①混浊度:在液体培养基中细菌经培养后其性状表现不同,有均匀混浊,轻度混浊或培

养基保持透明(表面有菌膜或底部有沉淀物)。

②沉淀物:在液体培养基中有的细菌不生成沉淀,有的细菌则能形成颗粒状沉淀、黏稠沉淀、絮状沉淀、小块状沉淀。

③表面性状:主要观察有无菌膜或菌环形成等。

④颜色:主要观察培养基颜色的变化。有的细菌在生长繁殖过程中能产生色素,水溶性色素会使培养基的颜色发生变化。

4)注意事项

①细菌群体培养特征用于菌种辨别和鉴定时只能提供初步的认识。因培养条件、培养时间、培养基成分等对培养特征都会产生影响,并且不同菌种(特别是同一属的)也会有某些相似的培养特征。

②使用已有的科学语言描述。

5)实训结论

将观察的结果填入表2.5中。

表2.5　细菌的群体特征观察结果

菌名	菌落特征						液体培养特征	斜面培养特征
	大小(mm)	形状	边缘	表面	颜色	透明度		

2.2.3　细菌的简单染色法

1)实训目的

(1)学习细菌涂片制作及无菌操作技术。

(2)掌握细菌的简单染色法,进一步认识细菌的形态特征。

(3)进一步掌握显微镜的使用方法与技术。

2)实训材料、仪器

(1)菌种

大肠杆菌约24 h营养琼脂斜面培养物,枯草芽孢杆菌12~18 h营养琼脂斜面培养物。

(2)染色剂和试剂

吕氏碱性美蓝(亚甲基蓝)染液、香柏油、二甲苯、生理盐水。

(3)仪器与其他用具

显微镜、酒精灯、染色缸、染色架、废物缸、洗瓶、载玻片、滴瓶(内装染色剂和试剂)、接种环、擦镜纸、吸水纸、纱布、火柴、记号笔、玻片夹或镊子等。

3)实训步骤

(1)涂片制作

①准备:取洁净而无油渍的保存于95%酒精中的载玻片,用洁净纱布擦去酒精。如载玻片有油渍可滴2~3滴95%酒精,用纱布擦拭,然后在酒精灯火焰上烤几次。等玻片冷却后,用特种记号笔在玻片右侧注明菌名(或菌号)。

②细菌涂片:如果所用材料为斜面菌苔、平板菌落等培养物,则先用滴管或灭菌接种环(图2.15)在玻片中央滴一小滴(或挑取1~2环)生理盐水,尔后用灭菌接种环以无菌操作分别从枯草芽孢杆菌和大肠杆菌斜面菌苔上挑取少许菌体,与载玻片中央的生理盐水混匀并涂成一薄层(图2.16)。如果所用材料为液体培养基培养物、菌悬液等液体材料,则可直接用灭菌接种环以无菌操作取2~3环菌液于载玻片中央,均匀涂抹成直径约为1 cm大小的薄膜。

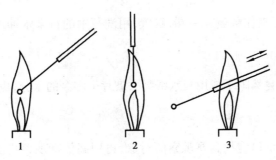

图2.15　接种环灭菌方法

1.烧灼金属环;2.烧灼金属丝;3.烧灼螺丝口和金属柄

图2.16　无菌操作取菌涂片过程

1.灼烧接种环;2.拔去棉塞;3.烘烤试管口;4.挑取少量菌体;

5.再烘烤试管口;6.将棉塞塞好;7.做涂片;8.烧去残留菌体

(2)干燥

让涂片自然晾干或将涂面朝上在酒精灯火焰高处稍微加热烘干。但不能直接在火焰上烘烤,以免菌体变形。

(3)固定

固定方法随固定材料的差异而不相同,主要有加热固定法和化学固定法。但无论哪种固定方法,都是杀死菌体细胞,使细胞质凝固,以固定细胞形态,并使菌体牢固附着于载玻片上,以免水洗时被冲掉。另外固定还可使菌体蛋白变性,改变对染色剂的通透性,增加其对染料的亲和力,使其更易着色。

①加热固定:对于斜面菌苔、平板菌落、液体培养物等涂片以火焰加热固定。操作方法是手持干燥后的涂片一端,涂面朝上,迅速通过火焰3~4次,使菌体固定于载玻片上,玻片冷却后才能进行染色。

②化学固定:对于血液、组织脏器等涂片以甲醇固定。将已干燥的涂片浸入甲醇中,2~3 min 后取出,甲醇自然挥发。

(4)染色

将玻片安放于染色搁架上,在有菌膜的部位滴加1~2滴吕氏碱性美蓝染液（染液量以刚好覆盖涂膜为好）染色2~3 min。

(5)水洗

倒去染液,用夹子夹住载玻片一端,斜置,用洗瓶中的自来水冲洗,直至涂片上流下的水呈无色为止。

(6)干燥

将水洗过的涂片自然晾干或用吸水纸吸去玻片上多余的水分,也可在离火焰较远处微热烘干。

(7)镜检

涂片干燥后先用低倍镜找到要观察的对象,再用高倍镜观察找出适当的视野,最后用油镜观察细菌的形态。

4)注意事项

(1)玻片准备

载玻片要洁净无油迹,否则菌液涂不开;滴生理盐水和取菌不宜过多。

(2)无菌操作取菌

试管或三角瓶在开塞后及回塞前,其口部应在火焰上烧灼灭菌,除去可能附着于管口或瓶口的微生物;开塞后的管口或瓶口应靠近酒精灯火焰,并尽量平置,以防直立时空气中尘埃落入,造成污染;接种环在每次使用前后均应在火焰上彻底灼烧灭菌;钓菌前,必须待其冷却后进行。

(3)涂片

涂片要涂抹均匀,不宜过厚,以淡淡的乳白色为宜,涂布面积直径约1 cm。

(4)加热、固定

温度不能过高,以玻片不烫手背为宜,否则会改变甚至破坏细胞形态。

(5)水洗

不要直接冲洗涂抹面,而应使水从载玻片的一端流下。水流不宜过急、过大,以免涂片薄膜脱落。

(6)干燥

不要擦去菌体。

(7)镜检

涂片必须完全干燥后才能用油镜观察,香柏油不要加得太多。

5）实训结论

根据观察结果,按比例大小绘制枯草芽孢杆菌、大肠杆菌的形态图。

2.2.4 革兰氏染色法

1）目的

①了解革兰氏染色法的原理及其在细菌分类鉴定中的重要性。

②学习革兰氏染色技术,熟练掌握光学显微镜油镜的使用技术。

2）实验材料、仪器

（1）菌种

大肠杆菌约24 h营养琼脂斜面培养物,枯草芽孢杆菌18～20 h营养琼脂斜面培养物。

（2）染色剂和试剂

草酸铵结晶紫染色液、卢戈氏碘液、95%乙醇、0.5%番红（沙黄）染色液、生理盐水、二甲苯、香柏油。

（3）仪器与其他用具

显微镜、酒精灯、染色缸、染色架、废物缸、洗瓶、载玻片、滴瓶（内装染色剂和试剂）、接种环、擦镜纸、吸水纸、纱布、火柴、记号笔、玻片夹或镊子等。

3）实训步骤

（1）细菌涂片制作

以无菌操作分别取大肠杆菌、枯草芽孢杆菌斜面培养物,按简单染色法中的常规涂片法分别涂片。也可采用"三区"涂片法进行涂片,即先在载玻片两端分别滴两滴生理盐水,然后以无菌操作挑取大肠杆菌与左端的生理盐水充分混合涂片,并将少量菌液延伸至玻片中央,再以无菌操作挑取枯草芽孢杆菌与右端的生理盐水充分混合涂片并将少量菌液延伸至玻片中央,与大肠杆菌相混合成含有两种菌的混合区域,干燥、固定。玻片冷却后再进行初染。

（2）初染、水洗

将玻片安放于染色搁架上,在涂片菌膜处滴加适量草酸铵结晶紫染液使其刚好覆盖菌膜,染色1～2 min,然后倾去染色液,用夹子夹住载玻片一端,斜置,用洗瓶中的自来水冲洗,直至涂片上流下的水呈无色为止。

（3）媒染、水洗

在涂片菌膜处滴加适量卢戈氏碘液使其刚好覆盖菌膜,作用1 min,然后用同样的方法水洗。

（4）脱色、水洗

用滤纸吸去玻片上残留的水分,将玻片倾斜,将95%酒精连续滴加在菌膜上进行脱色,直至流出的乙醇刚好不出现紫色为止,时间一般为30 s,然后立即水洗,终止脱色,并用吸水纸轻轻将水分吸干。

（5）复染、水洗

将玻片安放于染色搁架上,在涂片菌膜处滴加沙黄染液使其刚好覆盖菌膜,染色1～

2 min。然后倾去染色液;用夹子夹住载玻片一端,斜置,用洗瓶中的自来水冲洗,直至涂片上流下的水呈无色为止。

（6）镜检

用滤纸吸干或自然干燥,然后用油镜检查。G⁺菌呈蓝紫色,G⁻菌呈红色。颜色判别以分散开的细菌的革兰氏染色反应为准,因过于密集的细菌常脱色不完全而呈假阳性。

  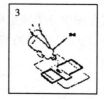 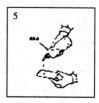

1.将固定好的涂片　　2.用缓冲水冲去染　　3.加碘液媒染1 min　　4.用缓冲水冲去碘　　5.酒精脱色处理,
加结晶紫1 min　　　料　　　　　　　　　　　　　　　　　　　　液并吸干　　　　　一般30~60 s

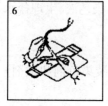 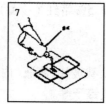 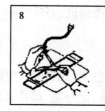 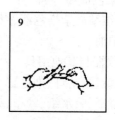

6.用缓冲水洗去　　　7.加蕃红复染1~2 min　　8.用缓冲水洗去　　　9.吸干,镜检。先
　　　　　　　　　　　　　　　　　　　　　　　　　　　　　　　　　　　用低倍镜,后用油
　　　　　　　　　　　　　　　　　　　　　　　　　　　　　　　　　　　镜观察,作图

图2.17　革兰氏染色步骤

4）注意事项

实训注意事项如下:

①涂片不宜过厚,勿使细菌密集重叠,影响脱色效果,否则脱色不完全会造成假阳性。镜检时应以视野内分散细胞的染色反应为标准。

②火焰固定不宜过热,以玻片不烫手为宜,否则菌体细胞易变形。

③滴加染色液与酒精时一定要覆盖整个菌膜,否则部分菌膜未受处理,亦可造成假象。染色过程中不要使染液干涸。水洗后应吸去玻片上的残水,然后才能进行下一步操作,以免影响染色或脱色效果。

④乙醇脱色是革兰氏染色操作的关键环节。如脱色过度,则G⁺菌被误染成G⁻菌;而脱色不足,G⁻菌被误染成G⁺菌。

⑤在染色方法正确无误前提下,如菌龄过长、死亡或细胞壁受损伤的G⁺菌也会呈阴性反应,故革兰氏染色要用活跃生长期的幼龄培养物。

5）实训结论

根据染色结果,按比例大小绘出大肠杆菌和枯草芽孢杆菌的形态图,注明菌名和放大倍数。

思考题 》》

1.影响光学显微镜的分辨率的因素有哪些？为得到更高的分辨率,应采取哪些措施?

2.请画出光学显微镜的光路走向简图,并说明哪些光学部件可以调节光的强弱。

3.什么是光学显微镜的工作距离？不同放大倍数的物镜,其工作距离的大小有何趋势?

4.光学显微镜物镜镜头上的两排(4个)数值,各代表什么意思?

5.光学显微镜应该如何保养和维护?

项目3
培养基配制及发酵控制技术

知识目标

◎ 了解配制微生物培养基的基本原则、微生物细胞的化学组成成分。

◎ 理解微生物的营养物质种类及其生理功能、微生物发酵控制技术。

◎ 理解并掌握微生物培养基的种类及其配制方法。

能力目标

◎ 熟练掌握操作马铃薯葡萄糖培养基的制作技术。

◎ 熟练掌握碳源、氮源的利用及检测技术。

任务3.1　理论基础

　　培养基是人工配制的,适合微生物生长繁殖或产生代谢产物用的混合营养料。良好的培养基应包含微生物生长的各种营养物质,同时还要注意其他微生物生长的影响因素,这样才可使微生物的生长和代谢达到最佳状态。绝大多数微生物都可在人工制成的培养基上生长繁殖,只有极少数寄生或共生微生物,如类支原体、少数寄生真菌等还不能在人工制成的培养基上生长。

　　培养基含有微生物所需的六大营养要素(水分、碳源、氮源、能源、矿质元素和生长素)和适宜的 pH 值、渗透压及氧化还原电位等。由于培养基的营养成分丰富,配制过程结束前肯定会带有相当多的其他微生物或者微生物孢子等,因此配制好的培养基必须马上进行灭菌处理,使之达到无菌状态,否则就会杂菌丛生。只有无菌状态的培养基才能使用或保存,不然培养基中的杂菌生长就会干扰培养的目的菌株。

3.1.1　配制培养基的原则

1)目的明确

　　配制微生物培养基首先要明确培养目的,是要培养微生物,还是为了得到微生物的代谢产物,还是用于发酵,等等,依据不同的目的,才能决定配制何种培养基。

2)经济节约

　　配制微生物培养基,无论是实验室用途,还是大规模生产用,都应遵循经济节约的原则,尽可能选用来源广泛、价格低廉的原材料。微生物培养基经济节约的原则可以通过"以废代好""以粗代精""以纤代糖""以简代繁""以国产代进口"等途径实现。

3)营养协调

　　培养基应满足微生物生长繁殖所需要的一切营养物质,且同时要保障各种营养物质的浓度、比例适当和协调。营养物质浓度过低或者过高都要抑制微生物的生长。

　　营养物质的搭配问题中,碳氮比(C/N)能够直接影响微生物的生长繁殖及代谢产物的形成与积累。C/N 一般是指培养基中碳元素和氮元素的比值,有时也指培养基中还原糖和粗蛋白的含量比值。不同的微生物生长繁殖要求培养基中的 C/N 不同。如细菌、酵母菌培养基中的 C/N 最适值大约为 5/1,霉菌培养基中的 C/N 最适值大约为 10/1。

　　培养基中除了 C/N 以外,还要平衡无机盐的种类和含量,生长因子的添加也应根据培养目的来确定。

4)理化适宜

　　培养基的配制还应关注 pH 值、氧化还原电位、渗透压等理化因素的影响,配制培养基的过程中应将这些因素控制在适宜的范围内。

（1）pH 值

不同微生物生长都有其适宜的 pH 值范围,如细菌为 7.0～8.0,酵母菌为 3.8～6.0,放线菌为 7.5～8.5,霉菌为 4.0～5.8,等等。微生物在培养基中的生长过程中因代谢产物等原因会不断改变培养基的 pH 值,调节培养基中 pH 值的方法有两类:外源调节和内源调节。

外源调节就是根据实际需要不断从外界向培养基中流加酸或碱液以调整培养基 pH 值的方法。

内源调节有两种办法。一是用磷酸缓冲液进行调节,调节 K_2HPO_4 和 KH_2PO_4 的浓度比就可以获得 pH 值 6.4～7.2 之间的一系列稳定的 pH 值环境;当上述二者为等摩尔浓度比时,溶液的 pH 值可稳定在 6.8。二是用 $CaCO_3$ 进行调节,它的溶解度很低,不会提高培养基的 pH 值,当微生物在生长过程中不断产酸时,就可以溶解它,从而发挥其调节培养基 pH 值的作用。

（2）氧化还原电位

不同微生物对培养基中的氧化还原电位要求不同,好氧微生物生长的 E_h(氧化还原势)值为 +0.3～+0.4 V,厌氧微生物只能生长在 +0.1 V 以下的环境中。在配制厌氧微生物的培养基时常加入适量的还原剂以降低氧化还原电位,常用的还原剂有半胱氨酸、硫化钠、抗坏血酸、铁屑等。

（3）渗透压

多数微生物能够适应渗透压在一定较大幅度内的变化,配制培养基时常加入适量的 NaCl 以提高渗透压。

3.1.2　培养基的类型及应用

培养基的种类繁多,因科研、生产等考虑的角度不同,可将培养基分成以下类型。

1)根据所需培养的微生物种类区分

根据所需培养的微生物种类可区分为:细菌、酵母菌、放线菌和霉菌培养基。病毒一般是利用生物活体作为培养材料。

常用的异养型细菌培养基是牛肉膏蛋白胨培养基;常用的自养型细菌培养基是无机的合成培养基;常用的酵母菌培养基为麦芽汁培养基;常用的放线菌培养基为高氏Ⅰ号合成琼脂培养基;常用的霉菌培养基为察氏合成培养基。

2)根据培养基组成物质的化学成分区分

根据对培养基组成物质的化学成分是否完全掌握来区分,可以将培养基分为天然培养基、合成培养基和半合成培养基。

（1）天然培养基

天然培养基又称非化学限定培养基,是指利用各种动、植物或微生物体包括用其提取物或以其为基础加工而成的培养基。例如培养细菌常用的牛肉膏蛋白胨培养基(牛肉膏 3 g,蛋白胨 5 g,水 1 000 mL)。这种天然培养基成分复杂,且不稳定,难以确切知道其所有的化学成分。天然培养基的优点是营养丰富、来源广泛、配制方便和价格低廉;其缺点是化学成分不清楚、不稳定。天然培养基只适合于一般实验室中菌种培养和工业上提取某些发酵产物。

常见的天然培养基物质来源主要有:鱼粉、麸皮、麦芽汁、玉米粉、马铃薯及各种肉浸膏,等等。

(2)合成培养基

合成培养基又称综合培养基,是指一类化学成分和数量完全清楚的物质构成的培养基,完全用已知化学成分且纯度很高的化学药品配制而成。如培养真菌的察氏培养基(蔗糖30 g, K_2HPO_4 1 g,Mg·SO_4·$7H_2O$ 0.5 g,$FeSO_4$ 0.01 g,KCl 0.5 g,$NaNO_3$ 3 g,蒸馏水1 000 mL)。合成培养基的优点是化学成分精确、重复性强;缺点是价格较贵、配制烦琐、微生物生长缓慢。所以合成培养基仅适用于做一些科学研究,例如营养、代谢、生理、生化等对定量要求较高的研究。

(3)半合成培养基

半合成培养基又称半组合培养基,是指在合成培养基中加入某种或几种天然成分;或者在天然培养基中加入一种或几种已知成分的化学药品即成的培养基,如马铃薯蔗糖培养基等。如果在合成培养基中加入琼脂,由于琼脂中含有较多的化学成分不太清楚的杂质,故也只能算是半合成培养基。半合成培养基介于天然培养基与合成培养基之间,是两种培养基之间的过渡产物,又称综合培养基。半合成培养基能适于大多数微生物的生长代谢,且操作简便,来源方便,价格较低。食品发酵生产和实验室中应用的大多数培养基都属于半合成培养基。

3)根据培养基的物理状态区分

根据培养基的物理状态来区分,可以分为固体培养基、液体培养基、半固体培养基和脱水培养基。

(1)液体培养基

液体培养基指配制的培养基是液态的,其中的营养成分基本上溶于水,没明显的固形物。液体培养基营养成分分布均匀,适用于微生物生理代谢研究,也适用于现代化的大规模食品发酵生产和食用菌的规模化快速制种。

(2)固体培养基

呈固体状态的培养基都称为固体培养基。常用作凝固剂的物质有琼脂、明胶、硅胶等,以琼脂最为常用(表3.1)。因为它具备了比较理想的凝固剂的条件:一般不易被微生物所分解和利用;在微生物生长的温度范围内能保持固体状态;培养基透明度好,黏着力强等。琼脂的用量一般为1.5%~2%,明胶的用量一般为5%~12%。有的固体培养基是直接用天然固体状物质制成的,如培养真菌用的麸皮、大米、玉米粉和马铃薯块培养基。还有一些固体培养基是在营养基质上覆盖滤纸或者滤膜等制成的,如用于分离纤维素分解菌的滤纸条培养基。

表 3.1　琼脂与明胶的特性对比表

项　目	琼　脂	明　胶
化学成分	聚半乳糖的硫酸酯	蛋白质
融化温度	96 ℃	25 ℃
凝固温度	40 ℃	20 ℃
透明度	高	高
附着力	大	大
营养价值	无	可作碳源
是否分解	否	是
高压灭菌耐力	强	弱
常用浓度	1.5% ~2%	5% ~12%

固体培养基在生产实际中应用十分广泛。实验室中常被用来进行微生物的分离、鉴定、计数、保藏和生物测定。在食用菌栽培和食品发酵工业中也常使用固体培养基。

（3）半固体培养基

半固体培养基是指在液体培养基中加入少量的凝固剂而制成的半固体状态的培养基。一般琼脂的用量为0.2% ~0.6%。这种培养基有时可用来观察微生物的运动、检测噬菌体效价，有时用来保藏菌种。

（4）脱水培养基

脱水培养基又称脱水商品培养基或者预制干燥培养基，该种培养基在制备过程中营养成分完全，但经过了脱水处理，使用时只要加入适量水分并经灭菌处理即可。脱水培养基具备使用方便、成分精确等优点。

4）根据培养基的功能来区分

根据培养基的功能，培养基可分为基础培养基、加富培养基、选择培养基、鉴别培养基、生产用培养基等。

（1）基础培养基

不同微生物的营养物质虽然有差异，但其所需的基本营养物质是相同的。基础培养基是指含有一般微生物生长繁殖所需的基本营养物质的培养基。基础培养基可作为某些特殊培养基的预制培养基，然后根据特定微生物的特殊营养物质要求，在其中加入所需的特殊营养物质。

（2）加富培养基

加富培养基也称营养培养基，是依据微生物的特殊营养要求，在基础培养基中加入某些特殊营养物质，从而有利于特定微生物快速生长繁殖的一类营养丰富的培养基。如加入血、血清、动植物组织等。加富培养基也可以用来富集和分离微生物，因其含有特殊营养物质，能使特定微生物生长迅速而淘汰其他微生物并逐渐富集而占据优势，所以容易达到分离该种微生物的目的。

（3）选择培养基

选择培养基指根据某一类微生物特殊的营养要求配制而成的，或加入某种物质以杀死或抑制不需要的微生物生长繁殖的培养基。如氯霉素、链霉素等能抑制原核微生物的生长；而灰黄霉素、制霉菌素等能抑制真核微生物的生长；结晶紫能抑制革兰氏阳性细菌的生长等。从某种程度上讲，加富培养基也是一种选择培养基。选择培养基和加富培养基的区别在于，选择培养基一般是抑制不需要的微生物的生长，使所需要的微生物生长繁殖并达到分离微生物的目的；加富培养基是用来增加所需要分离的微生物的数量，促进其形成生长优势并达到分离微生物的目的。

（4）鉴别培养基

在培养基中加入某种化学药品，使难以区分的微生物经培养后呈现出明显差别，有助于快速鉴别某种微生物，该培养基即称为鉴别培养基（表3.2）。如用以检查饮用水和乳品中是否含有肠道致病菌的伊红美蓝（EMB）培养基。在这种培养基上，大肠杆菌和产气杆菌能发酵乳糖产酸，大肠杆菌形成带有金属光泽的紫色菌落；产气杆菌则形成较大的呈棕色的菌落。

表3.2　常用鉴别培养基特性对照表

培养基名称	加入成分	代谢产物	培养基变化特征	用　途
酪素培养基	酪素	胞外蛋白酶	蛋白水解圈	鉴别产蛋白酶菌株
伊红美蓝培养基	伊红、美蓝	酸	带金属光泽紫色菌落	鉴别水中大肠菌群
远藤氏培养基	碱性复红亚硫酸钠	酸、乙醛	带金属光泽深红色菌落	鉴别水中大肠菌群
明胶培养基	明胶	胞外蛋白酶	明胶液化	鉴别产蛋白酶菌株
淀粉培养基	可溶性淀粉	胞外淀粉酶	淀粉水解圈	鉴别产淀粉酶菌株

（5）生产用培养基

生产用培养基通常分为三种：孢子培养基、种子培养基和发酵培养基。

孢子培养基是用来使微生物产生孢子的培养基。孢子容易保存，不易变异，因此生产上常需要收集优良的孢子作菌种保存。孢子培养基一般是固体，营养不能太丰富，氮源要少，湿度要小。

种子培养基是使孢子萌发，生成大量菌丝体的培养基。该培养基需要营养丰富、全面、容易吸收。种子培养基有固体、液体两种类型。

发酵培养基是积累微生物大量代谢产物的培养基。可根据实际需要添加一些特定成分，如促进剂、抑制剂等。发酵培养基也有固体、液体两种类型。

3.1.3　发酵控制技术

为了控制整个发酵培养微生物的过程，必须了解微生物在发酵过程中的代谢变化规律，也就是通过各种检测方法，测定各种发酵参数如细胞浓度、碳氮源等物质的消耗、产物浓度等随时间变化的情况，以便能够控制发酵过程，使生产菌种的生产能力得到充分发挥。

目前生产中较常见的参数主要包括温度、pH 值、溶解氧、空气流量、基质浓度、泡沫、搅拌速率等。

1）温度对发酵过程的影响及控制

对微生物发酵来说,温度的影响是多方面的,可以影响各种发酵条件,最终影响微生物的生长和产物形成。

（1）温度对发酵过程的影响

在发酵过程中,温度对微生物本身、微生物酶、培养液的物理特性及代射产物的生物合成等都有影响。

①温度对微生物的影响。各种微生物都有自己最适的生长温度范围,在此范围内,微生物的生长最快。同一种微生物的不同生长阶段对温度的敏感性不同,如延迟期对温度十分敏感,将细菌置于较低温度时,延迟期较长;将其置于最适温度时,延迟期缩短;孢子萌发在一定温度范围内(最低萌发温度→最适萌发温度),随温度升高而缩短;稳定生长期的细菌对温度不敏感,其生长速率主要取决于溶解氧。

②温度对微生物酶的影响。温度越高,酶反应速度越快,微生物细胞代谢加快,产物提前生成。但温度升高,酶的失活也越快,表现出微生物细胞容易衰老,使发酵周期缩短,从而影响发酵过程最终产物的产量。

③温度对微生物培养液的物理性质的影响。改变培养液的物理性质会影响到微生物细胞的生长。例如,温度通过影响氧在培养液中的溶解、传递速度等,进而影响发酵过程。

④温度对代谢产物的生物合成的影响。比如在四环素的发酵过程中,生产菌株金色链霉菌同时代谢产生四环素和金霉素。当温度低于 30 ℃时,金色链霉菌合成金霉素的能力较强;随温度升高,合成四环素的能力也逐渐增强;当温度提高到 35 ℃时,则只合成四环素,而金霉素的合成几乎处于停止状态。

⑤同一菌株的细胞生长和代谢产物积累的最适温度往往不同。如黑曲霉的最适生长温度为 37 ℃,而产生糖化酶和柠檬酸的最适温度都是 32～34 ℃;谷氨酸生长的最适温度为 30～32 ℃,而代谢产生谷氨酸的最适温度为 34～37 ℃。

（2）影响发酵温度的因素

影响发酵温度的因素有发酵热、生物热、搅拌热、蒸发热和辐射热。

①发酵热（$Q_{发酵}$）。所谓发酵热即发酵过程中释放出来的净热量,以 $J/(m^3 \cdot h)$ 为单位,它是由产热因素和散热因素两方面所决定的:

$$Q_{发酵} = Q_{生物} + Q_{搅拌} - Q_{蒸发} - Q_{显} - Q_{辐射}$$

②生物热（$Q_{生物}$）。微生物在生长繁殖过程中,本身产生的大量热称为生物热。这种热主要来源于营养物质如碳水化合物、蛋白质和脂肪等的分解产生的大量能量。除此之外,在一些代谢途径中,高能磷酸键能可以以热的形式散发出去。

生物热产生的大小有明显的阶段性。在孢子发芽和生长初期,生物热的产生是有限的,当进入对数生长期以后,生物热就大量产生,成为发酵过程热平衡的主要因素。此后生物热的产生开始减少,随着菌体的逐步衰老、自溶,愈趋低落。

③搅拌热（$Q_{搅拌}$）。在好气发酵中,搅拌带动液体作机械运动,造成液体之间、液体与设备之间发生摩擦,这样机械搅拌的动能以摩擦放热的方式,使热量散发在发酵液中,即搅拌

热。搅拌热可以这样估算

$$Q_{搅拌} = (P/V) \times 3\,600$$

式中 P/V ——通气条件下,单位体积发酵液所消耗的功率,kW/m^3;

　　 3 600——热功当量,kJ/(kW·h)。

④蒸发热($Q_{蒸发}$)。通气时,进入发酵罐的空气与发酵液可以进行热交换,使温度下降。并且空气带走了一部分水蒸汽,这些水蒸汽由发酵液中蒸发时,带走了发酵液中的热量,使温度下降。被排出的水蒸汽和空气夹带着部分显热($Q_{显}$)散失到罐外的热量称为蒸发热。

⑤辐射热($Q_{辐射}$)。因发酵罐温度与罐外温度不同,即存在着温差,发酵液中有部分热量通过罐壁向外辐射,这些热量称为辐射热。

(3)发酵过程的温度控制

一般来说,接种后应适当提高培养温度,以利于孢子的萌发或加快微生物的生长、繁殖,而此时发酵的温度大多数是下降的。当发酵液的温度表现为上升时,发酵液的温度应控制在微生物生长的最适温度;到发酵旺盛阶段,温度应控制在低于生长最适温度的水平上,即应该与微生物代谢产物合成的最适温度相一致;发酵后期,温度会出现下降的趋势,直到发酵成熟即可放罐。

在发酵过程中,如果所培养的微生物能承受高一些的温度进行生长和繁殖,对生产是有利的,既可以减少杂菌污染的机会,又可以减少夏季培养中所需要的降温辅助设备。因此,筛选和培育耐高温的微生物菌种具有重要意义。

在生产上,为了使发酵温度维持在一定的范围内,常在发酵设备上安装热交换器,例如采用夹套、排管或蛇管等进行调温。冬季发酵生产时,还需要对空气进行加热。

所谓发酵最适温度是指在该温度下最适于微生物的生长或发酵产物的生成。不同种类的微生物,不同的培养条件以及不同的生长阶段,最适温度也应有所不同。

发酵温度的选择还与培养过程所用的培养基成分和浓度有关。当使用较稀或较容易利用的培养基时,提高温度往往会使营养物质过早耗尽,导致微生物细胞过早自溶,使发酵产物的产量降低。

发酵温度的选择还要参考其他的发酵条件灵活掌握。例如,在通气条件较差时,发酵温度应低一些,因为温度较低可以提高培养液的氧溶解度,同时减缓微生物的生长速度,从而能克服通气不足而造成的代谢异常问题。

2)pH 值对发酵过程的影响及控制

(1)pH 值对发酵过程的影响

大多数细菌的最适生长 pH 值为 6.5 ~ 7.5,霉菌一般为 pH 值 4.0 ~ 6.0,酵母菌一般为 pH 值 3.8 ~ 6.0,放线菌一般为 pH 值 7.0 ~ 8.0,还有一些嗜酸或嗜碱的微生物。微生物生长 pH 值可以分为最低、最适和最高三种。微生物生长的最适 pH 值和发酵产物形成的最适 pH 值往往是不同的。

pH 值对微生物的生长繁殖和代谢产物形成的影响主要有以下几方面:第一,pH 值会影响菌体的生物活性和形态。第二,pH 值影响酶的活性,pH 值过高或过低能抑制微生物体内某些酶的活性,使得微生物细胞生长和代谢受阻。第三,pH 值的改变往往引起某些酶的激活或抑制,使生物合成途径发生改变,代谢产物发生变化。

（2）发酵过程中 pH 值的控制

pH 值的调节和控制的方法应根据实际生产情况加以分析,再做出选择。pH 值调节和控制的主要方法如下。

①调节培养基的原始 pH 值,或加入缓冲物质,如磷酸盐、碳酸钙等,制成缓冲能力强、pH 值变化不大的培养基。

②选用不同代谢速度的碳源和氮源种类及恰当比例,是调控 pH 值的基础条件。

③在发酵过程中加入弱酸或弱碱进行 pH 值的调节,合理地控制发酵过程。如果用弱酸或弱碱调节 pH 值仍不能改善发酵状况时,通过及时补料的方法,既能调节培养液的 pH 值,又可以补充营养物质,增加培养液的浓度和减少阻遏作用,提高发酵产物的产率,这种方法已在工业发酵过程中收到了明显的效果。

④采用生理酸性盐作为碳源时,由于 NH_4^+ 被微生物利用后,剩下的酸根会引起发酵液 pH 值的下降;向培养液中加入碳酸钙可以调节 pH 值。但需要注意的是,由于碳酸钙的加入量一般都很大,容易杂菌。

⑤在发酵过程中,根据 pH 值的变化,流加液氨或氨水,既可调节 pH 值,又可作为氮源。流加尿素作为氮源,同时调节 pH 值,是目前国内味精厂等食品企业普遍采用的方法。

控制 pH 值的其他措施还有:改变搅拌转速或通风量,以改变溶解氧浓度,控制有机酸的积累量及其代谢速度;改变温度,以控制微生物代谢速度;改变罐压及通风量,改变溶解 CO_2 浓度;改变加入的消泡油用量或加糖量,调节有机酸的积累量等。

3）溶解氧对发酵过程的影响及控制

发酵工业用菌种多属好氧菌。在好氧性发酵中,通常需要供给大量的空气才能满足菌体对氧的需求;同时,通过搅拌和在罐内设置挡板使气体分散,以增加氧的溶解度。但因氧气属于难溶性气体,故它常常是发酵生产的限制性因素。

（1）溶解氧对发酵过程的影响

好氧性微生物发酵时,主要是利用溶解于水中的氧。不影响微生物呼吸时的最低溶解氧浓度称为临界溶解氧浓度。临界溶解氧浓度不仅取决于微生物本身的呼吸强度,还受到培养基的组分、菌龄、代谢物的积累、温度等其他条件的影响。在临界溶解氧浓度以下时,溶解氧是菌体生长的限制因素,菌体生长速率随着溶解氧的增加而显著增加;达到临界值时,溶解氧已不是菌体生长的限制性因素。过低的溶解氧,首先是影响微生物的呼吸,进而造成代谢异常;但过高的溶解氧对代谢产物的合成未必有利,因为溶解氧不仅为生长提供氧,同时也为代谢供给氧,并造成一定的微生物的生理环境,它可以影响培养基的氧化还原电位。

（2）发酵过程中溶解氧的控制

按照双膜理论,发酵过程中溶解氧的控制涉及的因素比较多,主要因素有:氧的传递速率（N）;溶液中饱和溶解氧浓度（C＊）;溶液主流中的溶解氧浓度（CL）;以浓度差为推动力的氧传质系数（kL）;比表面积（单位体积溶液所含有的气液接触面积,用 a 表示）。因为 a 很难测定,所以将 kLa 当成一项,称为液相体积氧传递系数,又称溶氧系数。

①提高饱和溶解氧浓度的方法。影响饱和溶解氧浓度（C＊）的因素有温度、溶液的组成、氧的分压等。由于发酵培养基的组成和培养温度是依据生产菌种的生理特性和生物合成代谢产物的需要而确定的,因而不可任意改动。但在分批发酵的中后期,通过补入部分

灭菌水,降低发酵液的表观黏度,以此改善通气效果。直接提高发酵罐压或向发酵液通入纯氧气来提高氧分压的方法有很大的局限性;而采用富集氧的方法,如将空气通过装有吸附氮的介质的装置,减小空气中的氮分压,经过这种富集氧的空气用于发酵,提高氧分压,是值得深入研究的有效方法。

②降低发酵液中 CL 的方法。影响发酵液中的 CL 的主要因素有通气量和搅拌速度等。通过减小通气量或降低搅拌速率,可以降低发酵液中的 CL,但发酵液中的 CL 不能低于 $C_{临界}$,否则,将影响微生物的呼吸作用。因此,在实际发酵生产中,通过降低 CL 来提高氧传递的推动力,受到很大局限。

③提高液相体积氧传递系数(kLa)的方法。经过长时间的研究和生产实践证实,影响发酵设备的 kLa 的主要因素有搅拌效率、空气流速、发酵液的物理化学性质、泡沫状态、空气分布器形状和发酵罐的结构等。根据实际生产管理经验,可得出如下基本结论:

a.提高搅拌效率,可提高液相体积氧传递系数(kLa)。

b.适当增加通风量,同时提高搅拌效率,这样,既可加大空气流速,又可减小气泡直径,从而可提高 kLa。

c.适当提高罐压并采用富集氧的方法,可提高氧分压,进而提高 kLa。

d.在可能的情况下,尽量降低发酵液的浓度和黏度,可提高 kLa。

e.采用机械消泡或化学消泡剂,及时消除发酵过程中产生的泡沫,可降低氧在发酵液中的传质阻力,从而提高 kLa。

f.采用径高比小的发酵罐或大型发酵罐进行发酵,可提高 kLa。

4)基质浓度对发酵过程的影响及补料的控制

(1)基质浓度对发酵的影响

基质的种类和浓度与发酵代谢有密切关系。选择适当的基质和控制适当的浓度,是提高代谢产物产量的重要方法,过高或过低的基质浓度对微生物的生长都将产生不利影响。

基质浓度对产物形成的影响同样很大。高浓度基质会引起碳分解代谢物阻遏现象,并阻碍产物的形成。另外,基质浓度过高,发酵液非常黏稠,传质状况很差,通气搅拌困难,发酵难以进行。因此,现代发酵工厂很多都采用分批补料发酵工艺。分批补料发酵工艺还经常作为纠正异常发酵的一个重要手段。

(2)补料的控制

补料是指发酵过程中补充某些维持微生物的生长和代谢产物积累所需要的营养物质。补料的方式有很多种情况,有连续流加、不连续流加或多周期流加等。

发酵中途补料起到了重要的作用,如丰富了培养基,避免了菌体过早衰老,使产物合成的旺盛期延长;控制了 pH 值和代谢方向;改善了通气效果,避免了菌体生长可能受到的抑制;发酵过程中因通气和蒸发,使发酵液体积减少,因此补料还能补足发酵液的体积。

补料的物质包括碳、氮、水及其他物质。碳源有葡萄糖、饴糖、蔗糖、糊精、淀粉、作为消泡剂的油脂等;氮源有蛋白胨、花生饼粉、玉米浆、尿素等。

优化补料速率是补料控制中十分重要的一环。因为养分和前体需要维持适当的浓度,而它们则以不同的速率被消耗,所以补料速率要根据微生物对营养物质的消耗速率及所设定的培养液中最低维持浓度而定。

5）泡沫对发酵过程的影响及控制

（1）泡沫对发酵的影响

过多的持久性泡沫会对发酵产生很多不利的影响，主要表现为：使发酵罐的装填系数减少，发酵罐的装填系数（料液体积/发酵罐容积）一般取 0.7 左右。通常充满余下空间的泡沫约占所需培养基的 10%，且配比也不完全与主体培养基相同；造成大量逃液，导致产物的损失；泡沫"顶罐"，有可能使培养基从搅拌轴处渗出，增加了染菌的机会；影响通气搅拌的正常进行，妨碍微生物的呼吸，造成发酵异常，导致最终产物产量下降；使微生物菌体提早自溶，这一过程的发展又会促使更多的泡沫生成；消泡剂的加入有时会影响发酵或给提炼工序带来麻烦。因此，控制发酵过程中产生的泡沫，是使发酵过程顺利进行和稳定、高产的重要保障。

（2）发酵过程中泡沫的消除与控制

化学消泡是一种使用化学消泡剂进行消泡的方法。其优点是消泡效果好，作用迅速，用量少，不耗能，也不需要改造现有设备，这是目前应用最广的消泡方法。缺点在于可能增加发酵液感染杂菌的机会，也会增加下游工段的负担。

发酵工业上常用的化学消泡剂主要有：天然油脂类，包括花生油、玉米油、菜籽油、鱼油等；聚醚类，包括 GPE、PPE、SPE 等；醇类，包括聚二醇、十八醇等。

物理消泡法就是利用改变温度和培养剂的成分等方法，使泡沫黏度或弹性降低，从而使泡沫破裂，这种方法在发酵工业上较少应用。

机械消泡就是靠机械力打碎泡沫或改变压力，促使气泡破裂。消泡装置可以安装在罐内或罐外。机械消泡的优点在于不需要引进外界物质，从而减少杂菌的机会，节省原材料和不会增加下游工段的负担；缺点是不能从根本上消除泡沫成因。机械消泡主要装置类型有耙式消泡器、涡轮式消泡器、离心式消泡器等。

6）其他因子的在线控制

除了以上涉及的各种控制措施外，还可以对影响菌体生长和产物形成的某些化学因素进行连续的监测，即在线监测，以保证发酵过程控制在良好的水平上。目前，已发展了许多与此相关的技术。

（1）离子选择性传感器

可以利用离子选择性传感器来测定 NH_4^+、Ca^{2+}、K^+、Mg^{2+}、PO_4^{3+} 的浓度，从而对发酵过程进行监测和控制。然而，这类传感器的不足是对加热蒸汽灭菌极为敏感。

（2）酶电极

选择一种与 pH 值或与氧变化有关的酶，并将它包埋在 pH 值电极中或与电极紧密接触的膜上，形成一支酶电极，来测定培养基中一些营养成分的浓度，用于控制发酵。

（3）微生物电极

当前，已经建立了包埋全细胞的微生物电极来进行在线监测，这种微生物电极已应用于糖、乙酸、乙醇等的发酵控制中。

（4）质谱仪

质谱仪能够监测气体分压（O_2、CO_2 等）和挥发性物质（甲醇、乙醇、简单有机酸等），已经在发酵食品等行业中广泛使用，而且全过程的响应时间很短，约 10 s 左右，故可用于在线分析。

（5）荧光计

细胞内的 NAD 浓度通常是保持恒定的，因此，利用荧光技术测定连续培养系统中细胞内 NAD-NADH 的水平，就可能有在原位跟踪细胞摄取葡萄糖的效果。最近，人们已研制出一种小型的、能装入发酵器监测 NADH 且可以灭菌的设备，这种在线监测具有高专一性、强敏感性和稳定性好等特点。

发酵条件和过程控制还包括设备及管道清洗与消毒的控制等。由于发酵罐的容量正在逐步增大，同时工艺越来越复杂，所用的管道也越来越复杂，所以过去的很多清洗方法已不适用，必须采用自动化的喷洗装置等设备。应用较多的是 CIP 清洗系统，即内部清洗系统。

任务 3.2　马铃薯-葡萄糖培养基的配制技术

1）实训目的

理解培养基制备的基本原则，掌握 PDA 培养基制备的基本方法和操作技术。

2）实训材料、仪器

马铃薯 200 g，葡萄糖 20 g，琼脂 15 ~ 20 g，水 1 000 mL。

3）实训步骤

（1）材料的准备

按配方准确称量各营养物质。然后将马铃薯去皮、挖掉芽眼后称量 200 g，切成 1 cm 见方的小块。琼脂剪碎后用水浸泡备用。

（2）熬制及定容

将切好的马铃薯块加 1 000 mL 水后放入电饭锅中，煮至酥而不烂。立即用双层纱布过滤，取滤汁，放在电饭锅中加入葡萄糖。在沸腾状态下加入琼脂，不断搅拌，直到琼脂完全融化为止，定容至 1 000 mL。

（3）分装

用试管架分装，培养基的分装量为试管长度的 1/5 ~ 1/4，培养基不能沾污试管口（图 3.1）。

（4）包扎

培养基分装结束后，试管应立即塞棉塞，棉塞松紧适度，1/3 在管外，2/3 在管内。7 ~ 10 支试管捆在一起，棉塞上包好防水纸，直立放入高压灭菌锅中。

（5）高压灭菌

将装入了培养基的试管在锅中 1.0 ~ 1.5 kg/cm^2 压力下维持 20 ~ 30 min。灭菌过程中应排除冷空气。

（6）制作斜面

灭菌结束后，锅盖开 1/5 的小缝，用余热烘干报纸和棉塞，然后在工作台面上摆斜面（图 3.2），斜面长是试管总长的 1/2 ~ 2/3。

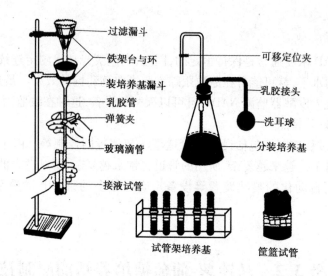

图 3.1　分装试管的装置

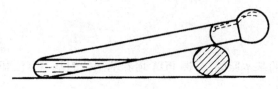

图 3.2　摆平面

（7）检验及保存

经过无菌检查后放入 5~7 ℃冰箱中保藏备用。

4）注意事项

在高压灭菌过程中采用两次排除冷空气的方法，可以有效地保证灭菌效果。

 知识链接)))

食品环境中的极端微生物

自然界中，一些在以前被人们认为是生命禁区的高温、低温、高酸、高碱、高压或高辐射强度等极端恶劣环境中仍然生活着微生物，它们统称为极端环境微生物或简称为极端微生物。

1）嗜盐微生物

嗜盐微生物指那些一定浓度的盐为菌体生长所必需，且只有在一定浓度的盐溶液中才生长得好的菌类。嗜盐菌也常出现在高盐食物中，如腌鱼、海鱼和咸肉。近年来，我国陆续从进口咸鱼、海鱼中分离出嗜盐性弧菌，有关咸鱼中毒事件也时有发生。

某些嗜盐菌体内含有丰富的类胡萝卜素等成分，有望用于开发保健食品。嗜盐菌在高盐污水处理方面也将发挥重要作用。

2）嗜热微生物

嗜热微生物生长的环境有热泉（温度可达100 ℃）、草堆、地热区土壤及海底火山附近等。细菌是嗜热微生物中最耐热的。1983 年，在太平洋底部发现的可生长在250～300 ℃高温、高压下的嗜热菌更是生命的奇迹。

在食品加工环境中，嗜热微生物可存在于排放冷却水中，也可以残存于经过高温灭菌牛乳或其他食品中。食品加工中最重要的嗜热菌有芽孢杆菌属和梭状芽孢杆菌属。

在基因工程中，嗜热微生物可为基因工程菌的建立提供特异性基因。从嗜热菌中提取出来的一些耐高温酶类，如DNA 聚合酶，也是生物工程不可缺少的重要工具。在发酵工业中，可以利用嗜热微生物耐高温特性，提高反应温度，增大反应速度，减少中温杂菌污染的机会。

3）嗜冷微生物

嗜冷微生物主要分布于极地、冰窖、高山、深海、冷冻土壤等处，现在发现的嗜冷微生物主要有针丝藻和微单胞菌等。

嗜冷微生物根据其生长温度特性可分为两类：一类是必须生活在低温条件下且最高生长温度不超过20 ℃，最适生长温度在15 ℃，在0 ℃可生长繁殖的微生物称之为嗜冷菌。另一类其最高生长温度高于20 ℃，最适生长温度高于15 ℃，在0～5 ℃可生长繁殖的微生物称之为耐冷菌。耐冷菌比嗜冷菌分布更加广泛，可从储存在冰箱中的肉、奶、蔬菜和水果中分离得到。

耐冷菌的存在往往是造成低温保藏食品腐败的主要根源。在0～7 ℃之间，主要是革兰氏阴性菌如单核李斯特菌、沙门氏菌、微单胞菌和弧菌等造成食品的腐败和变质；在低于－18 ℃的冻藏温度下，酵母和霉菌比细菌更有可能生长。在食品中，微生物生长的最低温度记录是－34 ℃，它是一种红色酵母。

嗜冷微生物在工业和日常生活中具有许多潜在的应用价值。一是低温发酵可生产出许多风味食品，且可节约能源及减少嗜温菌的污染；二是分离自嗜冷菌的脂酶、蛋白酶等在食品工业和洗涤剂中具有巨大潜力；三是从海洋嗜冷菌分离的生物活性物质可用于医药和食品等。

4）耐辐射微生物

从以杀菌为目的进行辐射处理的食品、饲料等样品中，可分离得到各种耐辐射细菌。我国就曾报道在放射性元素环表面有抗辐射细菌的存在。

耐辐射微生物只是对高辐射环境具有耐受性，而不对辐射有特别嗜好。研究耐辐射微生物，一是可能为解决日益严重的因辐射过量所致疾病的治疗提供新的线索；二是辐射灭菌已被确定为一种理想的冷杀菌方式，而耐辐射菌是辐射保藏食品腐败的主要原因。

微生物分析及相关技术

微生物的分析检测包括定量和定性两个方面。定量是指微生物的总体数量的检测；定性则是指根据微生物表现出的各种形状特征，对微生物的种类进行分类鉴别。

1)传统微生物检测技术

（1）分离纯化

从混杂的微生物群体中获得只含有一种或某一株微生物的过程,称为微生物的分离纯化。平板分离法普遍用于微生物的分离与纯化,选择适合待测微生物生长的条件,或加入抑制剂造成只利于该微生物生长的环境,从而淘汰不需要的微生物。

（2）菌落计数法

菌落计数法是把定量样品中的微生物经过稀释后接种于固体培养基上,经过培养,根据培养基上出现的菌落数检测样品中的微生物含量。由于只有活细胞才能在培养基上形成菌落,因此该法属于活菌计数法。

标准平板计数法是食品工业中检测菌落形成单位数量的最常用的方法。

（3）显微镜直接计数法（又称全数法）

显微镜直接计数法可以分为两类:一类称为涂片染色法,即将已知体积的待测材料均匀地涂布在载玻片的已知面积上,经过固定染色后,在显微镜下计算染色涂片上的细菌数。另一类则称为计数器测定法,即用特制的细菌计数器或血球计数器进行计数。

（4）形态学特征

形态学特征可以分为个体特征和群体特征两个大类。个体特征主要是指微生物个体的情况,如细菌细胞的构造、革兰氏染色反应、能否运动、有无芽孢和荚膜、芽孢的大小和位置、放线菌和真菌的繁殖器官的形状、构造,孢子的数目、形状、大小、颜色,等等。

群体特征通常是指微生物在一定的固体培养基上生长的菌落特征,主要包括外形、大小、光泽、黏稠度、透明度、边缘、隆起情况、质地、气味,等等。

（5）生理生化反应特征

微生物的生理生化反应特征一是包括对各种碳源、氮源的利用能力,能量的来源,对生长因子种类和数量的要求,等等。二是主要测定微生物在生长过程中产生的某类特殊的生成物。如在细菌鉴定时常测定被检测菌是否产生硫化氢、吲哚、醇,能否还原硝酸盐,能否使牛奶凝固,等等。

2)现代微生物检测技术

（1）微量生化系统检测

自20世纪70年代以来,国内外陆续出现了许多简便的生化试验方法,这些方法的特点是具有快速性、准确性、微量化和操作简便等优点。在微量生化试验的基础上再配制一套由计算机编码的细菌鉴定手册,就可以对某类细菌进行大量的菌种鉴定工作。如国外商品化的 API-20、Enterotube 等,国内上海市卫生防疫站建立的 SWF(A)发酵性革兰氏阴性杆菌鉴定系统,也取得了良好的使用效果。

（2）放射测量法

根据细菌在生长繁殖过程中代谢碳水化合物产生 CO_2 的原理,把微量的放射性 ^{14}C 标记引入碳水化合物或盐类等底物分子中,细菌生长时,这些底物被利用并释放出放射性的 $^{14}CO_2$,然后通过自动化放射测定仪器测量 $^{14}CO_2$ 的含量,从而根据 $^{14}CO_2$ 含量的多少来判断细菌的数量。

（3）基因芯片

基因芯片又称 DNA 微列阵，是指将许多特定的寡居核苷酸片段或基因片段作为探针，有规律地排列固定于支持物上形成的 DNA 分子列阵。芯片与待测的荧光标记样品的基因按碱基配对原理进行杂交后，在通过激光共聚焦荧光监测系统等对其表面进行扫描，即可获得样品分子的数量和序列信息。它主要是基于近年来的一种全新的 DNA 测序方法之一的杂交测序法应运而生的。

（4）凝集反应

细菌、血细胞等颗粒性抗原悬液中加入相应抗体，在适量电解质存在的条件下，抗原抗体发展特异性结合，进一步凝集成肉眼可见的小块，称为凝集反应。利用凝集反应，从而可以用已知抗血清检测未知的抗原，等等。

动物实验模型

实验动物在食品微生物学的研究中具有重要地位。利用实验动物可以进行食品病原菌的分离鉴定、毒力的检测、分型等工作。同时，也能对食品微生物所产生的功能因子等进行生物学效应的测定等研究。

1）食物中毒性细菌、毒素的动物检测

食物中毒菌是指食物中的中毒性细菌，如沙门氏菌、致病性大肠杆菌、魏氏梭菌、蜡样芽孢杆菌、副溶血性弧菌、金黄色葡萄球菌、肉毒梭菌等和它们所产生的毒素。在各种食物中毒中，细菌性食物中毒的比例是最高的，属于最常见的食物中毒。

（1）金黄色葡萄球菌肠毒素的动物测定法

将从食品中分离的菌株的肉汤培养物滴数滴于杜尔曼培养基上，置 10% CO_2 环境中，37 ℃培养 72 h，于培养基中加入无菌生理盐水 10 mL，捣碎琼脂成粥状，然后离心 1 h，3 000 r/min，除去琼脂和细菌，取上清液置沸水中加热 30 min。

选体重 350~550 g 的幼猫，腹腔注射上述培养液 3~5 mL。4 h 内，幼猫出现不适，呕吐，腹泻或体温升高，或出现死亡现象。也可口服 10~15 mL 滤液，结果相同。

（2）副溶血性弧菌的动物检测法

将符合副溶血性弧菌生化反应的菌株接种在 3.5% 氯化钠胨水中培养 16~18 h，小鼠腹腔注射 0.3 mL，观察 2~3 d，死亡小鼠剖检和分离培养。测定毒力时，可按不同计量（0.3 mL，0.1 mL，0.03 mL，0.01 mL）接种小鼠腹腔，每个计量接种 3 只小鼠，观察发病及死亡情况。

2）食物感染性微生物的动物检测法

某些病原微生物在食品的生产加工过程中带入，在人们食用时可引起食物感染。较为常见的有单核细胞增多性李氏杆菌、炭疽芽孢杆菌、结核分支杆菌、布氏杆菌、猪丹毒杆菌等。

（1）单核细胞增多性李氏杆菌小鼠毒力试验

将食品中分离的菌株接种到 10 mL 胰酪胨大豆酵母浸膏肉汤中，35 ℃培养一天，离心取上清液。腹腔注射小鼠，观察一周内小鼠死亡情况。

（2）炭疽芽孢杆菌动物试验

用被检样品悬液或肉汤培养物0.1～0.2 mL,接种于小鼠皮下,接种后18～96 h,小鼠发病死亡。剖检时,在接种部位皮下,可见有严重的胶样浸润。再取小鼠的心血做涂片染色镜检和分离培养鉴定。

（3）布氏杆菌动物试验

选择300～450 g豚鼠2只,采血分离血清,做试管凝集反应,阴性者可使用。取血清、乳汁等待检样品3 mL,制成生理盐水悬液3 mL,注入豚鼠皮下。4周后,采血清2～5 mL,分离血清,做试管凝集反应,阳性者,剖检取肝脏、淋巴结等做细胞学试验。

3）真菌毒素的动物试验

（1）常见食品真菌产毒培养方法

常见的方法可举例如下,如黄曲霉毒素,将产毒菌株制成悬液,接种在葡萄糖硝酸铵培养基或大米培养基中,于28 ℃温箱中培养20 d即可。如T-2毒素,将产毒菌种接种在PSC(察氏培养基中附加1%蛋白胨)中,于8 ℃培养30 d,即可获得大量T-2毒素。

（2）家兔皮肤试验

关于家兔皮肤试验,需注意三点。一是毒素的提取。取干燥真菌培养物200～300 g,装入洁净的500 mL玻璃三角瓶中,随后加入乙醚(分析纯)至淹没检样1 cm左右,盖紧瓶塞,在振荡器上振荡30 min,然后用滤纸将乙醚提取液滤出,弃残渣,再将乙醚挥干,即可获得油状的粗制毒素。对照提取物用玉米面依上法照样提取。

二是毒素的测定。在家兔的胸或腹部两侧,用剃刀细心将毛剃光(切勿剃伤皮肤),剃毛面积约为4 cm²,然后将粗制毒素和对照提取物分别用棉花涂于剃光的两侧皮肤上,每天涂抹两次,共涂3 d,观察结果。

三是结果判断。在判断结果时,要与对照涂抹部位仔细比较,一般轻度充血,可视为疑似(±);局部严重充血者(+);局部呈现红肿者(++);局部发生坏死至后期结痂者(+++)。上述方法适用范围是镰刀菌毒素测定。

其他还有多种真菌毒素的动物试验方法,如小白鼠皮下注射法、小鼠灌胃法、鸭雏灌胃试验法等,这里就不一一介绍。

思考题)))

1.简述选用和设计培养基的原则和方法。

2.简述发酵控制过程的主要对象及控制条件。

3.简述马铃薯-葡萄糖培养基的配制过程及容易出现的操作失误。

项目4
消毒与灭菌技术

知识目标

◎了解消毒与灭菌的基本概念,了解超高压杀菌、超高压脉冲电场杀菌、脉冲强光杀菌、微波杀菌、臭氧杀菌及放射线杀菌等低温杀菌技术的基本原理及应用范围。

◎理解紫外线杀菌、干热灭菌、高压蒸汽灭菌、间歇灭菌、巴氏消毒等湿热灭菌方法及超声波灭菌和各种化学灭菌的基本原理。

◎掌握干热灭菌、高压蒸汽灭菌、紫外线灭菌以及常用化学消毒剂的使用范围。

能力目标

◎能够进行食品微生物实验室玻璃器皿的洗涤,熟练进行培养皿、吸管等食品微生物检验用玻璃器皿的包扎。

◎能够根据灭菌对象选择适当物理或化学灭菌方法。

◎能够熟练运用电热干燥箱、高压蒸汽灭菌器、紫外灯等仪器对相应的灭菌对象进行灭菌。

任务4.1 理论基础

自然状态下的物品、土壤、空气及水中都含有各种微生物。在食品微生物研究及利用过程中,不能有杂菌污染,需要对所用的物品、培养基包括环境等进行严格处理,以消除有害微生物的干扰。

控制有害微生物,需了解下列一些基本概念。

1)灭菌

采用强烈的理化因素,使任何物体内外部的一切微生物(包括芽孢和真菌的孢子)永远丧失其生长繁殖能力的措施,称为灭菌,如各种高温灭菌措施等。经过灭菌的物品称为"无菌物品"。灭菌可分为杀菌和溶菌。杀菌是指菌体失活,但菌形尚存。溶菌是指菌体死亡后发生溶解、消失。

2)商业无菌

商业无菌指食品经过适度的杀菌后,不含有致病性微生物,也不含有在通常温度下能在其中繁殖的非致病性微生物。

3)消毒

消毒就是采用较温和的理化因素,杀死物体表面或内部的病原微生物,而对被消毒的物体基本无害的措施。例如对啤酒、牛奶、果汁和酱油等进行的巴氏消毒法等。

4)防腐

防腐就是利用某种理化因素抑制微生物的生长繁殖,使微生物暂时处于不生长、不繁殖、但又未死亡的状态,属于一种抑菌作用,是防止食品腐败的有效措施。防腐的措施很多,主要有低温、缺氧、干燥、高渗、高酸度及添加防腐剂等。

5)除菌

除菌是一种用机械的方法,如过滤、离心分离、静电吸附等,除去液体或气体中微生物的方法。

6)无菌

无菌就是指环境及物品中无活微生物检测出。

7)抑菌

抑菌就是利用某些物质或因素来抑制微生物的生长繁殖。

8)杀菌

杀菌就是某些物质或因素具有杀灭微生物的作用。

9)化疗

利用对病原菌具有高度选择毒力,而对机体本身无毒害作用的化学物质,杀死或抑制病原微生物的方法称为化学治疗,简称化疗。各种抗生素、磺胺类药物等都是常用的化学治疗剂。

消毒灭菌主要利用物理或化学因素。各种理化因子究竟能起到灭菌、消毒、防腐中的哪种效果,主要取决于理化因子本身的强度或浓度、作用时间、微生物对其敏感性及菌龄等综合因素。在实际中,我们无论采用哪一种控制有害微生物的方法,都应做到既要杀死有害微生物,又不破坏物体的基本性质。目前,食品工业中采用的消毒与灭菌技术主要包括各种冷杀菌技术、高温杀菌及化学杀菌技术等。

4.1.1 低温杀菌技术

近年来,为了更大限度保持食品本身的固有品质,一些新型的灭菌技术——冷杀菌技术(如超高压杀菌、超高压脉冲电场杀菌、脉冲强光杀菌、放射线杀菌等)受到了国内外食品行业的极大关注,成为21世纪食品工业研究和推广的重要高新技术之一。

冷杀菌技术即低温杀菌技术,是在食品温度不升高或升高很低的条件下进行杀菌。与传统的热杀菌比较,冷杀菌可弥补热杀菌的不足,能最大限度地保持食品功能成分的生理活性及原有的色香味及营养成分,是一种安全高效的新型杀菌技术。

1)超高压杀菌技术

超高压杀菌是将食品物料以某种方式包装以后,放入液体介质(通常是食用油甘油与水的乳液)中,在100~1 000 MPa压力下作用一段时间后,使之达到灭菌要求。其基本原理是利用压力对微生物的致死作用,主要是通过破坏其细胞壁、使蛋白质凝固、抑制酶的活性和DNA等遗传物质的复制等来实现。

采用超高压技术,在400~600 MPa的压力下,能杀死食品中几乎所有的细菌、霉菌和酵母菌。这种经超高压处理过的食品避免了一般高温杀菌带来的不良变化,口感好,色泽天然,安全性高,保质期长。但该技术不能连续生产,只能分批运用。超高压杀菌可能引起果蔬在极限压力下变形或状态明显改变,因此主要用于没有固定形状的果蔬制品。

2)超高压脉冲电场杀菌技术

超高压脉冲电场杀菌是采用高压脉冲器产生的脉冲电场进行杀菌的方法。其基本过程是用瞬时高压处理放置在两极间的低温冷却食品。其机理基于细胞膜穿孔效应、电磁机制模型、电解产物效应、臭氧效应等假设。其作用主要有脉冲电场和磁场的交替作用和电离作用两种。

(1)脉冲电场和磁场的交替作用

脉冲电场产生磁场,细胞膜在脉冲电场和磁场的交替作用下,通透性增加,振荡加剧,膜强度减弱从而使膜破坏,膜内物质容易流出,膜外物质容易渗入,细胞膜的保护作用减弱甚至消失。

(2)电离作用

电极附近物质电离产生的阴阳离子与膜内生命物质作用,阻碍了膜内正常生化反应和新陈代谢等过程进行的同时,液体介质电离产生臭氧的强烈氧化作用,使细胞内物质发生一系列的反应。通过电场和电离的联合作用,杀灭菌体。

超高压脉冲电场杀菌可保持食品的新鲜及其风味,营养损失少。但因其杀菌系统造价高,制约了它在食品工业上的应用,且超高压脉冲电场杀菌在黏性及固体颗粒食品中的应用还有待进一步研究,因此在食品工业中应用较少。

3）脉冲强光杀菌技术

脉冲强光杀菌是采用脉冲的强烈白光闪照方法进行灭菌。它通过惰性气体发出与太阳光谱相反、但强度更强的紫外线至红外线区进行杀菌。使用高强度白光的极短脉冲,杀死食品表面的微生物。该高强度的白光类似阳光,但仅以几分之一秒的速度反射出来,比阳光更强,能迅速杀死细菌。脉冲强光下使微生物致死作用明显,可进行彻底杀菌。在采用脉冲强光杀菌操作时对不同的食品、不同的菌种,需控制不同的光照强度与时间。脉冲强光杀菌技术在食品工业中可用于延长以透明物料包装的食品的保鲜期。

4）臭氧杀菌技术

臭氧的氧化力极强,仅次于氟,能迅速分解有害物质,杀菌能力是氯的 600 ~ 3 000 倍,分解后迅速还原成氧气。

臭氧杀菌作用机制可归纳为以下几种。

①作用于细胞膜,导致细胞膜的通透性增加、细胞内物质外流,使细胞失去活力。

②使细胞活动必需的酶失活。这些酶既有基础代谢的酶,也有合成细胞重要成分的酶。

③破坏细胞质内的遗传物质或使其失去功能。臭氧杀灭病毒是通过直接破坏 RNA 或 DNA 完成的;而杀灭细菌、霉菌类微生物则是先作用于细胞膜,使其构成受到损伤,导致新陈代谢障碍并抑制其生长,臭氧继续渗透破坏膜内组织,直至其死亡。

臭氧水是一种广谱杀菌剂,它能在极短时间内有效地杀灭大肠杆菌、蜡杆菌、痢疾杆菌、伤寒杆菌、流脑双球菌等一般病菌以及流感病毒、肝炎病毒等多种微生物。可杀死和氧化鱼、肉、瓜果蔬菜等食品表面能产生异常变化的各种微生物和果蔬脱离母体后继续进行生命活动的微生物,加速成熟乙烯气体,延长保鲜期。

5）紫外线杀菌技术

紫外线是一种短光波,波长范围是 136 ~ 397 nm,具有较强的杀菌和诱变作用,其中波长为 265 ~ 266 nm 的紫外线杀菌力最强。紫外线主要作用于细胞的 DNA,能使相邻的胸腺嘧啶(T)形成二聚体,使 DNA 链发生断裂或交联,因而导致微生物死亡。同时紫外线还可使 O_2 发生电离,最终形成具有杀菌作用的臭氧。

微生物对于不同波长的紫外线的敏感性不同,紫外线对不同微生物照射致死量也不同。革兰氏阴性无芽孢杆菌对紫外线最敏感,而杀死革兰氏阳性球菌的紫外线照射量需增大 5 ~ 10 倍。

紫外线穿透力弱,所以比较适用于对空气、水、薄层流体制品及包装容器表面的杀菌。近年,随着强力紫外灯开发,对水杀菌装置也高效化,用 253.7nm 紫外线对水照射 6 min 大肠杆菌去除率为 100%,照射 12 min,芽孢杆菌一类高抗性细菌杀灭率达 100%。

6）放射线杀菌技术

放射线同位素放出的射线通常有 α、β、γ 等三种射线,用于食品内部杀菌只有 γ 射线。γ 射线是一种波长极短的电磁波,对物体有较强的穿透力,微生物的细胞质在一定强度 γ 射线下,没有一种结构不受影响,因而使菌体细胞产生变异或死亡。微生物细胞内的核酸代谢环节能被放射线抑制,蛋白质因射线照射作用而发生变性,其繁殖机能受到最大损害。射线照射不会引起温度上升,一般对热抵抗力强的微生物,对放射线的抵抗力也较大。

7)微波杀菌技术

微波是指频率为 300 MHz～300 GMHz 的电磁波。微波杀菌是让微波与物料直接相互作用,将超高频电磁波转化为热能的过程。微波杀菌是微波热效应和生物效应共同作用的结果。微波通过对细胞膜表面的电位分布影响而引起细胞周围电子和离子浓度的变化,从而改变细胞膜的通透性能,使得微生物细胞因此营养不良,不能正常新陈代谢,生长发育受阻碍死亡。微波导致氢键松弛、断裂和重组,从而诱发遗传基因或染色体畸变,甚至断裂。微波杀菌正是利用电磁场效应和生物效应起到对微生物的杀灭作用。采用微波装置在杀菌温度、杀菌时间、产品品质保持、产品保质期及节能方面都有明显的优势。德国内斯公司研制的微波室系统,加热温度为 72～85 ℃,时间为 1～8 min,杀菌效果十分理想,特别适用于已包装的面包、果酱、香肠、锅饼、点心以及贮藏中杀灭虫、卵等。微波处理的食品保质期达 6 个月以上。

目前,我国食品工业中大多采用热杀菌技术,致使产品质量、档次不高,因此要加速我国食品生产技术更新,提高产品档次及国际市场竞争力,就必需采用更为适当的食品杀菌技术。而冷杀菌技术在未来食品工业中将起到重要作用,并将带动整个食品行业的发展。

4.1.2　高温杀菌技术

由于微生物对高温较敏感,所以可采用高温进行杀菌,又称热力灭菌。

高温杀菌的基本原理是高温导致微生物的蛋白质、核酸等重要生物高分子发生变性和破坏。根据热能的来源不同,高温杀菌可分为干热灭菌和湿热杀菌两种方法。

1)干热灭菌

干热灭菌是一种利用火焰或热空气杀死微生物的方法,一般适用于不怕火烧或烘烤的金属制品和玻璃器皿。干热灭菌具有简便易行的优点,但使用范围有限。

（1）灼烧法

灼烧法是将灭菌物品在酒精灯火焰上灼烧至红热,使所带微生物碳化成灰。这是一种最简便快捷的干热灭菌法。但仅适用于体积较小的玻璃或金属器皿,如各种金属制的小工具、试管口、玻璃棒等。

（2）烘烤法

在烘箱中利用热空气进行灭菌的方法称为烘烤法。由于空气的传热性能及穿透力不及饱和蒸汽,加之菌体在干热脱水条件下不易被热能杀死,所以烘烤灭菌需要较高的温度和较长的时间。烘烤法适用于体积较大的玻璃、金属器皿及其他耐干燥物品的灭菌,如培养皿、三角瓶、吸管、烧杯及比较大的金属工具。

在进行烘烤灭菌时,将包装好的待灭菌物品均匀放入烘箱内,打开箱顶通气孔,以排除烘箱内湿空气。接通电源,待箱温达到 100～105 ℃时关闭通气孔,让箱温继续升至 160～170 ℃,控制温度调节器,维持恒温 2 h 后关闭电源,待箱温自然降至 60 ℃以下时,方可取出被灭菌的物品。进行烘烤灭菌时,升温或降温不能过急;烘箱内温度不能超过 180 ℃,以免将包装纸和棉花烤焦而引起燃烧；灭菌后的物品应随用随打开包装纸。

表4.1　菌体蛋白凝固温度与其含水量的关系

蛋白含水量/%	凝固温度/℃	灭菌时间/分
50	56	30
25	74～80	30
18	80～90	30
6	145	30
0	160～170	30

（引自薛泉宏,微生物学,2000）

表4.2　干热灭菌与温热灭菌穿透力的比较

加热方法	热传导介质	温度/℃	加热时间/h	透过布层的温度/℃			结　果
				20 层	40 层	100 层	
干热	空气	130～140	4	85	72	70 以下	灭菌不完全
温热	水和蒸汽	105.3	3	102	102	101.5	灭菌完全

（引自薛泉宏,微生物学,2000）

2）湿热杀菌

湿热杀菌是一种用煮沸或饱和热蒸汽杀死微生物的方法。湿热杀菌与干热灭菌相比，具有灭菌温度较低和灭菌时间较短的优点。因为热蒸汽的穿透力强，同时在湿热条件下菌体蛋白质的含水量增加，蛋白质的凝固点会随含水量的增加而降低。此外，湿热杀菌的范围也比干热灭菌广。所以，湿热杀菌法比干热灭菌更有效。多数细菌和真菌的营养细胞在60 ℃左右处理5～10 min 后即可杀死；酵母菌和真菌的孢子稍耐热些，要用80 ℃以上的温度处理才能杀死；而细菌的芽孢最耐热，一般要在120 ℃下处理15 min 才能杀死。

（1）高压蒸汽灭菌

在高压锅内，利用高于100 ℃的水蒸汽温度杀死微生物的方法称为高压蒸汽灭菌。其原理是水的沸点随水蒸汽压力的增加而升高，而加大压力是为了提高水的沸点。这是一种应用最广，效率最高的灭菌方法。

高压蒸汽灭菌采用的灭菌压力和时间应因被灭菌物品而异。通常灭菌的压力为104 kPa，温度约为121 ℃，灭菌时间为20～30 min；若高温易破坏的物质，可在115 ℃下维持35 min；若是一些耐高温容积大的物品，一般温度为128 ℃，灭菌时间延长至1～2 h。灭菌时间应从达到要求温度或压力时开始计。

在整个高压灭菌过程中，升压前排尽锅内冷空气是灭菌成功的关键。因为空气是热的不良导体，当高压锅内的压力升高后，冷空气聚集在高压锅中下部，使饱和热蒸汽难与被灭菌的物品接触，冷空气受热膨胀也产生一种压力，这样，虽然压力表的压力值达到要求，但实际上被灭菌的物品的温度却未能达到指标，就会导致灭菌效果不彻底或灭菌失败。

高压锅在使用时,升压降压都不能太急;只有压力降至0时才能打开锅盖;灭菌后的物品不可久放在锅内,以免被冷凝水打湿;灭菌锅内物品不能放置过紧,否则将会影响灭菌效果。

表4.3 高压蒸汽灭菌器中温度与压力的关系

压 力		温度/℃	
MPa	kg/cm²	排除空气	未排除空气
0.04	0.35	109.0	72
0.07	0.70	115.5	90
0.11	1.05	121.5	100
0.14	1.41	126.5	109
0.18	1.76	131.5	115
0.21	2.00	134.6	121

(引自吴金鹏,食品微生物学,2002)

(2)间歇灭菌

间歇灭菌也叫分段灭菌法。其方法是:将待灭菌的培养基在80~100 ℃下蒸煮30~60 min,以杀死其中所有微生物的营养细胞,然后置室温或37 ℃下保温过夜,诱导残留的芽孢发芽,第二天再以同样的方法蒸煮和保温过夜,如此连续重复3次,即可在较低温度下达到彻底灭菌的效果。该法手续麻烦,时间长,一般只适用于不耐热培养基的灭菌,如含糖培养基和含硫培养基等。

(3)煮沸消毒法

将待灭菌的物品放在沸水中保持15~30 min,可以杀死微生物的营养体。若要杀死细菌的芽孢,则需2~3 h。此方法适用于可以浸泡在水中的物品,如一般食品、器材和衣物等。

(4)巴氏消毒法

用于牛奶、果酒、啤酒和酱油等不能进行高温灭菌的液体的消毒,其主要目是杀死其中无芽孢的病源菌(如牛奶中的结核杆菌或沙门氏菌),而不影响它们的风味。巴氏消毒法是一种低温消毒法,具体的处理温度和时间各有不同,一般在60~85 ℃下处理15 s至30 min。具体的方法可分为以下几种:

①低温维持法(LTH),如在60 ℃下保持30 min可进行牛奶消毒。

②高温瞬时法(HTST),用于牛奶消毒时只要在85 ℃下保持15 s即可。

③超高温杀菌技术(UHT)是利用热交换器或直接蒸汽加热,使食品在135~150 ℃温度下,保持几秒或几十秒加热杀菌后,迅速冷却的杀菌方法。该方法杀菌效率高,物料产生的物理、化学变化小,因此,对食品的外观、风味、营养素等几乎没有影响,可以收到很好的灭菌效果。

在实际生产应用中,UHT杀菌法常常和无菌包装技术联系在一起,使食品保持无菌状态,可以无需冷藏而在常温下长期保存。

3）影响热力灭菌的因素

（1）微生物

不同种类微生物对热的抵抗力不同，即使同种类微生物在不同的生长发育阶段对热的抵抗力也不同。

（2）温度与作用时间

无论哪种热力灭菌方法，灭菌温度与作用时间成反比。测定灭菌效果，常用致死温度和致死时间来表示。致死温度指能在 10 min 内杀灭微生物的温度；致死时间指在一定温度条件下杀灭微生物所需的最短时间。

（3）灭菌物品的含菌量

灭菌物品的含菌量（包括营养细胞、芽孢、孢子）越多，杀死最后一个微生物细胞所需的时间就越长，即灭菌时间越长。实践中，由天然原料尤其是麸皮等某物原料配制成的培养基，一般含菌量高，而合成培养基的含菌量较低。含菌量与灭菌时间的关系见表 4.4。

表 4.4　芽孢数目和灭菌时间的关系

芽孢数/(个·mL⁻¹)	在 100 ℃下灭菌时间/min
1.0×10^8	19
7.5×10^7	16
5.0×10^7	14
2.5×10^7	12
1.0×10^6	8
1.0×10^5	6

（引自薛泉宏，微生物学，2000）

（4）灭菌对象的 pH 值

灭菌对象的 pH 值对灭菌效果有较大的影响（表 4.5），pH 值为 6.0～8.0 时微生物不易死亡；pH 值小于 6.0 时，微生物最易死亡。

表 4.5　pH 值对灭菌时间的影响

温度/℃	芽孢数/(个·mL⁻¹)	灭菌时间/min				
		pH6.1	pH5.3	pH5.0	pH4.7	pH4.5
120	1.0×10^4	8	7	5	3	3
115	1.0×10^4	25	12	13	13	—
110	1.0×10^4	70	65	35	30	24
100	1.0×10^4	740	720	180	150	150

（引自薛泉宏，微生物学，2000）

（5）灭菌对象的体积

灭菌对象体积的大小会影响热的传导速率。盛放培养基的玻璃器械（皿）体积的大小对灭菌效果的影响特别明显（表4.6）。

表4.6 不同容量的液体在高压灭菌器内的灭菌时间

容 器	体积/mL	在121~123 ℃下所需灭菌时间/min
三角瓶	50	12~14
	200	12~15
	500	17~22
	1 000	20~25
	2 000	30~35
血清瓶	9 000	50~55

（引自薛泉宏，微生物学，2000）

4.1.3 其他理化因素抑杀菌技术

1）过滤除菌

过滤除菌是利用细菌过滤器来滤除空气或不能加热的液体（如血清、酶等）中的微生物。细菌过滤器上的孔径极小，能使液体或空气从孔径通过，而将细菌和其他悬浮物截留。为提高过滤速度，常用加压法或减压法加速进行。过滤器在使用前，一般需经高压蒸汽灭菌，并以无菌操作法将其安装使用。

2）超声波灭菌

超声波的振动频率在20 000 Hz以上，具有强烈的生物学作用，它可使微生物的菌体细胞破裂。几乎所有的微生物都无法抵抗超声波的破坏，只是各种微生物对超声波的敏感程度不同。球菌较杆菌的抗性强，细菌的芽孢对超声波的抵抗力比繁殖体大。超声波的杀菌效果与其频率、处理时间及细胞大小、形状、数量均有关。一般认为超声波能使微生物细胞内容物受到强烈的震荡而破坏；一般水溶液内经超声波的作用能产生过氧化氢，有杀菌能力；超声波的热效应使细胞的酶受到破坏。也有人认为细胞被裂解是因为液体受高频声波作用时，溶解的气体变为小气泡，小气泡的冲击使细胞破碎。所以，超声波也被用来保藏食品。有人试验800 kHz的超声波可以杀死酵母菌；在0.01%甲醛溶液中的炭疽杆菌经超声波处理5 min后全部死亡；用超声波进行牛乳消毒经15~60 s消毒后牛乳，可以保存5天而不发生酸败。一般消毒乳液若再经超声波处理，在冷藏条件下保存18个月还未发现变质。

因超声波能有裂解细胞的能力，所以可借此来提取细胞的组成物质，如提取细胞内的酶，以供生化研究；提取免疫物质以供血清学研究；提取DNA以供微生物遗传和分类的研究。

3）化学消毒灭菌法

化学消毒灭菌法是利用化学药剂对微生物进行杀灭或抑制。抑制或杀死微生物的化学药物很多,其中有的可以抑制微生物的代谢活动,起抑菌作用;有的可破坏微生物的代谢机制或菌体结构,起杀菌作用。抑菌与杀菌是相对的,通常高浓度时杀菌,较低浓度时抑菌。此外,化学物质的抑菌和杀菌作用还与微生物的敏感性、接触时间长短、温度及所处的环境等有关。

(1)化学表面消毒剂

①酸类。无机酸如 HCl、HNO_3、H_2SO_4 等都有杀菌作用,主要是高浓度的氢离子能引起微生物菌体中蛋白质和核酸水解,并使酶失去活性。有机酸如甲酸、乳酸、醋酸的杀菌与其整个分子的作用机制有关。

一些有机酸能抑制微生物(尤其是霉菌)酶和代谢的活性,常加在食品、饮料或化妆品中以防止霉菌等微生物的生长。山梨酸及其钾盐常用于酸性食品(如乳酪)的保存;苯甲酸及其钠盐常用于其他酸性食品和饮料中。

②碱类。碱能在水中电离为 OH^- 和金属离子。氢氧根离子的浓度与碱类的杀菌作用有关,其离子浓度越高,杀菌力越强。强碱能水解蛋白质和核酸,破坏微生物的酶系统和结构,引起微生物菌体死亡。一般 G^- 菌对碱较 G^+ 菌敏感,芽孢菌对碱的抵抗力强,病毒对碱也敏感。常用的碱类消毒剂有石灰、$NaOH$、$NaHCO_3$ 等溶液。

③重金属盐类。重金属离子对微生物有毒害作用,特别是 Ag^+、Hg^{2+}、Cu^{2+} 等离子,能与蛋白质的—SH 基结合,使蛋白质发生变性或沉淀,而导致微生物的死亡,因此,可用这些重金属盐类的溶液进行杀菌与消毒。

④氧化剂。K_2MnO_4、H_2O_2、卤素等是常用的氧化剂,它们能释放出游离氧或使其他化合物放出氧,氧化蛋白质的氨基、羟基或其他基团,使其代谢机能发生障碍,导致微生物死亡。如 0.1% K_2MnO_4 溶液用于皮肤、水果、饮具等的消毒,一般在酸性环境中 30 min 内可杀死炭疽芽孢杆菌的芽孢。

⑤有机物质类。醇类、醛类、酚类等有机物能损伤质膜和细胞壁,抑制酶的活性,使蛋白质变性而导致微生物死亡。

酒精是常用的醇类消毒剂,其好的杀菌浓度为75%左右。而高浓度酒精的杀菌作用会减弱,主要原因是高浓度的酒精会在菌体外面形成一层干燥膜,阻碍酒精分子进入细胞内,而影响杀菌效果。

新洁尔灭是一种常用、高效、低毒的消毒剂,它可降低菌体表面张力,使菌体细胞代谢紊乱而死亡。常用0.25%新洁尔灭溶液进行皮肤、小型器皿及空气的消毒。

石炭酸及其衍生物也具有较强的杀菌力,微生物的营养细胞在1%石炭酸溶液中处理5~10 min 便死亡,芽孢则需处理几小时或更长时间才能死亡。来苏尔的杀菌力比石炭酸大四倍。酚类的杀菌机制也是使蛋白质变性。

(2)化学治疗剂

化学治疗剂是一类能选择性地抑制或杀死机体内的病原微生物并可用于临床治疗的特殊化学药剂。化学治疗剂对宿主和病原微生物的作用具有选择性,它们能阻碍病原微生物代谢的某个环节,使其生命活动受到抑制或死亡,而对宿主细胞毒副作用很小,所以可以内用。化学治疗剂主要有抗代谢物和抗生素。

①抗代谢物。有些化合物的结构与生物体所必需的生长因子结构很类似,以致于可以和特定的酶结合,从而阻碍酶的作用,干扰微生物的正常代谢,达到抑制微生物生长的目

的。这些生长因子结构类似物称为抗代谢物,若用于疾病治疗,可称为抗代谢药物。

抗代谢物的种类较多,其中最典型的是磺胺类药物,其核心结构与细菌的生长因子对氨基苯甲酸相似。对氨基苯甲酸主要用于四氢叶酸的合成,四氢叶酸是生物体内一种重要的一碳单位转移的载体,是生物体内合成代谢中不可缺少的重要辅酶。以对氨基苯甲酸为生长因子的细菌,会因为磺胺类药物的存在而不能存活。但人体不能利用对氨基苯甲酸合成四氢叶酸,需体外直接提供四氢叶酸,故磺胺类药物对人体的代谢没有影响。

②抗生素。抗生素是微生物或某些高等动植物在生命活动过程中产生的具有抗病原体或其他活性的一类次级代谢产物及其衍生物,它们在很低浓度时就能抑制或影响他种生物的生命活动。

抗生素通过抑制细胞壁的合成、改变细胞膜的通透性、抑制蛋白质及核酸复制等反应机理抑制或杀死微生物,是目前治疗微生物感染和肿瘤等疾病的常用药物。

表4.7 常用化学杀菌剂应用范围和常用浓度

类 别	名 称	常用浓度	应用范围
醇类	乙醇	70%~75%	皮肤及器械消毒
酸类	硫酸	0.005 mol/L	浸泡玻璃器皿
	乳酸	80%1 mL/m^3	空气消毒(喷雾或熏蒸)
	食醋	3~5 mL/m^3	熏蒸空气、预防流感病毒
碱类	NaOH	4%	病毒性传染病用具浸泡
	石灰水	2%~3%	墙壁、地面、及粪便污染消毒
酚类	石炭酸	3%~5%	空气消毒(喷雾)
	来苏儿	2%~3%	空气、皮肤、器皿消毒
醛类	甲醛(福尔马林)	40%溶液 10 mL/m^3	接种室、培养室熏蒸
重金属离子	升汞	0.5~1 g/L	植物组织表面消毒
	硝酸银	0.1%~1%	皮肤消毒
	硫酸铜	与石灰水配成波尔多液	真菌、藻类杀菌剂
氧化剂	高锰酸钾	0.1%	皮肤、水果、茶具消毒
	过氧化氢	3%	清洗伤口、口腔黏膜消毒
	氯气	0.2~1 ppm	饮用水清洁消毒
	漂白粉	0.5%~1%	饮水及粪便消毒
	过氧乙酸	0.2%	塑料、玻璃、皮肤消毒
表面活性剂	新洁尔灭	1:400 水溶液	皮肤及不耐热的器皿消毒
染料	结晶紫	2%~4%	外用紫药水、浅创口消毒

(引自程丽娟,微生物学实验技术,2000)

任务 4.2   干热灭菌技术

4.2.1   实训目的

了解干热灭菌的原理及应用范围；掌握常用玻璃器皿的包扎方法及干热灭菌的操作技术。

4.2.2   实训材料、仪器

1）材料

培养皿 5 或 10 套，吸管 5 支，涂布棒 2 支，报纸若干，棉花少许。

2）仪器

电热干燥箱，温度计。

4.2.3   实训步骤

1）玻璃器皿的洗涤

（1）新玻璃器皿的洗涤

新购的玻璃器皿含有游离碱，应用 2% 的盐酸溶液浸泡后，再用水冲洗干净。

（2）用过的玻璃器皿的洗涤

盛过液体培养物质或琼脂培养基的玻璃器皿，应先将培养物倒入或刮入废物缸中，另行处理。如果是对人有致病性的培养物，需经过蒸煮灭菌后再行洗涤。

洗涤时使用试管刷，以清水冲洗。如有油脂，可沾肥皂或洗衣粉擦洗后，再以清水冲洗。

（3）吸管的洗涤

吸取过一般液体的吸管，用后浸入盛有清水的高玻璃容器内，勿使管内干燥以减少洗涤的麻烦。吸过菌液的吸管，应先浸入 5% 的石炭酸溶液内，经 5 min 以上灭菌后，再浸入清水中。吸过含油液体的吸管，应先浸入 10% 氢氧化钠溶液中经 1 h 以上，再行清洗。如仍留有油污，则需浸入洗液内，经 1 h 后取出洗涤。

吸管上端管内若塞有棉花时，洗涤前先用针将棉花取出再进行洗涤。

（4）载玻片和盖玻片的洗涤

新载玻片和盖玻片需先在 2% 盐酸溶液中浸 1 h，然后用自来水冲洗，再用蒸馏水换洗两次；也可用 1% 洗衣粉液洗涤。用洗衣粉液洗涤新载玻片时，先将洗衣粉液煮沸，然后将载玻片散开放入煮沸液中，持续煮沸 15～20 min（注意勿使玻片露出液面，以防钙化变质）。

冷却后用自来水冲洗,再以蒸馏水换洗2次。用洗衣粉水洗涤新盖玻片时,将盖玻片散开放入煮沸的洗衣粉液后,保持1 min;待泡沫平下后再煮沸1 min,如此重复2~3次(煮沸时间过长,会使玻片钙化变白易碎)。冷却后用水冲洗,再以蒸馏水换洗。

用过的载玻片和盖玻片,应先用纸擦去油污。放在5%肥皂水(或1%的苏打水)中。煮沸约10 min后,立即用自来水冲洗;然后放入洗涤液(稀配方)中浸泡2 h,再用清水及蒸馏水换洗。

2)玻璃器皿的包扎

培养皿一般根据需要5或10套为一包,用双层报纸包。

吸管在包扎前,应在管口塞入长约1 cm的棉花。然后将吸管尖端放在4~5 cm宽的长纸条的一端,使其与纸条呈45°角卷叠纸条,直至将吸管全部包卷,末端多余的纸条打结,最后再将吸管集中包扎成捆。

涂布棒(玻璃刮铲)的包扎同吸管一样,也要逐个用报纸包裹。

3)干热灭菌

(1)装入灭菌物品

将包扎好的待灭菌物品(培养皿、吸管等)放入电热干燥箱内,关好箱门。

(2)温度设置

接通电源,按下设置按钮或开关,通过调节按钮将温度设置为160~170 ℃,再将测量按钮按下或将开关拨到测量位置,这时温度显示数字逐渐上升(若没有数显,则需用温度计测量),表明开始加热。

(3)恒温

当温度上升到160~170 ℃时,借助恒温调节器的自动控制,保持温度2 h。

(4)降温

切断电源,自然降温。

(5)开箱取物

待电热干燥箱内温度降到70 ℃以下后,打开箱门,取出灭菌物品。

4.2.4　注意事项

(1)干热灭菌过程中,应注意观察温度,防止恒温调节的自动控制失灵而造成安全事故。

(2)电热干燥箱具有可以观察的玻璃窗口,灭菌过程中温度较高,注意避免烫伤。

(3)电热干燥箱内温度未降到70 ℃以前,切勿打开箱门,以免骤然降温导致玻璃器皿炸裂。

4.2.5　实训结果

在干热灭菌操作中应注意哪些问题,为什么?

任务 4.3　高压蒸汽灭菌技术

4.3.1　实训目的

了解高压蒸汽灭菌的原理、使用范围和注意事项。熟悉高压灭菌器的构造,掌握高压蒸汽灭菌技术。

4.3.2　实训材料、仪器

1)实训材料

锥形瓶或试管装牛肉膏蛋白胨培养基。

2)仪器

手提式高压蒸汽灭菌器,立式高压蒸汽灭菌器,电热恒温培养箱。

4.3.3　实训步骤

1)高压蒸汽灭菌器的基本构造

高压蒸汽灭菌器有卧式(图4.1)、手提式(图4.2)及立式(图4.3)等不同类型。其基本构造大致相同。

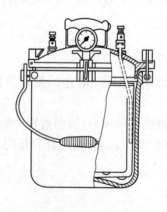

LDZX-50FA　　LDZX-50FAS

图4.1　卧式高压　　　　图4.2　手提式高压　　　图4.3　立式高压
蒸汽灭菌器　　　　　　蒸汽灭菌器　　　　　　蒸汽灭菌器

（1）外锅

供装水发生蒸汽之用，有的灭菌器外锅装有水位玻管用以判断装水量。

（2）内锅

也称为灭菌室，是放置灭菌物品的空间。

（3）压力表

压力表一般有两种单位，压力单位（kg/cm^2、kPa 或 MPa）以及温度单位（℃）。

（4）温度计

（5）排气阀

用于排除冷空气，保证灭菌压力。

（6）安全阀

利用可调节的弹簧控制活塞，超过额定压力时即可自行放气减压。

2）高压蒸汽灭菌器的使用步骤

高压锅的使用步骤一般分为装锅、加热排气、升压、保压和降压。

（1）加水

手提式灭菌器须先将内锅取出，向外锅内加入适量的水，使水面与三角搁架相平。立式灭菌器一般都有水位玻管，将水加至上、下水位线之间。

（2）装锅

放回内锅，将待灭菌的培养基或其他物品疏松摆放其内，盖上锅盖，对角线式拧紧锅盖上的螺旋。

（3）加热排气

用电源或其他热源加热。打开排气阀，待大量热蒸汽冒出约 2 min，完全排净冷空气后再将其关闭。

（4）升压

排气后关闭排气阀，使灭菌器内处于密闭状态。随着热蒸汽的不断增多，锅内蒸汽压也随之加大，温度逐渐上升，直至压力达到所需压力。升压要缓而稳，不能忽快忽慢甚至降压。

（5）保压

待压力升至所需的压力时，调节热源维持恒压直至所需灭菌时间。一般培养基需在 103 kPa（121 ℃）压力下，维持 30 min 左右。不同物品应采用不同的压力和时间。

（6）降压

完成灭菌时间后关闭热源，压力徐徐下降，一定要待压力自然下降至"0"时才能打开排气阀和锅盖，取出灭菌物品。

（7）灭菌效果检查

将取出的灭菌培养基放入 37 ℃恒温培养箱内培养 24 h，经检查若无杂菌生长，即可待用。

4.3.4　注意事项

（1）高压蒸汽灭菌器使用前必须检查水量，以防灭菌锅干烧而引发安全事故。

（2）灭菌过程中，必须完全排尽锅内冷空气，否则会影响灭菌效果。

（3）灭菌结束后,压力一定要降到"0"时,才能打开排气阀,开盖取物。否则就会因锅内压力突然下降,使容器内培养基冲出分装容器,造成棉塞沾染培养基而发生污染,或烫伤操作者。

4.3.5　实训结论

（1）检查培养基高压蒸汽灭菌是否彻底。

（2）高压蒸汽灭菌时,为什么要将锅内冷空气排尽？灭菌结束后,为什么要等压力降至"0"时才能打开排气阀,开盖取物？

（3）使用高压蒸汽灭菌器时,怎样杜绝一切可能导致灭菌不完全的因素？

任务4.4　紫外线灭菌技术

4.4.1　实训目的

了解紫外线灭菌的原理和应用范围;掌握紫外线灭菌的操作技术。

4.4.2　实训材料、仪器

1）实训材料

牛肉膏蛋白胨培养基平板,3% ~5%石炭酸,2% ~3%来苏尔溶液。

2）仪器

超净工作台,紫外线灯,电热恒温培养箱。

4.4.3　实训步骤

1）单用紫外线照射

①在无菌室内或超净工作台内打开紫外灯开关,照射30 min,将开关关闭。

②在经紫外线灭菌后的无菌室内或超净工作台台面上,将牛肉膏蛋白胨平板盖打开15 min,然后盖上皿盖。将平板置于37 ℃恒温培养箱内培养24 h,共做三次重复。

③检查每个平板上的菌落数。如果不超过4个,说明灭菌效果良好,否则,需延长照射时间或同时加强其他措施。

2）化学消毒剂与紫外线照射结合使用

①在无菌室内,先喷洒3% ~5%石炭酸溶液,再用紫外灯照射15 min。

②无菌室内的台面、凳子用2% ~3%来苏尔溶液擦拭,再打开紫外灯照射15 min。

③将牛肉膏蛋白胨平板盖打开15 min，然后盖上皿盖。将平板置于37 ℃恒温培养箱内培养24 h，共做三次重复。

④检查每个平板上的菌落数。

4.4.4　注意事项

①因紫外线对人的眼结膜及视神经有损伤作用，对皮肤有刺激作用，故不能直视紫外灯或在紫外灯下工作。

②由于紫外线灭菌具有光复活现象，因此，采用紫外线灭菌时，应保持黑暗。

4.4.5　实训结论

记录紫外线灭菌效果于表4.8中。

表4.8　紫外线灭菌效果记录表

处理方法	平板菌落数			灭菌效果比较
	重复1	重复2	重复3	
紫外线照射				
3%~5%石炭酸+紫外线照射				
2%~3%来苏尔+紫外线照射				

（引自沈萍，微生物学实验，2007）

 知识链接)))

无菌环境与技术

　　无菌是指不含任何活的微生物。在食品微生物检验时，操作人员必须有严格的无菌观念，许多项目要求在无菌条件下进行，其主要原因：一是防止检验操作中人为污染样品，二是保证检验人员安全，防止检出的致病菌由于操作不当造成个人污染。而要达到无菌的要求，在实验室中主要借助符合规范的无菌室和严格的无菌操作来实现，必要时还需设置生物安全柜。

　　1）无菌室

　　无菌室是微生物检测的重要场所与最基本的设施。它是微生物检测质量保证的重要物质基础。无菌室的使用管理要做好以下工作：

（1）无菌室规范要求

无菌室应采光良好、避免潮湿、远离厕所及污染区。面积一般不超过 10 m²，不小于 5 m²，高度不超过 2.4 m。由 1～2 个缓冲间、操作间组成（操作间和缓冲间的门不应直对），操作间和缓冲间之间应具备灭菌功能的样品传递箱。在缓冲间内应有洗手盆、毛巾、无菌衣裤放置架及挂钩、拖鞋等，不应放置培养箱和其他杂物；无菌室内应六面光滑平整，能耐受清洗消毒。墙壁与地面、天花板连接处应呈凹弧形，无缝隙，不留死角。操作间内不应安装下水道。

无菌操作室应具有空气除菌过滤的单向流空气装置，操作区洁净度 100 级或放置同等级别的超净工作台，室内温度控制在 18～26 ℃，相对湿度 45%～65%。缓冲间及操作室内均应设置能达到空气消毒效果的紫外灯或其他适宜的消毒装置，空气洁净级别不同的相邻房间之间的静压差应大于 5 Pa，洁净室（区）与室外大气的静压差大于 10 Pa。无菌室内的照明灯应嵌装在天花板内，室内光照应分布均匀，光照度不低于 300 lx。缓冲间和操作间所设置的紫外线杀菌灯（2～2.5 w/m³），应定期检查辐射强度，要求在操作面上达 40 uw/m²。不符合要求的紫外杀菌灯应及时更换。

（2）无菌室的使用要求

无菌室的使用要求如下：

①无菌室使用前后应将门窗关紧，如采用室内悬吊紫外灯消毒时，照射时间 30 min，使用紫外灯时，应注意不得直接在紫外线下操作。紫外灯管每隔两周需用酒精棉球轻轻擦拭，除去上面的灰尘，以减少对紫外线穿透力的影响。

②处理和接种食品标本时，进入无菌室操作，不得随意出入。如需传递物品，可通过小窗传递。

③根据无菌室的净化情况和空气中含有的杂菌种类，可采用不同的化学消毒剂。如霉菌较多时，先用 5% 石炭酸全面喷洒室内，再用甲醛氧化熏蒸；如果细菌较多，可采用甲醛与乳酸交替熏蒸。一般情况下，也可酌情间隔一定时间用 2 mL/m³ 甲醛或 2 mL/m³ 丙二醇交替熏蒸。

④无菌室必须严格进行无菌程度的检查。测定无菌室无菌程度一般采用平板法，具体操作是将已灭菌的营养琼脂培养基分别倒入灭菌培养皿内，每皿约 15 mL 培养基，打开皿盖暴露于无菌室内不同的地方，10 min 后，盖好皿盖。将培养皿倒置于37 ℃培养 24 h 后，观察菌落情况，统计菌落数。如果每个皿内菌落数不超过 4 个，则可认为无菌程度好；否则，应对无菌室进一步灭菌，再重复检测。

2）无菌操作要求

无菌操作有以下要求：

①操作人员的个人卫生直接影响无菌操作效果。进入无菌室时，操作人员首先进入缓冲间换上专用的工作服、拖鞋和帽子，再用自来水和肥皂仔细清洗双手，方可进入工作间。进行接种操作前，用 75% 乙醇对手进行消毒。

②接种所用的吸管、培养皿及培养基等必须经过灭菌处理，打开包装后未使用完的器皿，不能放置后再使用，金属用具应进行干热灭菌后使用。

③从包装内取出吸管时,吸管尖部不能接触外露部位;使用吸管接种于试管或平皿时,吸管尖部不得触及试管或平皿边。

④接种样品、转接细菌必须在无菌区内操作,接种细菌或样品时,试管口需经火焰灭菌。

⑤接种环和接种针在接种细菌前应经火焰灼烧全部金属丝及能够伸入试管内的部分;接种烈性致病菌的接种工具应在沸水内煮沸 5 min,再经火焰灼烧灭菌。

⑥吸管吸取菌液或样品时,应用相应的橡皮头吸取,或用移液枪(枪头需经过灭菌),不得直接用吸管口吸。

3)有毒、有菌污物的处理要求

微生物实验所用实验器材、培养物等未经消毒处理,一律不得带出实验室。另外,还应严格按规定处理有毒、有菌污物。

①经培养的污染材料及废弃物应放在严密的容器或铁丝筐内,并集中存放在指定地点,待统一进行高压灭菌。

②经微生物污染的培养物,必须经 121 ℃、30 min 高压灭菌。

③染菌后的吸管,使用后放入 5 %煤酚皂溶液或石炭酸液中,最少浸泡 24 h(消毒液体不得低于浸泡的高度)再经 121 ℃、30 min 高压灭菌。

④涂片染色冲洗片的液体,一般可直接冲入下水道;烈性菌的冲洗液必须冲在烧杯中,经高压灭菌后方可倒入下水道;染色的玻片放入 5 %煤酚皂溶液中浸泡 24 h后,煮沸洗涤;做凝集试验用的玻片或平皿,必须高压灭菌后洗涤。

⑤打碎的培养物,立即用 5 %煤酚皂溶液或石炭酸液喷洒和浸泡被污染部位,浸泡半小时后再擦拭干净。

⑥污染的工作服或进行烈性试验所穿的工作服、帽、口罩等,应放入专用消毒袋内,经高压灭菌后方能洗涤。

思考题)))

1. 有害微生物的控制方法有哪些?

2. 何为冷杀菌技术? 与热力杀菌相比有何优势?

3. 臭氧杀菌作用的机理是什么?

4. 温热灭菌为什么比干热灭菌所需的温度低、时间短?

5. 何为超高温杀菌技术,在食品工业中的应用效果如何?

6. 影响热力灭菌的因素有哪些?

7. 干热灭菌过程中应该注意哪些问题?

8. 高压蒸汽灭菌过程中,应该注意哪些问题?

9. 高压蒸汽灭菌时,灭菌锅内的空气排除度对灭菌效果有何影响?

10. 紫外线灭菌的适用范围是什么,采用紫外线灭菌时应该注意哪些问题?

11. 为何70% ~75%酒精消毒效果好?

12. 甲醛、高锰酸钾、酒精、来苏儿的杀菌机制、使用范围及使用方法如何?

13. 什么是化学治疗剂,可分为哪些类型?

项目5
微生物的分离、纯化与保藏技术

知识目标

◎ 了解微生物的接种、分离、纯化及纯培养等基本概念。

◎ 掌握常用的接种工具如接种针、接种环等。

◎ 掌握无菌操作、接种、分离、培养等基本技术。

◎ 掌握固体培养基、液体培养基及其他分离纯化及培养微生物的方法。

◎ 掌握微生物的诱变育种等菌种选育方法,以及常用的微生物菌种保藏的方法。

能力目标

◎ 能够运用相关知识进行基本的操作。

◎ 能够运用相关微生物分离纯化的知识完成菌种的筛选工作。

◎ 能够运用微生物菌种保藏的相关知识,完成生产或实验用菌种的保藏工作。

任务 5.1 常用基本技术

在微生物的分离、纯化及保藏操作中,经常用到无菌操作、接种及培养等基本技术。现简单介绍如下:

5.1.1 无菌操作技术

自然环境中微生物无处不在,在接种分离操作中,用于防止微生物进入无菌范围的操作技术称为无菌操作技术。微生物研究工作是以微生物的纯培养作为基本材料,所以必须采用无菌操作,它是保证微生物学研究正常进行的关键。如果无菌操作不严,引起杂菌污染,不但造成菌种混杂,实验结果不准确,而且还会给实际生产带来严重损失,所以接种特别强调无菌操作。其目的主要在于保证供试菌不受其他微生物的污染。为此,实验人员必须加强"无菌"、"安全"的观念。

接种时的无菌操作,如斜面转接斜面,斜面转接平板等,因接种内容和形式不同,在操作上有一定的差异,但基本程序,特别是无菌要求是一致的。无菌操作技术要点是:在无菌操作箱或无菌操作室内、火焰附近进行熟练的无菌操作(图5.1)。操作箱或操作室内的空气可在使用前一段时间内用紫外灯或化学药物灭菌,无菌室通无菌空气维持无菌状态,酒精灯火焰周围约 10 cm 范围内是无菌的。无菌操作要求主要有以下几点:

①执行无菌操作前,先戴帽子、口罩、洗手,并将手擦干,注意空气和环境清洁。

②进行无菌操作时,凡未经消毒的手、臂均不可直接接触无菌物品或超过无菌区取物。

③在执行无菌操作时,必须明确物品的无菌区和非无菌区。菌种所暴露或通过的空间,必须是无菌区域。无菌物与非无菌物应分别放置。无菌物品必须保存在无菌包或灭菌容器内,不可暴露在空气中过久。无菌包一经打开应尽早使用。凡已取出的无菌物品,虽未使用也不可再放回无菌容器。

④一切微生物的分离、接种操作均需在无菌室或超净台内进行,所有器具必须经过严格灭菌后方可使用。还须注意经灼烧灭菌的接种工具,须靠在管(瓶)内壁冷却片刻,不要用未经冷却的工具取菌,所取菌种也不得在火焰旁停留,以免灼伤菌种。

⑤操作过程中严禁来回走动和交谈,以免引起灰尘或微生物孢子扩散污染。

⑥每次操作完毕,应及时清理干净,将用过的器具放回原处,废弃用过的东西带出室外,并经过灭菌处理。

⑦经常保持实验场所和器具的整洁,不得带入非必需物品。

⑧每次操作时间不宜太长,避免无菌箱(室)内因空气交换而增多杂菌。

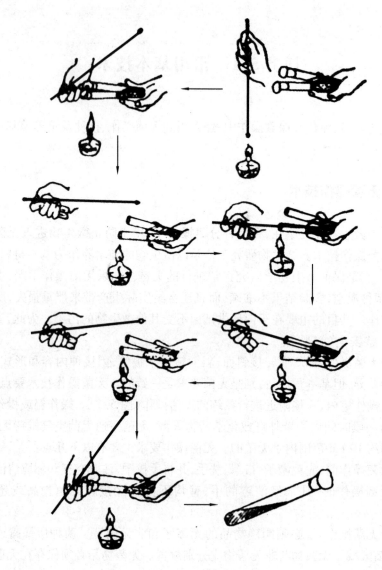

图 5.1　无菌操作技术

5.1.2　接种技术

1）一般用品

①酒精灯：主要用于对接种工具进行灼烧灭菌，以及试管、菌种管、三角瓶、培养皿等常用玻璃器皿的火焰封口，棉塞的过火灭菌等。

②75％酒精：用于双手和母种试管外表的擦抹消毒，以及一些不适宜高温或干燥灭菌的物品等。

③培养皿或烧杯：用于放置废弃酒精棉球等杂物。

2）接种工具

接种时需要工具，常见的有接种环、接种针、接种钩、滴管、移液管、三角形接种棒，具体形式如下图(图5.2)。

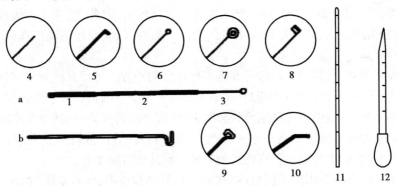

图5.2 常用微生物接种工具
a.接种环;b.玻璃刮铲

1.塑料套;2.铝柄;3.镍铬丝;4.接种针;5.接种钩;6.接种环;7.接种圈;
8.接种锄;9.三角形辞铲;10.平刮铲;11.移液管;12.滴管

①三角形接种棒(涂布棒):用直径2~3 mm玻璃棒在喷灯上烧红,用镊子加工成型,用来进行平板表面涂布操作。也有些制作成"L"形的涂布棒,做法与三角形接种棒相同。

②滴管和移液管:用来转移液态培养液。

③接种环:接种环和接种针是最常用的接种工具,它们的使用是微生物学实验最基本的技能之一。接种环由金属丝和柄两部分组成。金属丝的软硬要合适,传热和散热要快。目前我国主要用镍铬丝代替,或者也可由600~1 000 W的电炉丝代替,按照需要制成直径3~4 mm的圆圈,位于末端,中央要圆而不带棱角。柄的部分常用铝棒或铜棒制成。前端有一连接金属丝的螺旋卡头,后端有一不传热的胶木柄。亦可取长20~22 cm的一段塑胶铝芯电线,铝芯直径约2 mm,在一端留下6~8 cm的塑胶套,其余塑胶套全剥去,露出铝芯,将铝芯前端约5 mm的一段从正中劈开,夹入一段6~8 cm长的镍铬丝(即600~1 000 W的电炉丝),将铝芯敲紧封严,并将镍铬丝制成圆圈即成。接种环主要用于划线分离、纯种移种及涂片等操作。

④接种针:也是由金属丝和柄两部分组成。直接将镍铬丝与柄连接即为接种针,针要求直,不要弯曲。接种针主要用于穿刺接种及菌落的挑选。

⑤接种钩:组成同接种针和接种环。将镍铬丝末端弯出2~3 mm成直角即为接种钩。用于选取平板上微小菌落并移植到斜面培养基上,因与平板接触面积小,故不易混杂。

3)接种设备

接种必须在严格的无菌条件下进行。因此,首先要有能创造无菌区域的主要设备。最常用的有无菌室,其次为超净工作台。可根据生产规模、资金条件和接种对象,选用或建造适宜的设备。

(1)无菌室

无菌室又叫接种室或接菌室,一般设在灭菌室和培养室之间。如在较大的实验室内,可将无菌室设在实验室一角,用适当的材料围砌(如砖、木板、纤维板等),与外围空间隔绝,防止空气流动,以形成无菌空间。具体要求如下:

①应隔成里外两间,里间为接种室,外间为缓冲室。两室均应有天花板,以形成密闭空

间。如能设置 2 个缓冲室,则使用效果更好。

②缓冲室的作用主要是减少外界空气直接进入接种室,因此,缓冲室和接种室的门应错开方向,且应采用左右移门,以减少空气的流动。另外,门应设在远离工作台的地方,以免影响接种操作。

③接种室须设两个通气窗,均应开在远离操作台的地方。可以在接种室移门上方的天花板上开一个,另一个开在对角的墙角,离地面 20 cm 高处。两窗口要覆盖八层纱布,并装有可密封的移动窗门,以便平常和熏蒸灭菌时关闭,接种时再移开,保证空气流通。

④最好在缓冲室和接种室各安装一支紫外线灯和日光灯,两灯并排在缓冲室中部上方,以及接种室操作台上方。接种室内如能安两支紫外线灯则更好。

⑤缓冲室内应备有专用的工作服(挂在墙上)、鞋帽和口罩,盛有皮肤消毒剂(如 2% 来苏儿)的脸盆和毛巾,以及供喷洒消毒用的喷雾器和消毒剂(如 2% ~3% 来苏儿或 5% 漂白粉溶液)等。接种室内应备有接种所需的各种器械。

(2)超净工作台

超净工作台是微生物实验室普遍使用的无菌操作台。在操作区内,其洁净度可达 100级。超净工作台适用于普遍微生物接种、检验等操作。对于一些传染性较强的微生物及真菌的操作,最好使用生物安全净化工作台,因其有特别配置的一套空气回收系统,可以避免污染环境,并保护操作者不受有害危险微生物的侵害。

超净工作台通常采用封闭式结构、过滤式除菌,不用化学药剂灭菌和火焰封口,避免了环境污染,改善了操作条件,降低了劳动强度,保障了人员健康。它无菌程度高,又避免了酒精灯产生的高温,因此也提高了接种成品率。凡有条件的单位,选用这种先进的接种设备,可大为提高接种工序的效率。

超净工作台在使用时要注意以下几点:

①超净工作台应安放在洁净度较高的室内,必须不受外界风力影响。

②操作工程中用到的物品要整齐地摆放在工作台内。

③使用前要挽起衣袖,手臂消毒后方可伸入工作台进行操作,严禁将衣袖同时伸入工作台。使用过程中,禁止在工作台内外传递物品。

④操作时,应保持操作区附近安静,禁止搔头、快步走动等,以免造成污染。

⑤安放净化台的房间,严禁蒸汽消毒。

4)接种方法

在无菌条件下,用接种环或接种针等把微生物转移到培养基或其他基质的过程称为移植或接种(inoculation),这是生物科学研究中最重要的基本操作。根据移植操作的粗放程度,可将其分为以下两类:一类是在开放或半开放条件下进行的移植操作,称为播种或点种。另一类是在严格的无菌条件下进行的移植操作,称为接种。

接种是微生物实验及研究中的一项最基本的操作技术。无论微生物的分离、培养、纯化或鉴定以及有关微生物的形态、生理的实验及观察研究都必须进行接种。在无菌条件下的接种,是将所需的菌种移接到经过严格灭菌的培养基中,只允许移接的菌种在其中生长,不允许其他任何微生物混杂其中。在微生物研究和应用中常用的接种方法有以下几种:

①划线接种:这是最常用的接种方法。即在固体培养基表面拖动接种环作来回直线形的移动。常用的接种工具有接种环、接种针等。在斜面接种和平板划线中就常用此法。

②穿刺接种:在保藏厌氧菌种或研究微生物的运动能力时常采用此法。做穿刺接种时,用的接种工具是接种针,用的培养基一般是半固体培养基。具体操作是:用接种针沾取少量的菌种,于半固体培养基的中心向下垂直刺入,直至离管底约 5 mm,接种针再沿原路退出。如某细菌具有鞭毛而能运动,则在穿刺线周围能够生长(图5.3)。

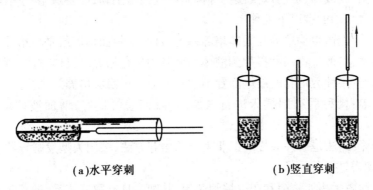

(a)水平穿刺   (b)竖直穿刺

图5.3 穿刺接种示意图

③三点接种:在研究霉菌形态时常用此法。此法即用灭菌的接种环挑取少量微生物菌种以呈等边三角形的三点点植于固体培养基平板表面上,让其各自独立形成菌落后,来观察、研究它们的形态。除三点外,也可进行一点或多点接种。

④涂布接种:与混烧接种略有不同,就是将固体培养基注入平皿,让其凝固,然后再将菌液加至平板表面,迅速用三角形接种棒(即涂布棒)在表面作来回左右的涂布,让菌液均匀分布,经适宜温度培养后就可长出单个的微生物菌落。

⑤混烧接种:该法是将待接的微生物先放入培养皿中,然后再倒入冷却至45~50 ℃左右的固体培养基,迅速以画"8"字的方式轻轻摇匀,这样可以达到稀释菌液的目的。待培养基凝固后,置合适温度下培养,就可长出单个微生物菌落。

⑥液体接种:从固体培养基表面刮取菌落或菌苔,接入液体培养基中,或者从液体培养物中,用移液管将菌液移至液体培养基中,或从液体培养物中将菌液移至固体培养基中,都可称为液体接种。

⑦注射接种:该法是用注射的方法将待接的微生物转移至获得生物体内,如人或其他动物体内。常见的疫苗预防接种,就是用注射接种。将疫苗接入人体,来预防某些疾病。

⑧活体接种:活体接种是专门用于培养病毒或其他病原微生物的一种方法。因为病毒必须接种于活的生物体内才能生长繁殖。所用的活体可以是整个动物,也可以是某个离体活组织,例如猴肾等;也可以是发育的鸡胚。接种的方式是注射,也可以是拌料喂养。

5.1.3 培养技术

微生物的培养是一个复杂的技术。培养微生物时,应根据微生物的种类和目的等选择适宜的温度、湿度、时间、pH 值,尤其是对 O_2 与 CO_2 的需要情况等环境条件。注意,由于微生物无处不在,从制备培养基时开始,整个培养过程必须按无菌操作要求进行,否则外界微生物污染标本,会导致错误结果,而培养的致病菌一旦污染环境,就会引起交叉感染。

1）培养方法

微生物的培养方法，按其不同的呼吸类型，主要分为好气培养法和厌气培养法两种。

（1）好气培养法

大多数细菌、放线菌、霉菌以及藻类等都是好气性微生物，需要从空气中获得氧气进行有氧呼吸。通常采用的有以下几种

①固体培养：把微生物培养在固体培养基的表面，如斜面培养或平板培养等。

②液体培养：将微生物菌种接种到液体培养基中进行培养。具体方法又可分为三种：

a. 静置培养：接种后培养的液体静置不动。一般采用浅层培养。

b. 振荡培养：接种后利用摇床进行振荡培养，使通气良好，增加液体培养基中的溶解氧。

c. 深层培养：此法是一种大规模工业生产的培养方法，多用大型发酵容器进行培养。

（2）厌气培养法

有些厌气性微生物如梭菌和产甲烷细菌等，其细胞具有脱氢酶系，缺乏氧化酶系，只能在没有游离氧存在的条件下繁殖，而在有氧条件下很难生长，甚至死亡。厌气培养方法可采用以下几种：

①高层琼脂柱：把经灭菌的琼脂培养基在无菌操作下装入试管内，高度达到试管的 2/3，形成深柱，接种时采用穿刺接种至琼脂底部，使厌气菌在琼脂底部生长。

②凡士林隔绝空气：培养基灭菌后在沸水中煮沸 5 min，排除培养基内的氧气，再用少许无菌的融化凡士林，放在培养基表面，冷却后即可使培养基与空气隔绝。

③CO_2 培养法：是将某些微生物，如脑膜炎球菌、布鲁杆菌，在产生 CO_2 的环境中进行培养。常用的产生 CO_2 的方法有烛缸法、化学法和 CO_2 培养箱。

2）微生物生长情况

经过适宜条件的培养，微生物会在培养基表面或内部生长繁殖而出现某些现象。微生物种类不同，培养基不同，其生长情况就有所不同。下面以细菌为例，介绍其生长情况：

（1）液体培养基中生长情况

大部分细菌在澄清的液体培养基中生长后，培养液呈现均匀浑浊；有的细菌如炭疽杆菌及链球菌生长呈沉淀，细菌沉于管底，培养液并不浑浊；有的细菌如枯草杆菌、结核杆菌等则在液体表面生长形成菌膜，培养液仍较澄清。这些现象均有助于细菌的鉴别。

（2）半固体培养基中生长情况

半固体培养基琼脂含量少，黏度低，细菌在其中仍可自由运动。用接种针将细菌穿刺接种于半固体培养基中，如该菌有鞭毛，能运动，则细菌由穿刺线向四周游动扩散，培养后细菌沿穿刺线呈羽毛状或云雾状浑浊生长，穿刺线模糊不清；如细菌无鞭毛，不能运动，则穿刺线明显，细菌沿穿刺线呈线状生长，周围培养基仍然透明澄清。因此，半固体培养基可用来检查细菌的运动能力。

（3）琼脂平板中生长情况

观察细菌的菌落，从菌落的大小（直径 2～3 mm 为中等大小）、形状（圆形或不规则）、颜色（水溶液色素或脂溶性色素）、表面情况（光滑或粗糙）、边缘（完整、锯齿状、裂片状或不规则）、透明度（透明、不透明或半透明）、隆起程度（低凸、平凸、凹下）、湿度（湿润或干

燥)、质地(较硬或较软)、溶血性(菌落周围有无溶血环,是完全溶血环还是不完全溶血环)等方面对菌落进行菌落形态特征的描述。

另外,固体培养基应注意湿度问题。新鲜配制固体培养基,其湿度均适宜微生物的生长;放置时间过长的固体培养基除易污染外,因水分蒸发导致琼脂偏干,则严重妨碍微生物的生长繁殖。污染或偏干的固体培养基不可使用。刚制备的斜面培养基或琼脂平板,因培养基的温度偏高,常使琼脂表面有冷凝水产生,导致细菌蔓延扩散生长,因此,接种前应消除表面凝集水,使湿度适当降低。半固体和液体培养基,没有湿度不妥的问题。

培养时间依实验目的不同而不同。增菌培养一般用6~18 h,当出现微生物生长现象,例如有轻度混浊生长时即可;分离培养是18~24 h,以长出特征菌落,可供挑取作为待检菌落,或可供计数;生化反应等鉴别试验,也多培养18~24 h后观察结果。必要时,亦可延长培养时间。

任务5.2 理论基础

自然条件下,微生物常常呈群落存在,这种群落往往是不同种类微生物的混合体。例如,一小块土粒中就可能含有各种微生物。为了研究某种微生物的特性或更大量培养和利用某种微生物,必须从这些混杂的微生物群中获得纯培养,即从自然界或混有杂菌的培养物中将所需的微生物提纯出来。微生物学中把从一个细胞或一种细胞群繁殖得到的后代称为纯培养。纯培养是研究和利用微生物的前提和基础。获得纯培养的方法称为微生物的分离与纯化。常用的方法有固体培养基分离、液体培养基分离、单细胞分离、选择培养、富集培养以及二元培养等。

5.2.1 固体培养基分离纯培养方法

不同微生物在特定培养基上生长形成的菌落或菌苔一般都具有稳定的特征,可以成为对该微生物进行分类、鉴定的重要依据。单个微生物在适宜的固体培养基表面或内部生长繁殖到一定程度,可以形成肉眼可见的、具有一定形态结构的子细胞群体,称为菌落(colony)。形成的菌落便于移植。当固体培养基表面众多菌落连成一片时,便成为菌苔(lawn)。

大多数细菌、酵母菌,以及许多真菌能在固体培养基上形成孤立的菌落,采用适宜的平板分离法很容易得到纯培养。所谓平板,即培养平板(culture plate)的简称,它是指融化的固体培养基倒入无菌平皿,冷却凝固后,盛有固体培养基的平皿。固体培养基是用琼脂、明胶或其他凝胶物质固化的培养基。最常用的分离、培养微生物的固体培养基是琼脂固体培养基平板。这种由Koch建立的采用平板分离纯培养的技术简便易行,一百多年来一直是各种菌种分离的最常用手段。

1)稀释平板分离法

首先将待分离的材料用无菌水或无菌生理盐水作一系列的梯度稀释(如1:10,1:100,1:1 000,1:10 000,…),制成均匀一致的一系列不同稀释度的稀释液,尽可能使菌落呈单个细胞或孢子存在(否则一个菌落就不只是代表一个菌)。然后分别取一定量的不同稀释度的稀释液滴入灭过菌的培养皿中,倾入已融化并冷却至45~50 ℃左右的琼脂培养基,让其与稀释液混合,摇匀后,制成可能含菌的琼脂平板,保温培养一定时间即可能出现分散的单个菌落。如果稀释得当,在培养基上会出现分散的单个菌落,也就是说一个菌落即代表一个单细胞。随后挑取该单个菌落,重复以上操作数次,接种新鲜培养基便可得到纯培养。

(1)稀释液的制备

将样品进行10倍系列稀释。准确称取待分离材料10 g或10 mL,放入装有90 mL无菌水(或无菌生理盐水)并放有小玻璃珠的250 mL三角瓶中,充分摇匀20 min,使微生物细胞分散,静置约20~30 min,制成1:10即成10^{-1}倍稀释液。再用1 mL无菌吸管,吸取1:10的稀释液1 mL移入另一只装有9 mL无菌水(或无菌生理盐水)的试管中,同样让菌液混合均匀,制成1:100即成10^{-2}稀释液,再换一支无菌吸管吸取10^{-2}菌液1 mL,移入另一个装有9 mL无菌水(或无菌生理盐水)试管中,制成1:1 000即成10^{-3}稀释液。按此法依次稀释至所需要的浓度。注意,每递增稀释1次,即应更换1支无菌吸管,否则稀释不准确;在将菌液注入无菌水或无菌生理盐水中时,吸管尖不能碰到液面。

(2)混菌法接种分离

用无菌吸管按无菌操作过程吸取适宜稀释度的菌悬液1 mL,注入无菌培养皿中,然后根据分离目的不同,倾注已融化并冷却至45~50 ℃的选择性培养基15~20 mL。轻轻转动培养皿将菌液与培养基混匀,待凝固后放入恒温培养箱培养,直到培养皿上形成肉眼可见的细胞群体——菌落(图5.4)。

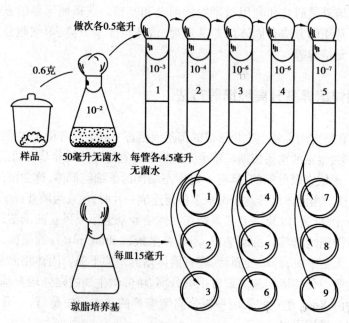

图5.4 稀释分离法示意图

(3)涂抹法接种分离

采用混菌法将含菌材料先加到还较烫的培养基中再倒平板易造成某些热敏感菌的死

亡,也会使一些专性好氧菌因被固定在培养基中缺乏氧气而影响其生长,因此更常用的分离纯培养物的方法是涂布平板法。其做法是先将已融化的培养基 15~20 mL 倒入无菌平皿,制成无菌平板,冷却凝固后,用无菌吸管按无菌操作过程吸取适宜稀释度的菌悬液 0.1 mL,滴加至平板表面上,然后用无菌玻璃涂布棒将菌液涂匀至整个平板后培养,直至培养皿上形成肉眼可见的单菌落。

2)稀释摇管法

用固体培养基分离厌氧菌时有特殊要求。如果该微生物为耐氧菌,可以用通常的方法制备平板,然后置放在封闭的容器中培养,可采用化学、物理或生物的方法清除容器中的氧气。但对于那些对氧气更为敏感的厌氧微生物,纯培养的分离则可采用稀释摇管培养法,它是稀释平板法的一种变通形式。稀释摇管法的具体操作是:先将一系列盛有无菌琼脂培养基的试管加热使琼脂融化后冷却并保持在 50 ℃ 左右,将待分离的材料用这些试管进行梯度稀释,试管迅速摇动均匀,冷凝后,在琼脂柱表面倾倒一层灭菌液体石蜡和固体石蜡的混合物,将培养基和空气隔开,在适宜条件下培养后,可能在琼脂柱的中间形成单菌落。挑取和移植单菌落时,需先用一支灭菌接种针将液体石蜡——石蜡盖取出,再用一只毛细管插入琼脂和管壁之间,吹入无菌无氧气体,将琼脂柱吸出,置放在培养皿中,用无菌刀将琼脂柱切成薄片进行观察或菌落的移植。

3)平板划线分离法

平板划线分离法和稀释平板分离法的原理是相似的,此法是在固体培养基上通过划线的方法,使接种到培养基表面的菌体数逐渐减少,起到菌数"稀释"的作用,以达到分离出理想的单个菌落的目的。划线法简单,速度较快,但分离单细胞的几率较平板法低。

操作时用接种环以无菌操作沾取少许待分离的样品,在无菌固体平板表面进行平行划线、扇形划线或其他形式的连续划线,微生物细胞数量将随着划线次数的增加而减少。通过划线将混杂的菌体在平板表面分散,如果划线适宜的话,微生物能一一分散开,经培养后,可在固体平坂表面得到单菌落。根据菌落形态特征挑取单个菌落,移种培养后,即得到纯培养。

此法适于含菌比较单一样品的纯化。若样品不单一,可进行"挑菌纯化",即在固体平板上选择分离较好的有代表性的单菌落,接种到斜面并同时做涂片检查。若有不纯,应进一步挑取此菌落划线分离,或制成菌悬液作稀释分离,直至获得纯培养。

平板划线分离法有以下几种,可根据不同情况选取。

(1)平行划线法

此法适用于含菌不多的液体样品,如分泌物等。操作时左手斜持平板底,右手持接种环。接种环通过酒精灯火焰灭菌、冷却后,沾取一接种环样品液,先在平板表面靠近皿边的一端涂抹开,涂成约如一角硬币大小的一块面积,然后用接种环从涂抹处开始向下连续弯曲划密集的平行线,形似"Z"字,划至大约平板面积的一半左右。将平板转 180°角,从平板另一端开始也划密集的平行线,直到划满平板的剩余部分。盖好皿盖,接种环火焰灭菌后放回原处,将平板倒置于 37 ℃ 恒温箱培养,供分离成纯培养。操作时注意不可划破培养基表面,线条尽可能相互靠紧,如偶然稍有重叠也不妨碍。一般来说,一个平板应划 50 条线以上(图 5.5)。

（2）分区划线法

此法适用于含菌多的样品,如细菌固体培养物、粪便等。划线前的操作同平行划线法。将平板划分为 3~4 个区域,先在平板表面靠近皿边的一端将样品涂开并在平板的 1/5~1/4 面积上连续划密集的平行线,接种环火焰灭菌。将平板转约 70°角,待接种环冷却后,使接种环通过已划线的 1 区末端平行划线 5~7 次,以后即不与 1 区接触作连续密集划线,约占平板面积的 1/4,接种环再通过火焰灭菌。再转平板约 70°角,如上法在第 3 区划线,此后接种环不再灭菌。重复上述操作在第 4 区划线,划满余下的培养基表面。盖好皿盖,接种环灭菌后放回原处,将平板倒置于 37 ℃恒温箱培养。培养后在第 1、2 区可观察到密集的细胞菌苔。在第 3、4 区可见单个菌落(在划线上)(图 5.6)。

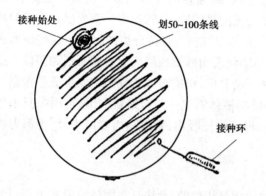

图 5.5　平行划线法示意图　　　　图 5.6　分区划线法示意图

或者,划线可以略稀一些,每皿少划几条但接种环不经灭菌,一直连续划三皿,这样做要多划培养基,效果有时更好。

4)选择培养分离

在自然界中,除了极特殊的情况外,在大多数场合下微生物群落都是由多种微生物组成的。因此,要从中分离出所需的特定微生物是十分困难的,单采用一般的平板稀释分离法、划线分离法几乎不可能分离到特定微生物。例如,若某处的土壤中的微生物数量在 10^8 时,必须稀释到 10^{-6} 才有可能在平板上分离到单菌落,而如果所需要的微生物的数量仅为 $10^2~10^3$,显然不可能在一般通用的平板上得到该微生物的单菌落。要分离这种微生物,必须根据该微生物的特点,包括营养、生理、生长条件等,采用选择培养分离的方法,或抑制使大多数微生物不能生长,或造成有利于该菌生长的环境,经过一定时间培养后使该菌在群落中的数量上升,再通过平板稀释等方法对它进行纯培养分离。没有一种培养基或一种培养条件能够满足自然界中一切生物生长的要求,在一定程度上所有的培养基都是选择性的。在一种培养基上接种多种微生物,只有能生长的才生长,其他被抑制。这种通过选择培养进行微生物纯培养的技术称为选择培养分离。

（1）利用选择培养基进行直接分离

如果某种微生物的生长需要是已知的,就可以设计一套特定环境使之特别适合这种微生物的生长,因而能够从自然界混杂的微生物群体中把这种微生物选择培养出来,即使在混杂的微生物群体中这种微生物可能只占少数。例如在从土壤中筛选蛋白酶产生菌时,可以在培养基中添加牛奶或酪素制备培养基平板,微生物生长时若产生蛋白酶则会水解牛奶或酪素,在平板上形成透明的蛋白质水解圈。通过菌株培养时产生的蛋白质水解圈对产酶菌株进行筛选,可以减少工作量,将那些大量的非产蛋白酶菌株淘汰。再如,要分离高温菌,可在高温条件下培养;要分离某种抗生素抗性菌株,可在加有抗生素的平板上进行分离;有些微生物如螺旋体、黏细菌、蓝细菌等能在琼脂平板表面或里面滑行,可以利用它们的滑动特点进行分离纯化,因为滑行能使菌体本身和其他不能够移动的微生物分开,可将微生物群落点种到平板上,让微生物滑行,从滑行前沿挑取接种物接种,反复进行,得到纯培养物。

(2)富集培养

主要是指利用不同微生物间生命活动特点的不同,制定特定的环境条件,使仅适应于该条件的微生物旺盛生长,从而使其在群落中的数量大大增加,人们能够更容易地从自然界中分离到所需的特定微生物,这种方法称为富集培养。富集条件可根据所需分离的微生物的特点从物理、化学、生物及综合多个方面进行选择,如温度、pH 值、紫外线、高压、光照、氧气、营养等许多方面。例如,采用富集方法从土壤中分离能降解酚类化合物对羟基苯甲酸的微生物试验过程。首先配制以对羟基苯甲酸为唯一碳源的液体培养基并分装于三角瓶中,灭菌后将少量的土壤样品接种于该液体培养基中,培养一定时间,原来透明的培养液会变得浑浊,说明已有大量微生物生长。取上述培养液转移至新鲜培养液中重新培养,该过程经数次重复后,能利用对羟基苯甲酸的微生物的比例在培养物中将大大提高。将培养液涂布于以对羟基苯甲酸为唯一碳源的琼脂平板,得到的微生物菌落中的大部分都是能降解对羟基苯甲酸的微生物。挑取一部分单菌落分别接种到含有及缺乏对羟基苯甲酸的液体培养基中进行培养,其中大部分在含有对羟基苯甲酸的培养基中生长,而在没有对羟基苯甲酸的培养基中表现为没有生长,说明通过该富集程序的确得到了欲分离的目标微生物。通过富集培养使原本在自然环境中占少数的微生物的数量大大提高后,可以再通过稀释平板分离或平板划线等操作得到纯培养。

富集培养是微生物学家最强有力的技术手段之一。营养和生理条件的几乎无穷尽的组合形式可应用于从自然界选择出特定微生物。富集培养方法提供了按照意愿从自然界分离出特定已知微生物种类的有力手段,只要掌握这种微生物的特殊要求就行。富集培养法也可用来分离培养出科学家设计的特定环境中能生长的微生物,尽管我们并不知道什么微生物能在这种特定的环境中生长。

5)二元培养

分离的目的通常是要得到纯培养,然而在有些情况下是做不到的或是很难做到的,但可用二元培养物作为纯培养的替代物。只有一种微生物的培养物称为纯培养物,含有两种以上微生物的培养物称为混合培养物,而如果培养物中只含有两种微生物,而且是有意识地保持二者之间的特定关系的培养物则称为二元培养物。例如,二元培养物是保存病毒的最有效途径,因为病毒是严格的细胞内寄生物。有一些具有细胞的微生物也是严格的其他生物的细胞内寄生物,或两者有特殊的共生关系,如银耳与香灰菌丝的共培养物等。二元培养物是在实验室控制条件下可能达到的最接近于纯培养的培养方法。在自然环境中,猎食细小微生物的原生动物也很容易用二元培养法在实验室培养。培养物由原生动物和它猎食的微生物二者组成,例如,纤毛虫、变形虫和黏菌。对这些生物,二者的关系可能并不是严格的。这些生物中有些能够纯培养,但是其营养要求往往极端复杂,制备纯培养的培养基很困难、很费事。

5.2.2 用液体培养基分离纯培养

对于大多数细菌和真菌,用固体培养基分离法分离都可以获得满意的纯培养物,这是因为大多数种类的微生物在固体培养基上生长良好。然而并不是所有的微生物都能在固体培养基上生长,例如,一些细胞较大的微生物,许多原生动物和藻类等,仍需用液体培养基分离来获得纯培养。

1)稀释法

通常采用的液体培养基分离方法是稀释法。即将待分离的样品接种到液体培养基中,经培养后得到混合培养物,将混合培养物在液体培养基中进行顺序稀释,以得到高度稀释的效果,尽可能使一支试管中只含有一个微生物。如果经稀释后,在同一个稀释度的许多平行试管中,大多数试管(一般应超过95%)中有微生物生长,那么有微生物生长的试管得到的培养物可能就是纯培养物;如果经稀释后,同一个稀释度的许多平行试管中有微生物生长的比例提高了,得到纯培养物的可能会急剧下降。因此,采用稀释法进行液体分离,必须在同一个稀释度的许多平行试管中,大多数(一般应超过95%)表现为不生长。

2)单细胞分离法

稀释平板分离法只能分离出混杂微生物群体中数量占优势的种类,而在自然界,很多微生物在混杂群体中都是少数。这时可以采取显微分离法和专门的分离小室从混杂群体中直接分离单个细胞或单个个体进行培养以获得纯培养,称为单细胞(单孢子)分离法。单细胞分离法的难度与细胞或个体的大小成反比,较大的微生物如藻类、原生动物较容易,个体很小的细菌则较难。对于个体相对较小的微生物,需采用显微操作仪,在显微镜下进行。目前,市场上有售的显微操作仪种类很多,一般是通过机械、空气或油压传动装置来减少手的动作幅度,在显微镜下用毛细管夹或显微针、钩、环等挑取单个微生物细胞或孢子以获得纯培养。在没有显微操作仪时,也可采用一些变通的方法在显微镜下进行单细胞分离,例如将经适当稀释后的样品制备成小液滴在显微镜下观察,选取只含一个细胞的液滴来进行纯培养物的分离。单细胞分离法对操作技术有比较高的要求,多限于高度专业化的科学研究中采用。单细胞分离法可以保证一个菌株由一个细胞发育而来,能达到"细胞纯"的水平。

(1)细菌的单细胞分离

进行细菌单细胞分离时,最可靠的方法是利用显微操作仪在显微镜下操作,将一个细菌细胞移植到培养基上培养。但是显微操作仪价值昂贵,使用复杂,故在一般实验工作中(如诱变育种工作)多用机械作用使细菌充分分散后作稀释分离,则所得菌落大多是由单细胞发育而来。具体做法如下:

将含菌样品以无菌操作挑取少许,放入盛有 20～30 mL 无菌水并放有玻璃珠的 100 mL 三角瓶内,在振荡器上振摇 30 min,使所含细菌充分分散。然后将此悬浮液通过底部垫有脱脂棉并事先灭过菌的漏斗,滴入另一无菌的 100 mL 三角瓶中。凡成团的未打散的细菌细胞在过滤时将被滤除,故滤液中的细胞大多数是单个的。这时将滤液按普通稀释法作平板分离,即可获得单细胞发育的菌株。

(2)真菌的单孢子分离

对于较大的微生物,可采用毛细管提取单个个体,并在大量灭菌培养基中转移清洗几次,除去较小微生物的污染。这项操作可在低倍显微镜下进行。具体方法有如下几种:

方法一:将直径2 mm的软玻管在酒精灯上拉成很细的毛细管,一端稍粗,弯成准确的直角,酒精消毒后,粘于显微镜集光器的聚光透镜上面,毛细管口朝上。此时应将集光器旋下,并使毛细管尖端位于通光孔的正下方。

将欲分离的孢子用无菌水做成适宜稀释度的悬浮液,滴一小滴于灭菌载玻片上,反转放在载物台中央,使水滴位于通光孔中央,成为悬滴。

用低倍镜检查,找到悬滴中的单个孢子,此时旋上集光器,渐渐在视野中可看到毛细管口。移动玻片使毛细管口对准所见的单个孢子,再稍旋上集光器,让管口接触孢子。由于毛细管作用,孢子被吸入毛细管内,取下毛细管,将管内小水滴移于新鲜培养基上培养。

方法二:此法适宜于分离较大的真菌孢子。取经卵白法澄清了的琼脂培养基倒入培养皿制成平板,冷凝后翻转培养皿,用特种蜡笔在皿底平行划线若干条,再将皿转回正面向上置于桌上。用接种环圈取适当稀释度的孢子悬浮液在平板上沿蜡笔线划线"接种"。再翻转培养皿在低倍显微镜下沿划线检视,发现单个孢子便用蜡笔划一小圈,把孢子划在圈内。然后用较粗的接种针,事先尖端捶扁,折成一圈,成一接种勺(图5.7)。用接种勺把划了圈部分的培养基(上面有一孢子)切下,移到新鲜琼脂培养基平板上培养(同时还应再检视一下切去培养基的部分原来所见的那个孢子是否确已移去)。以后移接部分长出的菌落便是由圈取的那个单孢子发育而来,可移至斜面保存。

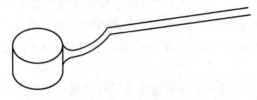

图5.7 接种勺

方法三:此法适宜于分离伞菌的单孢子。将菌帽覆盖于无菌载玻片上放置一定时间,待多数孢子自菌褶散落后,用灭菌针在显微镜下黏附孢子,移于培养基上培养。

5.2.3 微生物育种方法

微生物作为生物大家族中的特殊类群,由于种类多、数量大、分布广、代谢活力强、产物类型多、繁殖迅速、适应性强、容易变异等特点,长期以来备受科学工作者和企业家的关注。微生物种类之多,难以估测。随着微生物学研究工作的不断深入,微生物菌种资源开发和利用的前景十分广阔。在微生物研究、生产、应用中,"种"的重要性尤为突出,菌种的好坏,影响到产品的数量和质量。因此,挑选符合生产要求的菌种,改良已有菌种的性能,使产品的质量不断提高,并能适应于工艺改革,这是菌种选育工作的任务。

菌种选育主要是应用微生物遗传和变异的理论,在已经变异的微生物群体中筛选出符合人们需要的优良菌种。菌种选育的目的主要是改进品种质量,创造新品种,提高单位产量。菌种选育包括选种和育种两个方面,这两者既有联系又有区别。选种是指经过比较鉴定自然界的微生物,从中分离和筛选出某种性能较强的、符合生产要求的菌种。选种是菌种选育的前提条件,它包括从自然界中获得新菌种。育种是指采用自然或人工的方法,促使微生物变异以改造菌种。育种在选育工作中占据主导地位,它包括诱变育种、杂交育种、原生质体融合育种及基因工程。

1)菌种选育的理论基础

微生物菌种选育的理论基础是微生物遗传学和分子生物学。遗传和变异现象是生物的最基本特性,所谓遗传是亲代和子代生物学特性的传递过程,亲代的特性在子代中进行重现。所谓变异是子代的某些特性如形态、代谢等与亲代的差异明显。也即遗传是相对的,变异是绝对的。

微生物的变异性一般可分为遗传型变异和表型变异,在遗传物质水平上发生了改变从而引起某些相应性状发生改变的,称为遗传型变异。所谓表型变异是指微生物在生活条件发生改变时,发生暂时的形态、生理等特性的改变,但随着环境条件的复原,它们又恢复了原有的特性。如赤霉素产生菌,在见光条件下培养时呈橘红色,在黑暗条件下培养时则呈白色,当把白色的菌丝接种在新鲜的培养基上,放回到见光处培养时,则又出现橘红色,因为这种变异没有使遗传物质发生任何变化,而仅是表型的改变,所以是不可遗传的变异。我们主要研究的是遗传型变异,引起这种变异的途径有两种,即基因突变和基因重组。

（1）基因突变

突变是指遗传物质(DNA 或 RNA)中的核苷酸顺序突然发生了稳定的可遗传的变化。突变主要包括基因突变(又称点突变)和染色体畸变两大类。基因突变是由于 DNA 链上的一对或少数几对碱基发生改变引起的,而染色体畸变是指 DNA 大段变化(损伤)现象。

（2）基因重组

基因重组是指两个不同性状个体的遗传基因转移到一个个体细胞内,并经过基因的重新组合后,造成菌种变异,形成新的遗传型个体的方式。重组分体内重组和体外重组两种。体内重组又分为 DNA 转化、噬菌体转导、体细胞接合和原生质体融合等方法。体外重组是以离体质粒 DNA 或噬菌体作外源 DNA 的载体,或运载 DNA 脂质体在细胞外进行基因重组,然后,通过转化或转染使这些载体进入受体细胞或原生质体内。当重组 DNA 进入受体细胞后,可独立地进行复制,或者插入宿主 DNA 中随宿主 DNA 一起进行复制,扩增有益基因,增加产物的产量或产生新物质。

2)微生物育种方法

自然选育、人工诱变、杂交育种、原生质融合等,尤其是诱变育种,在微生物菌种选育中发挥着重要作用,仍是目前重要的菌种选育手段。传统的微生物遗传育种是以微生物遗传变异的基本理论为基础进行的。从 20 世纪 50 年代以来,人们对遗传物质的结构与功能、遗传物质在细胞内存在的形式、遗传物质在细胞间转移的方式,以及遗传变异的本质等问题的研究逐渐深入,促进了微生物育种工作的发展。获得优良的微生物菌株,主要有以下两个途径:一是通过从不同生态环境中取样进行菌株分离和筛选,从广阔的自然界中获得新的菌种,即自然选育。二是对已有菌种进行遗传诱变,从中筛选获得具有优良性状的菌株。

（1）自然选育

不经人工处理，利用微生物的自然突变进行菌种选育的过程称为自然选育。自然突变的发生是偶然的，即在任何时间，任何一个基因都可能发生突变。自然突变实际上就是由众多因素低剂量和长期综合诱变的结果。一般认为引起自然突变的原因有两种，即多因素低剂量的诱变效应和互变异构效应。所谓多因素低剂量的诱变效应，是指在自然环境中存在着低剂量的宇宙射线、各种短波辐射、低剂量的诱变物质和微生物自身代谢产生的诱变物质等的作用引起的突变。互变异构效应是指四种碱基第六位上的酮基或氨基的瞬间变构，会引起碱基的错配。例如胸腺嘧啶（T）和鸟嘌呤（G）可以酮式或烯醇式出现，胞嘧啶（C）和腺嘌呤（A）可以氨基式或亚氨基式出现。平衡是倾向于酮式或氨基式的，因此 DNA 双链中以 AT 和 GC 碱基配对为主。但在偶然的情况下，当 T 以烯醇式出现时的一瞬间，DNA 链正好合成到这一位置上，与 T 配对的就不是 A，而是 G；若 C 以亚氨基式出现时的一瞬间，新合成的 DNA 链这一位置上，与 C 配对的就不是 G，而是 A。在 DNA 复制过程中发生的这种错误配对，就有可能引起自然突变。据统计，这种碱基对错误配对引起自然突变的几率为 $10^{-9} \sim 10^{-8}$。

自然突变可能会产生两种截然不同的结果：一种是菌种退化而导致目标产物产量或质量下降；另一种是对生产有益的突变。为了保证生产水平的稳定和提高，应经常进行生产菌种自然选育，以淘汰退化的，选出优良的菌种。在工业生产上，由于各种因素的影响，自然突变是经常发生的，也造成了生产水平的波动，所以技术人员很注意从高生产水平的批次中，分离高生产能力的菌种再用于生产。自然选育是一种简单易行的选育方法，可以达到纯化菌种，防止菌种退化，稳定生产，提高产量的目的。但是自然选育的效率低，因此经常与诱变选育交替使用，以提高育种效率。自然选育的一般程序是将菌种制成菌悬液，用稀释法在固体平板上分离单菌落，再分别测定单菌落的生产能力，从中选出高水平菌种。

自然选育是一种纯种选育的方法。它利用微生物在一定条件下产生自发突变的原理，通过分离筛选排除衰变型菌落，从中选择维持原有生产水平的突变株。因此，它能达到纯化、复壮菌种、稳定生产的目的。自然选育有时也可用来选育高产量突变株，但这种正突变的几率很低，通常难以依赖自然选育来获得高产突变株。

自然选育一般包括采样、增殖培养、纯种分离和性能测定等几个步骤。

①采样。采样即采集样品，是从自然界筛选菌种的第一步。微生物广泛分布在自然界中，土壤中、水中、空气中以及动植物体内外都有它们的存在。它们都是混杂群居的，但是其分布也有一定规律，因此，要从自然界找到所需要的菌种，就要根据菌种的特性和分布规律去采集样品。采样地点的确定要根据筛选的目的、微生物的分布概况及菌种的主要特征与外界环境关系等，进行综合、具体的分析来决定。如要筛选分解纤维素的微生物，可到含纤维素较多的枯枝烂叶、腐烂的稻草或树木以及动物的消化道和排泄物等处采集；要筛选分解蛋白质能力强的微生物则可到皮革加工厂或炼乳场等有关材料或土壤中采集。一般来说，除某些特殊的菌种需在水中或空气中取样，或者在动植物体取样分离外，绝大多数微生物菌种均可从土壤中取样分离。因为土壤中含有丰富的营养，温度和其他自然环境比较稳定，且含有一定的水分，具备了微生物生存所需要的生活条件，所以土壤是微生物居住的大本营，包含的种类和数量都很多，是筛选菌种的主要来源。但不同的土壤，其中占优势的

微生物种类也不同。例如,南方的土壤,因其有机质数量较多,所以筛选产生抗生素的放线菌多从南方土壤取样。

采样地点不同,采样的方法也不同。以土壤为例,选好地点后,用无菌刮铲或土样采集器取离地面 5~15 cm 处的土壤几十克,盛入预先消毒好的牛皮纸袋或塑料袋中,扎好,记录采样时间、地点、环境情况等。一般土壤中芽孢杆菌、放线菌和霉菌的孢子忍耐不良环境的能力较强,不太容易死亡。但是,由于采样后的环境条件与天然条件有着不同程度的差异,因此采好的样品应及时处理,暂不能处理的也应贮存于 4 ℃下,但贮存时间不宜过长。

②增殖培养。收集到的样品,如含所需菌种较多,可直接进行分离。如果样品含所需菌种较少,就要设法增加该菌的数量,进行增殖(富集)培养。所谓增殖培养就是给混合菌群提供一些有利于所需菌株生长或不利于其他菌株生长的条件,以促使所需菌株大量繁殖,从而有利于分离。

增殖培养可以通过配制选择性培养基或设定一定的培养条件得以实现。例如,筛选纤维素酶产生菌时,以纤维素作为唯一碳源进行增殖培养,使得不能分解纤维素的菌不能生长;筛选脂肪酶产生菌时,以植物油作为唯一碳源进行增殖培养,能更快、更准确地将脂肪酶产生菌分离出来。除碳源外,微生物对氮源、维生素及金属离子的要求也不同,适当地控制这些营养条件有利于实现分离效果。另外,控制增殖培养基的 pH 值和温度,也是提高分离效率的一条好途径。

③纯种分离。通过增殖培养,样品中的微生物还是处于混杂生长状态,还不能得到微生物的纯种,所以有必要进行分离纯化,获得纯种。要使所需要的微生物菌株从其他微生物中分离出来,就要根据该种微生物的特性,从分离的方法、培养基的选择、培养条件的控制等措施着手,才能获得预期效果。常用的分离方法有稀释法、划线分离法和组织分离法。

稀释法是通过不断地稀释使被分离的样品分散到最低限度,取一定量稀释液注入平板,使微生物在平板培养基上形成单菌落,然后从中选择所需要的菌落接种到斜面上,再进一步纯化。为了得到单菌落,必须使平板上的菌落数不多不少,这就要选择一个适宜的稀释倍数,否则,稀释倍数过大,则稀释液中所含菌数过少,使所需要的菌种漏筛,没有长出来;稀释倍数过小,则菌落数太多不能达到分离的目的。一般来说,土壤中细菌含量最多,需用较大的稀释倍数,霉菌和放线菌次之,酵母菌最少。

划线分离法是用接种环或接种针挑取样品,在固体培养基表面进行有规则的划线,沿着划线的方向菌样逐渐被稀释,最后经培养将会得到单菌落。划线时必须注意无菌操作。

组织分离法主要用于食用菌菌种或某些植物病原菌的分离。分离时,首先用10%漂白粉或0.1%升汞液对植物或器官组织进行表面消毒,用无菌水洗涤数次后,移植到培养基上,于适宜温度培养数天后,可见微生物向组织块周围扩展生长。经菌落特征和细胞特征观察确认后,即可由菌落边缘挑取部分菌种移接到斜面培养基上再进行培养。

稀释法在培养基上分离的菌落单一均匀,获得纯种的几率大,特别适合于分离具有蔓延生长的微生物,而划线法较简单快速。为了提高筛选工作效率,在增殖培养过程中,还应注意培养基的选择和培养条件的控制等方面。

微生物的种类不同,对营养物质的要求也不同。在某一特定类型的培养基上,有些微生物不能生长或生长微弱,这便可以利用不同类型的培养基来分离不同的微生物。如固氮菌能利用空气中的氮素,因此,可用无氮培养基来分离固氮菌,而其他微生物因不能利用气态氮而不能在无氮培养基上生长,这就体现了培养基的选择对于纯种分离的必要性。除此之外,还要注意不同微生物其生理特性也不同,根据其生理特性控制培养条件可以提高分离、筛选的效率。如细菌和放线菌一般要求偏碱性的培养基,酵母菌一般要求偏酸性的培养基。再如,一般培养细菌最适宜温度为 37 ℃,而真菌一般最适宜温度为 28 ℃。所以结合营养并调节不同的环境条件,可排除一些不必要的微生物。

④生产性能和毒性测定。分离纯化得到的纯种是否能达到目标菌的要求,是否能用于生产,还要进行性能测定。由于分离得到的菌株数量非常大,如果对每一菌株都作全面或准确的性能测定,则工作量巨大,而且是不必要的,因此可适当简化。一般采用两步法,即初筛和复筛。

初筛一般是定性测定,目的就是去掉不符合要求的大部分菌株,把与生产性状类似的菌株尽量保留下来,使优良菌种不至于漏掉。而复筛的目的是确认符合生产要求的菌株,所以,复筛一般是定量测定。经过多次重复筛选,直至获得 1～3 株较好的菌株,作为生产用菌种。这种直接从自然界分离得到的菌株称为野生型菌株。

自然界的一些微生物在一定条件下将会产生毒素,为了保证食品的安全性,凡是与食品工业有关的菌种,除啤酒酵母、脆壁酵母、黑曲霉、米曲霉和枯草杆菌无须作毒性试验外,其他微生物均需通过两年以上的毒性试验。

除了从自然界直接筛选菌种外,还可进行定向培育从而获得优良菌株。定向培育是指用某一特定因素长期处理某一微生物培养物,同时不断对它们进行传代,以达到累积并选择相应的自发突变体的一种古老的育种方法。由于自发突变的频率较低,变异程度较轻微,所以培育新种的过程十分缓慢。与诱变育种、杂交育种和基因工程技术相比,定向培育法带有"守株待兔"的性质,除某些抗性突变外,一般要相当长的时间。由于这类育种费时费力,工作被动,加之效果又很难预测,因此早已被各种现代育种技术所取代。

（2）诱变育种

从自然界直接分离得到的菌种,往往还不完全符合工业生产的要求,如产量低、副产物多、生长周期长等,因而对菌种的要求不能仅停留在"选"种上,还要进行"育"种,根据菌种的形态、生理上的特点,改良菌种。人为地利用物理或化学诱变剂处理均匀分散的微生物群体,提高突变几率,扩大变异幅度,从中选出符合育种目的的突变菌株的方法就是诱变育种。

诱变育种的基本环节是用合适的诱变剂处理大量而分散的微生物悬液,或处理生长在固体培养基上的菌体,以引起绝大多数细胞死亡,并提高存活个体的变异频率,然后淘汰负变菌株,把正变菌株中少数变异幅度最大的优良菌株挑选出来。诱变育种不仅可提高菌种的生产能力,而且还可以改进产品质量,简化生产工艺。从方法来讲,它具有速度快、收效显著等优点,因此,科学试验和生产上都广泛利用。

诱变育种整个流程主要包括诱变过程和筛选过程,基本步骤包括:出发菌株的选择,诱变菌株的培养,诱变菌悬液的制备,诱变处理,后培养,突变株的分离与筛选等。诱变流程如图 5.8。

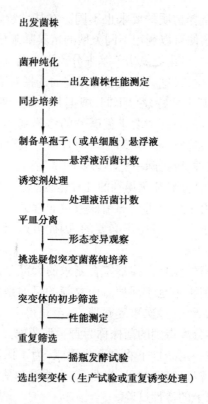

图 5.8　诱变育种工作流程图

首先是诱变过程,具体步骤如下:

①出发菌株的选择。

用于进行诱变试验的菌株叫做出发菌株。诱变育种的目的是提高代谢最终产物或中间产物的产量,改进质量或改变原有代谢途径,产生新的代谢产物。选好出发菌株对提高诱变效果有着极其重要的意义。用作诱变育种的出发菌株常有以下几类:

第一类是从自然界分离的野生型菌株。这类菌株的特点是对诱变因素敏感,容易发生变异,而且容易向好的方向变异,即产生正突变。

第二类是在生产中经历生产条件考验的菌株。这类菌往往是经自发突变而筛选得到的菌株,从细胞内的酶系统和染色体 DNA 的完整性上看类似于野生型菌株,产生正突变的可能性大。另一方面,由于出发菌株已经是生产菌株,对发酵设备、工艺条件等已具备了很好的针对性,经过诱变育种所获得的正突变株易于推广到工业生产。

第三类是已经过诱变甚至是多次诱变改造过的菌株。这类菌株在育种工作中经常采用。对于这类菌株,由于情况比较复杂,必须区别情况,分别对待。一般的看法是原来为高产型的菌株,经过再诱变,容易产生负突变,即向差的方向变异,这种菌株要继续提高就比较困难,获得高产突变株的难度较大。相比之下,产量较低的野生型菌株容易提高产量,所以有人认为产量最高的菌株不一定是继续提高产量潜力最大的菌株。当然,高产原菌株的育种工作也应当做,如果采用针对性的育种方法能改变其遗传保守性,一旦获得正突变菌株,则对于提高生产效率和降低成本,效果将非常显著。一般认为最合理的做法是在每次诱变处理后选出 3～5 个较高产菌株作为出发菌株,继续诱变。如果是产量特别高的菌株,可先行重组育种,再作为诱变的出发菌株,就有可能得到好的效果。

选择出发菌株时应注意以下几个条件:

第一、出发菌株最好是单倍体的单核细胞。单倍体细胞中只有一个基因组,单核细胞中只有一个细胞核,通过诱变所造成的某一变化就会是细胞中唯一的变化,不会发生分离现象。若是双倍体或多核细胞,一般情况下,突变只发生在双倍体中的一条染色体或多核细胞中的一个核,该细胞在诱变后的培养过程中会发生性状的分离现象,必须注意进行充分的后培养。

第二、作为出发菌株,必须具有合成目的产物的代谢途径。这在选育氨基酸和核苷酸类的生产菌时尤为重要。一般情况下,若某菌株能够积累少量目的产物或其前体,说明该菌株本来就具有该产物的代谢途径,通过诱变而改变原有的代谢调控,就比较容易获得积累目的产物的突变株。

第三、选择对诱变剂敏感的菌株作为出发菌株。选择对诱变剂敏感的菌株作为出发菌株,不但可以提高变异频率,而且高产突变株的出现几率也大。生产中经过长期选育的菌株,有时会对诱变剂不敏感。在此情况下,应设法改变菌株的遗传特性,以提高菌株对诱变剂的敏感性。

②同步培养。

若出发菌株是细菌或酵母菌等单细胞微生物,一般采用营养细胞进行诱变处理。处理前,细胞应处于最旺盛的对数期,群体应尽可能达到同步生长状态,细胞内应具有丰富的内源性碱基,这样,诱变剂对群体中各细胞的处理均一,DNA被诱变剂作用后所造成的损伤能快速通过复制而形成突变,可以获得较高的突变率。

对于某些不产孢子的真菌,可直接采用幼龄菌丝体进行诱变处理。有三种方法:第一,对菌丝尖端进行诱变处理。第二,对单菌落边缘菌丝进行处理。第三,对小段菌丝悬浮液进行诱变处理。

③诱变菌悬液的制备。

用单细胞悬浮液诱变处理的理由是:如果几个细胞在一起,诱变时受的剂量不均匀,几个细胞变异情况不一致,长出的菌落就有几种状态的细胞,每批、每代筛选结果将产生很大的误差,给筛选造成很大的麻烦,不能将真正的菌种筛选出来。

这一步的关键就是制备一定浓度的分散均匀的单细胞或单孢子悬液,要对上步培养的斜面菌种进行收集、过滤、洗涤,并用生理盐水或缓冲溶液制备菌悬液。分散均匀的菌悬液可以先用玻璃珠振荡分散,再用脱脂棉或滤纸过滤。经处理,分散度可达90%以上,这样,可以保证菌悬液均匀地接触诱变剂,获得较好的诱变效果。

④细胞或孢子计数。

诱变处理前后的细胞悬液或孢子要计数,以控制菌悬液的细胞数或孢子浓度,以及统计诱变致死率。酵母菌细胞或霉菌孢子的浓度为$10^6 \sim 10^7$个/mL,放线菌和细菌的浓度大约为10^8个/mL。菌悬液的细胞可用平板计数法计算活菌数,也可用血球计数板或光密度法测定细胞总数,其中以活菌计数较为准确。诱变致死率采用平板活菌计数来测定。

⑤诱变处理。

诱变处理就是选择合适的诱变剂和使用剂量处理单细胞或单孢子悬液。常用的诱变剂有物理诱变剂和化学诱变剂两大类。常用的物理诱变剂有紫外线、X射线、γ射线、α射线、β射线、超声波等。常用的化学诱变剂有碱基类似物、烷化剂、羟胺、吖啶类化合物等。物理诱变剂中最常用的是紫外线。选择诱变剂时要综合考虑现有条件,诱变剂的诱变率、杀菌率,使用的方便性等。目前生产上常用的诱变剂主要有紫外线、氮芥、硫酸二乙酯、亚硝基胍等。诱变剂多为致癌剂,使用时要小心。

诱变处理不但取决于诱变剂,还与出发菌株的遗传特性有关。一般对于遗传上不稳定的菌株,可采用温和的诱变剂,或采用已见效果的诱变剂;对于遗传上较稳定的菌株则采用强烈的、不常用的、诱变谱广的诱变剂。一般不经常用同一种诱变剂反复处理,以防止诱变效应饱和;但也不要频繁更换诱变剂,以避免造成菌种的遗传特性复杂,不利于高产菌株的稳定性(图5.9)。

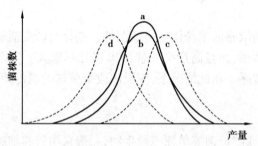

图5.9 诱变剂的剂量对产量变异的影响

a.未经诱变剂的处理 b.变异幅度扩大 c.正变占优势 d.负变占优势

诱变处理通常要经过多次试验确定一个合适的诱变剂量。一般来讲,诱变频率往往随剂量的增高而增高,但达到一定剂量后,再提高剂量反而会使诱变率下降。根据对紫外线及乙烯亚胺等诱变剂的研究,发现正突变较多出现在偏低剂量中,而负突变则较多出现在高剂量中。同时还发现,经多次诱变处理而提高产量的菌株,高剂量更容易出现负突变。因此,在诱变育种工作中,目前比较倾向于采用较低的剂量。以前使用剂量为90% ~99.9%的诱变剂,现倾向于使用70% ~75%的,甚至更低,特别是经过多次诱变后的高产菌株更是如此。

如物理诱变剂中最常用的紫外线的照射剂量可以相对地按照紫外灯的功率、照射距离、照射时间来确定。一般紫外灯的功率为15 W,灯与被照射物之间的距离为30 cm,照射时间一般不短于几秒钟,也不会长于20 min。

而影响化学诱变剂剂量的因素主要有诱变剂的浓度、作用温度和作用时间。化学诱变剂的处理浓度常用每毫升几微克到每毫升几毫克,但这个浓度取决于药剂、溶剂及微生物本身的特性,还受水解产物的浓度、一些金属离子以及诱变剂的延迟作用等的影响。一般来说,对于一种化学诱变剂,处理浓度对不同微生物有一个大致范围,在进行预试时,也常常是将浓度、处理温度确定后,测定不同时间的致死率来确定适宜的诱变剂量。化学诱变处理的终止方法常采用稀释、解毒剂或改变pH值等方法。

⑥中间培养及单菌落分离。

对于刚经诱变剂处理的菌株,有一个表现迟滞的过程,需三代以上的繁殖才能将突变性状表现出来。据此应将处理后的细胞在液体培养基中培养几小时,使细胞的遗传物质复制,繁殖几代,以得到纯的变异细胞。这样,稳定的变异就会显现出来。经过中间培养后对稳定遗传的纯种细胞进行涂布培养,分离单菌落。

其次是筛选过程,具体方法如下:

经过中间培养后可分离出大量的较纯的单菌落,接着就要从几千万个菌落中筛选出几个性能良好的正突变菌株,然后将被挑选的单菌落接种斜面后,在模拟发酵工艺的摇瓶中培养,再测定其生产能力。筛选过程需要花费大量的人力和物力,工作量很大。简洁而有效的筛选方法是育种工作成功的关键。在实际工作中,为了提高筛选效率,往往将筛选工作分为初筛和复筛两步进行。初筛以量为主,复筛以质为主。

初筛一般是定性测定,常采用平皿反应法。平皿反应是指目标菌产生的代谢产物与培养基内的指示物作用后在平皿上出现的生理效应,如变色圈、生长圈、抑制圈、透明圈等,这些效应的大小反映了变异菌株产生相应代谢产物的潜力,可以作为筛选标志。常用的方法如下:

①纸片培养显色法。此法适用于多种生理指标的测定。如淀粉酶变色圈(用碘液使淀粉显色)大小的测定;氨基酸显色圈(转印到滤纸上再用茚三酮显色)大小的测定;柠檬酸变色圈(用溴甲酚蓝作指示剂)大小的测定来估计相应代谢产物的产量。

②生长圈法。此法是利用一些有特别营养要求的微生物作为工具菌,若待分离的菌在缺乏上述营养物的条件下,能合成该营养物,或能分泌酶将该营养物的前体转化成营养物,那么,在这些菌的周围就会有工具菌生长,形成环绕菌落生长的生长圈。该法常用来选育氨基酸、核苷酸和维生素的生产菌。工具菌往往都是对应的营养缺陷型菌株。

③抑制圈法。利用抗生素产生菌抑制敏感菌的生长,在菌落周围形成不同大小的抑菌圈。

④透明圈法。如蛋白酶产生菌在含酪素的培养基、产酸菌在含碳酸钙培养基上可形成透明圈,利用透明圈的大小进行初步筛选。

初筛的结果与实际生产上发酵培养的情况可能差别很大。所以,作为生产菌种的挑选还必须进行比较精确的复筛(定量测定)。复筛一般是将待测菌做摇瓶培养或在小发酵罐中进行培养,然后对培养液进行测定,选出较理想的菌种。

(3)杂交育种

两个不同性状个体内的基因片段组合到一个细胞内,经重新排列后形成新遗传型个体的方式称为基因重组。重组可使微生物在碱基对结构未发生任何改变的情况下,组合产生新的遗传型个体。真核微生物与原核微生物在基因重组的形式上有所不同。因为真核微生物的基因重组是在有性繁殖过程中发生,即在两个配子融合为一个合子并进行减数分裂时,部分染色体片段发生交换而产生重组子,如真核微生物中的有性杂交和准性杂交实质上就是基因重组。

基因重组是杂交育种的理论基础,由于杂交育种是选用已知性状的供体菌和受体菌作亲本,因此,相比诱变育种具有更明确的方向性和目的性。

生产实践上利用有性杂交培育优良品种的例子很多。如用于酒精发酵的酵母菌和用于面包发酵的酵母菌同属一种啤酒酵母的两个不同菌株。面包酵母的特点是对麦芽糖及葡萄糖的发酵力强,产生 CO_2 多,生产快;而酒精酵母的特点是产酒率高而对麦芽糖、葡萄糖的发酵力弱,所以酿酒厂生产酒精后的酵母,不能供面包厂作引子用。通过两者的杂交,就得到了既能生产酒精,又能将其残余菌体用作面包厂和家用发面酵母的优良菌种。

(4)原生质体融合育种

原生质体融合就是通过人为的方法,使遗传性状不同两细胞的原生质体发生融合,并进而发生遗传重组以产生同时带有双亲性状的、遗传性稳定的融合子的过程。原生质体融合技术打破了微生物的种属界限,除不同菌株间或种间进行融合外,还能做到属间、科间甚至更远缘的微生物或高等生物细胞间的融合,为远缘生物间的重组育种展示了广阔前景。

原生质体融合的主要步骤是:先选择两个有特殊价值的并带有选择性遗传标记的细胞作为亲本,在高渗溶液中,用适当的脱壁酶(如细菌或放线菌可用溶菌酶或青霉素,真菌可用蜗牛酶或其他相应的脱壁酶等)去除细胞壁,再将形成的原生质体进行离心聚集,并加入促融合剂 PEG(聚乙二醇)或通过电脉冲等促进融合,然后在高渗溶液中稀释,再涂在能使其再生细胞壁和进行分裂的培养基上。待形成菌落后,通过影印接种法,将其接种到各种选择性培养基上,鉴定它们是否为融合子,最后再测定其他生物学性状或生产性能。

3)基因工程

基因工程是指用人为的方法将需要的某一供体生物的 DNA 挑取出来,在离体条件下进行切割后(或用人工合成的基因),把它和载体连接起来,然后导入某一受体细胞中,以让外来的遗传物质在其中"安家落户",进行正常的复制和表达,从而获得新物种的一种新的育种技术。

基因工程是人们在分子生物学理论指导下的一种自觉的、能像工程一样可事先设计和控制的育种新技术,是人工的、离体的、在分子水平上重组 DNA 的新技术,是一种可完成超远缘杂交的育种技术。基因工程的主要操作步骤如下:

第一步是目的基因的分离。在进行基因工程操作时,首先必须取得有生产意义的目的基因,一般有三条途径,一是从适当供体细胞(各种动植物及微生物均可选用)的 DNA 中分离;二是通过反转录酶的作用由 mRNA 合成 cDNA;三是由化学方法合成特定功能的基因。筛选好目的基因后可以通过化学合成法、物理法(包括密度梯度超速离心法、分子杂交法)、酶促合成法等方法提取所需要的目的基因。

除此之外,还要选择合适的基因工程载体,主要是质粒和病毒。载体一般为环状 DNA,要求其有自我复制能力、分子小、拷贝数多、易连接和易筛选等特点。

第二步是目的基因与载体体外重组。对目的基因与载体 DNA 均采用限制性内切酶处理,从而获得互补黏性末端或人工合成黏性末端。然后把两者放在较低的温度(5~6 ℃)下混合"退火"。由于这两种 DNA 是用同一种限制性核酸内切酶进行处理的,具有相同的黏性末端,因此相互之间能形成氢键,这就是所谓的"退火"。相邻的核苷酸在 DNA 连接酶的作用下,供体的目的基因就与载体 DNA 片段的裂口处能够形成磷酸二酯键,形成一个完整的有复制能力的环状重组载体。

第三步是载体传递。上述在体外反应生成的重组载体,只有将其引入受体细胞后,才能使其基因扩增和表达。把重组载体 DNA 分子引入受体细胞的方法很多,若以质粒作载体时,可以用转化的手段;若以病毒 DNA 作为载体时,则要用感染的方法。

第四步是复制、表达和筛选。在理想情况下,进入受体细胞的载体,可通过自我复制得到扩增,并使受体细胞表达出为供体细胞所固有的部分遗传性状,成为"工程菌"。

当前,由于分离纯净的基因功能单位还很困难,所以通过重组后的"杂种质粒"的性状是否符合原定的"设计蓝图",以及它能否在受体细胞内正常增殖和表达等能力还需经过仔细检查,以便能在大量个体中筛选出所需要性状的个体,然后才可加以繁殖和利用。目前,重组子筛选和鉴定主要通过表型法、DNA 鉴定筛选法、选择性载体筛选法、分子杂交选择法、免疫学方法和 mRNA 翻译检测法等方法来实现。

任务5.3 菌种保藏方法

菌种保藏是指在广泛收集实验室和生产菌种、菌株的基础上,将它们妥善保藏,使之达到不死、不衰、不污染,以便于研究、交换和使用。而狭义的菌种保藏的目的是防止菌种的退化、保持菌种生活能力和优良的生产性能,尽量减少、推迟负变异,防止死亡,并确保不污染杂菌。

由于各种微生物遗传特性不同,适合采用的保藏方法也不一样。一种良好的有效保藏方法,首先应能保持原菌的优良性状不变,同时还须考虑方法的通用性和操作的简便性。下面介绍几种常用的菌种保藏方法。

5.3.1 斜面低温保藏法

1)实训目的

(1)了解斜面低温保藏法的基本原理。

(2)学习并掌握斜面低温保藏法的操作步骤。

2)实训材料、仪器

(1)菌种

生长旺盛的细菌、酵母菌、放线菌和霉菌菌种。

(2)培养基

①琼脂斜面培养基:牛肉膏蛋白胨培养基斜面、麦芽汁琼脂培养基斜面、高氏 1 号培养基斜面、马铃薯葡萄糖琼脂培养基斜面。

②液体培养基:牛肉膏蛋白胨培养液、麦芽汁培养液等。

(3)仪器及其他用具

无菌试管、无菌吸管(1 mL 及 5 mL)、无菌滴管、酒精灯、接种环、普通冰箱、三角瓶等。

3)实训步骤

(1)斜面低温保藏法

将生长旺盛的菌种接种到适宜的琼脂斜面上,置 37 ℃培养箱孵育。待其生长良好后(如果是放线菌或霉菌应等其孢子形成),置于 4 ℃冰箱中保藏。间隔一定时间更换培养基进行转种。具体操作步骤如下:

①贴标签

取各种培养基斜面试管数支,将注有菌株名称和接种日期的标签贴在试管斜面的正上方,距离试管口 2~3 cm 处。

②接种

将待保藏的菌种用接种环以无菌操作方法移接至相应培养基斜面上。细菌和酵母菌宜采用对数生长期的细胞,而放线菌和丝状真菌宜采用成熟的孢子。

③培养

将细菌置于 37 ℃恒温培养箱中培养 18~24 h,酵母菌置于 28~30 ℃恒温培养箱中培养 36~60 h,放线菌和丝状真菌置于 28 ℃恒温培养箱中培养 4~7 d。

④保藏

待菌株长好后,直接放入 4 ℃冰箱中保藏。为防止棉塞受潮长杂菌,管口棉花应用牛皮纸包扎,或更换无菌胶塞,亦可用溶化的固体石蜡熔封棉塞或胶塞。

保藏时间依微生物种类不同而不同,酵母菌、霉菌、放线菌及有芽孢的细菌可保存 2~6个月,保藏到此时间即移种一次;而不产芽孢的细菌最好每月移种一次;假单胞菌 2 周移种一次。

此法的优点是简便,易于推广,但此法的缺点是菌种容易变异,污染杂菌的机会较多。

(2)半固体穿刺保藏法

①贴标签。取无菌的牛肉膏蛋白胨半固体深层培养基试管数支,将注有菌株名称和接种日期的标签贴在距离试管口 2~3 cm 处。

②穿刺接种。取细菌斜面菌种管一支,用接种针挑取菌种少许,朝深层琼脂培养基中央直刺至接近试管底部(切勿穿透到管底),然后沿穿刺线抽出接种针,塞上棉塞。

③培养。将接种过的培养基试管置于 37 ℃恒温培养箱中培养 48 h 左右。

④保藏。待菌株长好后,直接放入 4 ℃冰箱中保藏。此种方法一般可保存半年至一年。

4)**注意事项**

①在保藏期间应定期检查存放的房间、冰箱等的温度、湿度,各试管的棉塞有无长霉现象,如发现异常则立即取出该管重新移植,并经培养后补上空缺。

②大量保存菌种每次移植时,各菌株的菌名、所用培养基一定要细心核对准确无误。

③每次移植培养后,应与原保藏菌种的信息逐管对照,检查其培养特征,确实无误再进行保藏。

④斜面保存的菌种,一般每株菌应保藏相继的三代培养物,以便对照。

5)**实训结论**

表 5.1 菌种生长情况记录表

接种日期	菌种名称	培养条件		生长情况
		培养基	培养温度/℃	

5.3.2 沙土管保藏法

1）实训目的

①了解沙土管保藏法的原理。

②学习并掌握沙土管保藏法的操作步骤。

2）实验材料、仪器

①菌种:霉菌、芽孢杆菌,培养至长满孢子和芽孢。

②试剂:10% HCl、蒸馏水等。

③仪器及其他:试管、接种环、40目和100目筛子、无菌吸管、酒精灯等。

3）实训步骤

在干燥条件下菌种细胞处于休眠和代谢停滞状态,以此达到长期保藏菌种的目的。保藏载体有沙土、滤纸、麸皮等,最常用的是沙土管保藏。此法适用于生芽孢的细菌、霉菌和放线菌孢子的保藏,不适用于保藏无芽孢的细菌和酵母菌。因此在抗生素工业中应用较广且效果好,但应用于营养细胞效果较差。具体操作如下:

(1)沙土的准备

①沙处理:将河沙过40目筛,去除大颗粒,加10% HCl 浸泡(用量以浸没沙粒为宜)2~4 h 或煮沸30 min,以除去有机杂质,然后倒去盐酸,用清水冲洗至 pH 值接近中性,烘干或晒干,备用。

②土处理:取非耕作层瘦黄土(不含或尽量少含有机质),加自来水浸泡洗涤数次,直至 pH 值接近中性,然后烘干粉碎,过100目筛,去除粗颗粒后备用。

(2)混合和装管

将沙与土按2∶1或3∶1或4∶1(W/W)比例混合均匀装入试管(10 mm × 100 mm)中,装至约7 cm高,塞上棉塞,并用牛皮纸包扎好,121 ℃灭菌30 min,然后烘干。

(3)无菌检查

任取灭菌后的沙土管一支,接种到牛肉膏蛋白胨培养液或麦芽汁培养液中,30 ℃培养2 d以上,检查有无杂菌生长,确信灭菌彻底后方可使用。如发现有杂菌生长,经重新灭菌后,再做无菌试验,直至合格。

(4)沙土管菌种制备

用5 mL无菌吸管分别吸取3 mL无菌水至待保藏菌种斜面上,用接种环轻轻刮取菌苔并搅动,制成菌悬液。另用1支1 mL无菌吸管吸取制备好的菌悬液0.1~0.5 mL,放入沙土管中,并用灭菌后的接种环搅拌均匀,塞好棉塞。加入菌液量以湿润沙土达2/3高度为宜。

(5)干燥

把加好菌悬液的沙土管放入干燥器中,器内用培养皿盛 P_2O_5 或无水 $CaCl_2$ 作干燥剂。干燥剂吸湿后及时更换,几次以后即可干燥。或可用真空泵连续抽气3~4 h,加速干燥。将沙土管轻轻一拍,沙土呈分散状即达到充分干燥。

（6）保藏

干燥后的沙土管可视具体条件而采用适当的方法进行保藏。可直接放入冰箱中保存；可用石蜡封住棉塞后置冰箱中保存；也可放入简易干燥器中于室温下保存；还可用喷灯在棉塞下面部位熔封管口，然后进行保存。

4）注意事项

①沙土管经灭菌后要检查其灭菌效果，如有异常要继续多次灭菌。

②沙土管中菌液装量不宜过多，一般装量为试管高度的2/3。

5）实训结论

将实训结果记录于下表中。

表 5.2　菌种生长情况记录表

接种日期	菌种名称	培养条件		生长情况
		培养基	培养温度/℃	

5.3.3　冷冻真空干燥保藏法

1）实训目的

①了解冷冻真空干燥保藏法的原理。

②学习并掌握冷冻真空干燥保藏法的操作方法。

2）实训材料、仪器

①菌种：细菌、放线菌、酵母菌和霉菌。

②培养基：适合培养待保藏菌种的斜面培养基或琼脂平板。

③仪器及其他：脱脂牛奶、P_2O_5、无水 $CaCl_2$、10% HCl、安瓿管、无菌吸管、冷冻干燥装置等。

3）实训步骤

（1）准备安瓿管

安瓿管一般用中性硬质玻璃制成内径为 6 ~ 8 mm。先用 10% HCl 浸泡 8 ~ 10 h，再用自来水冲洗至中性，最后用蒸馏水洗 1 ~ 2 次，烘干备用。将标有菌名、接种日期的标签放入安瓿管内，字面朝向管壁可见，管口塞上棉花，于 121 ℃灭菌 30 min 备用。

（2）制备脱脂牛奶

将新鲜牛奶煮沸，除去表面油脂，再用脱脂棉过滤并 3 000 r/min，离心 15 min，除去上层油脂。如使用脱脂奶粉，可直接配成20%乳液，然后分装，高压灭菌，并做无菌试验。

（3）制备菌液

吸取 3 mL 无菌牛奶移入菌种(16 ~ 18 h 的培养物)斜面试管内，用接种环刮下培养物，并轻轻搅动,再用手搓动试管,制成均匀的细菌悬液。

(4)分装菌液

用无菌的长颈滴管将菌悬液分装于安瓿管底部,每管装 0.2 mL(一般装量约为安瓿管球部体积的 1/3)。注意不要使菌悬液粘在管壁上。

(5)菌悬液预冻

将装有菌悬液的安瓿管口外的棉花剪去,并将其余棉花向里推至离管口约 15 mm 处,再将安瓿管上端烧熔,拉成细颈,将安瓿管用橡皮管连接在 U 管的侧管上,并将安瓿整个浸入装有干冰和 95% 乙醇的预冻槽内(此时槽内温度为 −50 ~ −40 ℃)或放在低温冰箱中(−45 ~ −35 ℃)进行预冻,可使悬液冻结成固体。

(6)冷冻真空干燥

将装有冻结菌悬液的安瓿管置于真空干燥箱中,开动真空泵进行真空干燥。15 min 内使真空度达到 66.7 Pa,被冻结菌悬液开始升华,继续抽气,随后真空度逐渐达到 26.7 ~ 13.3 Pa后,维持 6 ~ 8 h,干燥后样品呈白色疏松状态。注意使用真空泵时要严密封闭,勿使漏气。

(7)熔封安瓿管封口及保藏

待菌种完全干燥后即从干燥缸内取出安瓿,先将安瓿管上部棉塞下端处用火焰烧熔并拉成细颈,再将安瓿管接在封口用的抽气装置上,开动真空泵,室温抽气,当真空度达到 26.7 Pa时继续抽气数分钟,再用火焰在细颈处烧熔封口。置 4 ℃冰箱中或室温下避光保藏。

(8)恢复培养

当须使用菌种时,先用75% 乙醇消毒安瓿管外壁,然后将安瓿管上部在火焰上烧热,再滴数滴无菌水于烧热处,使管壁产生裂缝,放置片刻,让空气从裂缝中慢慢地进入管内,然后将裂口端敲断,这样可防止空气因突然开口而冲入管内致使菌粉飞扬。将合适的培养液加入冻干样品中,使干菌粉充分溶解,再用灭菌的长颈滴管吸取菌液至合适培养基中,置最适温度下培养。

4)注意事项

①进行真空干燥过程中,安瓿管内的样品应保持冻结状态,这样在抽真空时样品就不会因产生泡沫而外溢。

②熔封安瓿管时,火焰要调至适中,封口处灼烧要均匀。若火焰过旺,封口处易弯斜,冷却后易出现裂缝,从而造成漏气。

5)实训结论

将恢复培养后的菌种生长情况和菌落特征记录于下表中。

表 5.3 菌种生长情况记录表

菌种名称	接种日期	培养条件		生长情况	存活率
		培养基	培养温度/℃		

5.3.4　液氮超低温保藏法

1）实训目的

①了解液氮超低温保藏法原理。

②学习并掌握液氮超低温保藏法操作。

2）实训材料、仪器

①菌种：制备保藏的细菌、放线菌、酵母菌或霉菌。

②培养基：适于培养待保藏菌种的各种斜面培养基或琼脂平板。

③试剂和溶液：含20%或10%甘油的液体培养基等。

④仪器和其他用具：液氮冰箱、控速冷冻机、安瓿管、吸管、酒精喷灯等。

3）实训步骤

该法是将保存的菌种用保护剂制成菌悬液密封于安瓿管内，经控制速度冻结后，贮藏在 $-150 \sim -196\ ℃$ 的液氮超低温冰箱中。这是鉴于有些微生物用冷冻真空干燥法保存不成功，采用其他方法也不易保存较长的时间，根据用液氮冰箱贮藏冻结的精子和血液等先例的启示发展而来的一种保藏方法。这种方法已被国外某些菌种保藏机构作为常规的方法应用。其操作程序并不复杂，关键在于要有液氮冰箱等设备。

（1）制备安瓿管

用于超低温保藏菌种的安瓿瓶必须用能经受 $121\ ℃$ 高温和 $-196\ ℃$ 冻结处理而不破裂的硬质玻璃制成。如放在液氮气相中保藏，可使用聚丙烯塑料做成的带螺帽的安瓿管（也要能经受高温灭菌和超低温冻结的处理）。安瓿管大小以容量 1.2 mL 为宜。

安瓿管用自来水洗净，再用蒸馏水洗两遍烘干。将注有菌名及接种日期的标签放入安瓿管上部，塞上棉花于 $121\ ℃$ 灭菌 30 min，备用。

（2）制备保护剂

液氮保藏一般都要添加保护剂，如保藏噬菌体时，要按菌体与保护剂 1：1 比例的 20% 脱脂乳为保护剂；保藏细菌等，则用 10%（V/V）甘油蒸馏水或 10%（V/V）二甲亚砜（DMSO）蒸馏水溶液为保护剂。如做冻结琼脂片用时，先在每个安瓿管中各加 0.8 mL 的保护剂，于 $121\ ℃$ 灭菌 30 min 后备用。

（3）制备菌悬液

把单细胞微生物接种到合适的培养基上，并在合适的温度下培养到稳定期，对于产生孢子的微生物应培养到形成成熟孢子的时期，再吸取适量无菌生理盐水于斜面菌种管内，用接种环将菌苔从斜面上轻轻地刮下，制成均匀的悬液。

（4）加保护剂

吸取上述菌液 2 mL 于无菌试管中，再加入 2 mL 20% 甘油或 10% DMSO，充分混匀，保护剂的最终浓度分别为 10% 或 5%。

（5）分装菌液

将加有保护剂的菌液分装到安瓿管中，每管装 0.5 mL。对不产孢子的丝状真菌，在作平板培养后，可用直径 0.5 mm 的无菌打孔器将平板上的菌丝连同培养基打下若干个圆菌块,然后用无菌镊子挑 2~3 块至含有 1 mL10% 甘油或 5% DMSO 的安瓿管中,如放于液氮液相中保藏,安瓿管口必须用火焰密封,以免液氮进入管内。熔封后将安瓿管浸入次甲蓝溶液中于 4~8 ℃ 静置 30 min,观察溶液是否进入管内,只有经密封检验合格者,才可进行冻结。

(6)冻结

适于慢速冻结的菌种在控速冻结器的控制下使样品每分钟下降 1 或 2 ℃,当冻结到 -40 ℃ 后,立即将安瓿管放入液氮冰箱中进行超低温冻结。如果没有控速冻结器,可在低温冰箱中进行。将低温冰箱调至 -45 ℃ 后,将安瓿管放低温冰箱中冻结 1 h 再放入液氮冰箱中保藏。适于快速冻结的菌种,可将安瓿管直接放液氮冰箱进行超低温冻结保藏。

(7)保藏

液氮超低温保藏菌种,可放在气相或液相中保藏。气相保藏,即将安瓿管放在液氮冰箱中液氮液面上方的气相(-150 ℃)中保藏。液相保藏,即将安瓿管放入提桶内,再放液氮(-196 ℃)中保藏。

(8)解冻恢复培养

将安瓿管从液氮冰箱中取出,立即放入 38 ℃ 水浴中解冻。由于安瓿瓶内样品少,约 3 min 即可融化。如果测定保藏后的存活率,可吸取 0.1 mL 融化的悬液,作定量稀释后进行平板计数,然后与冻结前计数比较,即可求存活率。

4)**注意事项**

①放在液相保藏的安瓿管,管口务必熔封严密。否则当该安瓿管从液氮冰箱中取出时,会因进入其中的液氮受外界较高温度的影响而急剧气化、膨胀导致安瓿管爆炸。

②从液氮冰箱取安瓿管时,面部必须戴好防护罩,戴好皮手套,以防冻伤。

③当从液氮冰箱取出某一安瓿管时,为了防止其他安瓿管升温而不利于保藏,取出及放回安瓿管的时间一般不要超过 1 min。

5)**实训结论**

将实训结果记录于下表中。

表 5.4　菌种保藏结果记录

接种日期	菌种名称	培养条件			保护剂	冻结速度/(℃·min⁻¹)	液相或气相保藏	存活率/%
		培养基	培养温度/℃	培养时间/h				

任务5.4 液体石蜡保藏法

5.4.1 液体石蜡保藏法

1）实训目的

①了解液体石蜡保藏法的原理。

②学习并掌握液体石蜡保藏法的操作步骤。

2）实训材料、仪器

①菌种:待保藏菌种(要求菌体或孢子生长良好),对能利用烷烃为碳源的菌株不能采用此法保藏。

②培养基及试剂:待保藏菌种用相应培养基、液体石蜡(要求相对密度0.845,馏出温度340 ℃,分析纯)。

③仪器及其他用具:无菌吸管、酒精灯、接种环、三角瓶、试管胶塞、超净台、恒温培养箱、普通冰箱等。

3）实训步骤

液体石蜡或称矿物油,用它保藏菌种也比较简便易行,它是斜面低温保藏法和穿刺培养的辅助方法。此法是在需要保藏的培养物上覆盖一层已灭菌的液体石蜡,液体石蜡可防止因培养基水分蒸发而引起菌体死亡,还可阻止氧气进入,使好气菌不能继续生长,以延长菌种的保藏时间。

(1)石蜡覆盖斜面保藏

石蜡覆盖斜面保藏方法的步骤如下:

①液体石蜡。选用优质无色、中性、相对密度为0.8～0.9 g/cm³的液体石蜡,装入三角瓶中,加棉塞,用防潮纸包好,9.8×10^4 Pa灭菌30 min取出,置40 ℃温箱蒸发水分,或于110～170 ℃烘箱烘去水分,经无菌检查后备用。

②菌种培养。将需要保藏的菌种接种到适宜的培养基斜面上培养(斜面宜短,最好不要超过试管的1/2),以得到健壮的菌体细胞。

③灌注石蜡油。在无菌条件下,用无菌吸管吸取已灭菌的液体石蜡,注入已培养好的新鲜斜面菌体细胞上,以高于斜面顶端1 cm为宜,使菌体与空气隔绝。

④保藏。将已灌注液体石蜡的菌种斜面以直立状态置低温(4 ℃左右)干燥处保藏。

⑤恢复培养。在移接或再培养时,先沿试管壁倒去附在菌体上的液体石蜡,将菌体移接到适宜的新鲜培养基上,生长繁殖后,再重新转接一次。

该法保藏时间及效果因微生物种类不同而异。对于某些能同化烃类的微生物效果较差,不宜用。对于酵母菌可每2年移植一次,最长可达6年。保藏某些细菌(例如芽孢杆菌属、醋酸杆菌属),某些丝状真菌(例如青霉属、曲霉属等)效果也很好,可达2～10年不等。

有多种细菌和丝状真菌不适合用这种方法保藏,例如固氮菌、乳杆菌、明串珠菌、沙门氏菌、丝枝霉、卷霉、小克银汉霉、毛霉、根霉等属,据报道效果不好。

(2)石蜡覆盖穿刺保藏

穿刺保藏法是斜面保藏法的一种改进,常用于各种好气性细菌的保藏。

①制备穿刺用培养基。配制1%琼脂的半固体培养基装入小试管或螺口小管内,高度为1~2 cm。121 ℃灭菌后,直立使其凝固。

②接种。用接种针在无菌操作条件下挑取菌种少许,朝深层琼脂培养基中央直刺至接近试管底部(切勿穿透到管底),然后沿穿刺线抽出接种针,塞上棉塞。

③培养。将接种过的培养基试管置于适宜温度的恒温培养箱中培养一定时间,直至菌种生长健壮方可取出。

④覆盖液体石蜡。取培养好的半固体培养基,在无菌条件下,倒入已灭菌的液体石蜡,高度超过培养基2~3 cm即可,塞上棉塞。

⑤保藏。将加过液体石蜡的半固体培养基放入4 ℃冰箱中保藏。这种方法适用范围较广,也可用于放线菌和真菌的保藏。

4)**注意事项**

①液体石蜡易燃,必须防止火灾。

②由液体石蜡封藏的菌体需要移植时,接种针带有石蜡和菌体,遇火焰容易飞溅、爆发,所以要严防污染。

③保藏时应注意定期查看,以免棉塞受潮生霉。若发现培养基露出液面,应及时补充灭菌的液体石蜡。

5)**实训结论**

将实训结果记录于下表中。

表5.5　菌种生长情况记录表

接种日期	菌种名称	培养条件		生长情况
		培养基	培养温度/℃	

思考题 >>>

1.简述固体培养基及液体培养基分离纯培养时应注意哪些问题。

2.简述诱变育种的工作流程。

3.简述常用的菌种保藏方法有哪些。

项目6
食品微生物检测技术

知识目标

◎了解食品中的微生物的主要来源、不同微生物对营养的要求,了解食品质量的主要指标、食品检验中细菌总数、大肠菌群数的定义及其检验意义、微生物检验室和无菌室的基本要求,熟悉微生物检验中常用的仪器设备机器结构与性能。

◎认识和熟悉微生物检验中常用的玻璃器皿,了解染色的基本原理,掌握常用染料的性质,了解培养基的种类及一些常用的培养基的用途。认识微生物检验的基本程序和要求,熟悉食品微生物检验中细菌总数和大肠菌群的检验程序。掌握常见的细菌、真菌的生理学特征(形态特性、生化特性等)。

能力目标

◎掌握灭菌消毒的技术要求、常用染液配制技术、一般培养基的配制技术。

◎掌握微生物的染色、制片、鉴定、计数、测大小和培养基的制备、灭菌、接种技术。

◎掌握食品微生物检验中常见检样的制备技术和检测方法,并能获得正确的检验结果,写出规范的检验报告;在食品检验中进行细菌真菌等的鉴别检测程序、检验方法,并能正确、熟练地进行操作。

任务 6.1　霉菌形态的观察和数量测定

　　霉菌是丝状真菌的俗称,意即"发霉的真菌"。在潮湿温暖的地方,很多物品上会长出的一些肉眼可见的绒毛状、棉絮状、地毯状或蜘蛛网状的菌落,即为霉菌。

　　霉菌菌落的特征:

　　①由于霉菌的菌丝较粗而长,因而霉菌的菌落较大。有的霉菌的菌丝蔓延,没有局限性,其菌落可扩展到整个培养皿;有的种则有一定的局限性,直径 1~2 cm 或更小。

　　②菌落质地疏松,外观干燥,不透明,呈现或松或紧的蜘蛛网状、绒毛状、棉絮状或毛毡状,有时还能呈现红、褐、绿、黑、黄等不同颜色。

　　③菌落和培养基间的连接紧密,不易挑取。

　　④菌落正面与反面的颜色、构造,以及边缘与中心的颜色、构造常不一致。

　　霉菌为真核微生物,菌丝较粗大,有分支或不分支的,但又不像蘑菇那样产生大型的子实。霉菌的菌丝有营养菌丝(也称基内菌丝)和气生菌丝的分化,气生菌丝生长到一定阶段分化产生繁殖菌丝,由繁殖菌丝产生孢子。霉菌菌丝体(尤其是繁殖菌丝)及孢子的形态特征是识别不同种类霉菌的重要依据。例如:青霉的繁殖菌丝无顶囊,经多次分支,产生几轮对称或不对称的小梗,小梗上着生成串的青色分生孢子,孢子囊形如"扫帚"。而曲霉的分生孢子梗顶端膨大成顶囊,呈球形。

　　霉菌菌丝和孢子的宽度通常比细菌和放线菌粗得多(约 3~10 μm),常是细菌菌体宽度的几倍至几十倍,因此,用低倍显微镜即可观察。

　　霉菌形态的观察包括霉菌菌落形态的观察及霉菌个体形态(菌丝、菌丝体和孢子形态)的观察。

6.1.1　霉菌的菌落形态观察

1)材料与试剂

①菌种:青霉、曲霉、毛霉、根霉。

②培养基、试剂:PDA 培养基、无菌水。

③仪器与设备:高压灭菌器(锅)、超净工作台、培养箱、电热板(电炉)等。

④玻璃器皿及其他:培养皿、接种环、酒精灯等。

2)具体操作

(1)马铃薯蔗糖培养基的配制与灭菌

马铃薯培养基:马铃薯 200 g,葡萄糖(或蔗糖)20 g,琼脂 15~20 g,自来水 1 000 mL,自然 pH 值。

制法:称取 200 g 马铃薯,洗净去皮切成小块,加水煮制(煮沸 20~30 min,能被玻璃棒戳破即可),用四层纱布过滤,再据实际实验需要加糖和琼脂,继续加热搅拌混匀,稍冷却后再补足水分至 1 000 mL,分装后于 0. 10 MPa(121 ℃)灭菌 15 ~ 20 min。如成分中有葡萄糖宜采用 0. 07 MPa 灭菌 20 min。

(2)制备平板培养基

严格按照无菌操作要求,将制备好的马铃薯蔗糖培养基倒入无菌培养皿内,每皿 15 ~ 20 mL,凝成平板,待用。

(3)接种

将经过活化的保藏菌种青霉、曲霉、根霉、毛霉分别点种于制备好的马铃薯蔗糖平板培养基上。

(4)培养

接种好的平板在 25 ~ 28 ℃下培养 3 ~ 5 d,使其形成菌落。

(5)观察

观察平板中形成的各种霉菌菌落的大小、形状、颜色、质地及渗出物特点等。注意霉菌菌落与细菌、放线菌、酵母菌菌落的区别。

菌落大小:分局限生长和蔓延生长,用格尺测量菌落的直径和高度。

菌落的颜色:表面和反面的颜色,基质的颜色变化(有无分泌水溶性色素)。

菌落的组织形状:分棉絮状、蜘蛛网状、绒毛状、地毯状等。

菌落的表面形状:分同心轮纹、放射状、疏松或紧密的菌丝、有无水滴等。

3)实验结果与报告

描述曲霉、青霉、毛霉和根霉的菌落特征,并识别和区别它们之间的不同之处,结果记录于表 6.1 中。

表 6.1　曲霉、青霉、毛霉、根霉的菌落的颜色及特征

霉菌名称	大　小	表面形状	菌丝颜色	孢子颜色	菌丝高矮	生长密度	与培养基结合程度	嗅味
曲霉								
青霉								
毛霉								
根霉								

知识链接)))

常见霉菌的菌落形态特征

黑曲霉菌、烟曲霉菌、黄曲霉菌和土曲霉菌都是较常见的霉菌。它们在培养基上的菌落特征有共性,也各有特点,现分述如下:

黑曲霉菌:在 SDA 培养基上菌落生长快(图6.1),表面黑色,粉末状。分生孢子头(图6.2)的顶囊球形或近球形,小梗双层,第一层粗大,第二层短小,呈放射状排列,布满整个顶囊,黑色,顶端有链形孢子。

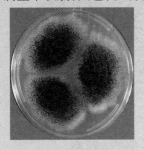 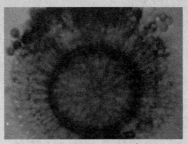

图6.1　黑曲霉菌落　　　　　　　　　　图6.2　黑曲霉分生孢子头

烟曲霉菌:在 SDA 培养基上菌落(图6.3)生长快,棉花样,开始为白色,2~3 d后转为绿色,数日后变为深绿色,呈粉末状。分生孢子头(图6.4)的顶囊烧瓶状,小梗单层,排列成木栅状,布满顶囊表面 3/4,顶端有链形分生孢子,分生孢子球形,有小棘,绿色。

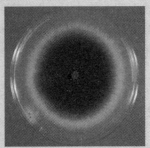 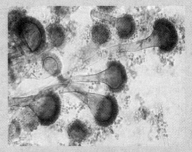

图6.3　烟曲霉菌落　　　　　　　　　　图6.4　烟曲霉分生孢子头

黄曲霉菌:在 SDA 培养基上菌落(图6.5)生长快,黄色,表面粉末状。分生孢子头(图6.6)顶囊球形或近球形,小梗双层,第一层长,布满顶囊表面,呈放射状排列,黄色,顶端有链形孢子。

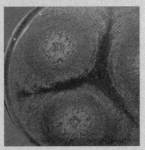 

图6.5　黄曲霉菌落　　　　　　　　　　图6.6　黄曲霉分生孢子头

土曲霉菌:在 SDA 培养基上菌落(图6.7)生长快,小,圆形,淡褐色或褐色。分生孢子头的顶囊半球形,小梗双层,第一层短,第二层长,呈放射状排列,分布顶囊表面 2/3,顶端有链形孢子。

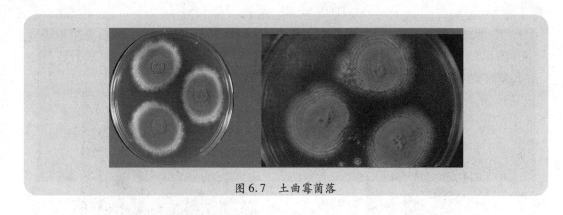

图 6.7　土曲霉菌落

6.1.2　霉菌的个体形态(菌丝、菌丝体和孢子形态)观察

霉菌个体形态的观察方法有多种,常用的有直接制片观察法、载玻片培养观察法和玻璃纸培养观察法三种。

1)霉菌的直接制片观察技术

霉菌的直接制片观察法是将培养物置于乳酸石炭酸棉蓝溶液中,制成霉菌制片镜检。用此溶液制成的霉菌制片的特点是:①细胞不变形;②具有杀菌防腐作用,且不易干燥,能保持较长时间;③能防止孢子分散;④溶液本身呈蓝色,有一定染色效果,观察较清晰。

(1)材料与试剂

①菌种:曲霉、青霉、根霉、毛霉。

②培养基、试剂:马铃薯蔗糖培养基;无菌水;乳酸-石炭酸棉蓝染色液。

③仪器与设备:高压灭菌器(锅)、超净工作台、培养箱、显微镜、电热板等。

④玻璃器皿及其他:培养皿、接种环、酒精灯、载玻片、盖玻片、解剖针、酒精灯等。

(2)具体操作

具体操作:菌种培养→载片准备→取菌→制片→观察等几个步骤。

①菌种培养。将经过活化的保藏菌种产黄青霉、米曲霉、黑根霉、高大毛霉分别点种于制备好的马铃薯蔗糖平板培养基上。接种好的平板在 25 ~ 28 ℃下培养 3 ~ 5 d,使其形成菌落。

②载玻片准备。选择光滑无裂痕的玻片,最好选用新的。为了避免玻片向后重叠,应将玻片插在专用金属架上。然后将玻片置洗衣粉滤过液中(洗衣粉先经煮沸,再用滤纸过滤,以除去粗颗粒),煮沸 20 min。取出稍冷后即用自来水冲洗,晾干。再放入浓洗液中浸泡 5 ~ 6 d。使用前取出玻片,用水冲去残酸,再用蒸馏水洗。将水沥干后,放入95%乙醇中脱水。取出玻片,在火焰上烧去酒精,立即使用。

③制片(水浸片制作)。在载玻片上加一滴蒸馏水,用接种针从霉菌菌落边缘处挑取少量已产孢子的霉菌菌丝;先置于50%乙醇中浸一下以洗去脱落的孢子,再放在载玻片上的蒸馏水中,用解剖针小心地将菌丝分散开,盖上盖玻片。

注意:挑菌和制片时要细心,尽可能保持霉菌自然生长状态;加盖玻片时勿压入气泡,以免影响观察。

④镜检。将上述制好的水浸片置于低倍镜下观察,并在高倍镜下观察菌丝分隔情况和

分生孢子着生情况(应辨认分生孢子梗、顶囊、小梗及分生孢子)。

2)霉菌的载片培养观察技术

霉菌的载片培养法是在一定湿度的培养皿中,放入一霉菌载片培养物,并盖上一块盖玻片,使霉菌在一狭窄的空隙中生长、繁殖,便于在显微镜下观察霉菌的特殊形态构造,如曲霉的足细胞、分生孢子、顶囊等生长情况;并且还可在同一标本上观察到它们不同阶段的生长、发育状况。

(1)材料与试剂

①菌种:曲霉、青霉、根霉、毛霉。

②培养基、试剂:马铃薯蔗糖培养基;无菌水;20%甘油。

③仪器与设备:高压灭菌器(锅)、超净工作台、培养箱、显微镜、电热板等。

④玻璃器皿及其他:培养皿、接种环、酒精灯、无菌吸管、载玻片、盖玻片、U形棒、解剖刀、玻璃纸、滤纸等。

(2)具体操作

具体操作:无菌培养皿准备→琼脂薄片的制作→接种→培养→观察。

①无菌培养皿准备(培养小室的灭菌)。将略小于培养皿底内径的滤纸放入皿内,再放上U形玻棒,其上放一洁净的载玻片,然后将两个盖玻片分别斜立在载玻片的两端,盖上皿盖,把数套(根据需要而定)如此装置的培养皿叠起,包扎好,用1.05 kg/cm²,121 ℃灭菌20~30 min 或干热灭菌,备用。

②琼脂薄片的制作。取已灭菌的马铃薯琼脂培养基各6~7 mL注入另两个灭菌平皿中,使之凝固成薄层。通过无菌操作,用解剖刀将其切成1 cm ×1 cm 的琼脂块,并将其移至上述培养室中的载玻片上(每片放置两块)。

或:在载玻片(无菌培养皿内)两侧各加一个湿棉球,采用无菌操作滴加一滴培养基于载玻片,注意不能产生气泡。

③接种。通过无菌操作,用接种环从斜面培养物上挑取很少量的孢子,接种于培养小室中琼脂块的边缘上,用无菌镊子将盖玻片覆盖在琼脂块上。

④培养。通过无菌操作,在培养小室中的圆形滤纸上加2~3 mL灭菌的20%的甘油(用于保持平皿内的湿度),盖上皿盖,25~28 ℃下培养3~5 d。

⑤镜检。根据需要可以在不同的培养时间内取出载玻片置低倍镜下观察,必要时换高倍镜。

(3)实验中要注意的问题

①挑菌和制片时要细心,尽可能保持霉菌自然生长状态;加盖玻片时勿压入气泡,以免影响观察。

②接种量要少,尽可能将分散的孢子接种在琼脂块边缘上,否则培养后菌丝过于稠密影响观察。

③在滤纸上滴加甘油使滤纸保持湿润的状态,以保证霉菌生长所需的湿润环境;实验操作过程中,尤其是镜检时不要碰到载玻片上的菌丝,否则会污染镜头并且破坏了霉菌的自然生长状态。

3)霉菌的玻璃纸透析培养观察技术

霉菌的载片培养法是在一定湿度的培养皿中放入一霉菌载片培养物,并盖上一块盖玻片,使霉菌在一狭窄的空隙中生长、繁殖,便于在显微镜下观察霉菌的特殊形态构造,如曲霉的足细胞、分生孢子、顶囊等生长情况;并且还可在同一标本上观察到它们不同阶段的生长、发育状况。

(1)材料与试剂

①菌种:曲霉、青霉、根霉、毛霉。

②培养基、试剂:马铃薯蔗糖培养基;无菌水;乳酸-石炭酸棉蓝溶液。

③仪器与设备:高压灭菌器(锅)、超净工作台、培养箱、显微镜、电热板等。

④玻璃器皿及其他:培养皿、接种环、酒精灯、无菌吸管、载玻片、盖玻片、解剖刀、玻璃纸、滤纸等。

(2)具体操作

具体操作步骤为:玻璃纸的选择与处理→菌种的培养→制片→观察。

①玻璃纸的选择与处理。要选择能够允许营养物质透过的玻璃纸。也可收集商品包装用的玻璃纸,加水煮沸,然后用冷水冲洗。经此处理后的玻璃纸若变硬,必定是不可用的,只有那些软的可用。将那些可用的玻璃纸剪成适当大小,用水浸湿后,夹于旧报纸中,然后一起放入平皿内 121 ℃ 灭菌 30 min 备用。

②菌种的培养。按无菌操作法,倒平板,冷凝后用灭菌的镊子夹取无菌玻璃纸贴附于平板上,再用接种环沾取少许霉菌孢子,在玻璃纸上方轻轻抖落于纸上。然后将平板置 28 ~ 30 ℃下培养 3 ~ 5 d,曲霉菌和青霉菌即可在玻璃纸上长出单个菌落(毛霉菌、根霉菌的气生性强,形成的菌落铺满整个平板)。

③制片。剪取玻璃纸透析法培养 3 ~ 4 d 后长有菌丝和孢子的玻璃纸一小块,先放在 50% 乙醇中浸一下,洗掉脱落下来的孢子,并赶走菌体上的气泡,然后正面向上贴附于干净载玻片上,滴加 1 ~ 2 滴乳酸-石炭酸棉蓝溶液,小心地盖上盖玻片(注意不要产生气泡),且不要移动盖玻片,以免搞乱菌丝。

④镜检。标本片制好后,先用低倍镜观察,必要时再换高倍镜。注意观察菌丝有无隔膜,有无假根、足细胞等特殊形态的菌丝。注意其无性繁殖器官的形状和构造,孢子着生的方式和孢子的形态、大小等。

4)实验结果

观察、记录根霉(图 6.8)、青霉(图 6.9)、毛霉(图 6.10)和米曲霉(图 6.11)的个体形态特征及生殖方式图,结果记录于表 6.2 中。

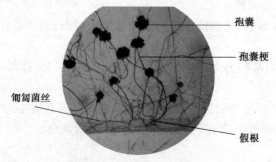

图 6.8　根霉形态观察(10×40)

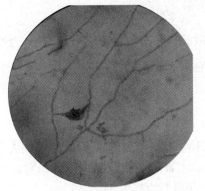

(a)青霉形态观察(10×10)

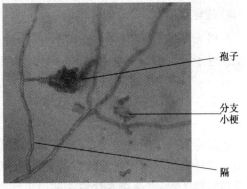

孢子

分支
小梗

隔

(b)青霉形态观察(10×40)

图 6.9

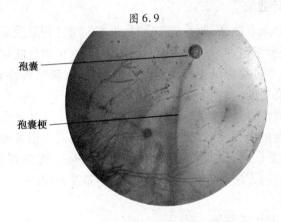

孢囊

孢囊梗

图 6.10 毛霉形态观察(10×40)

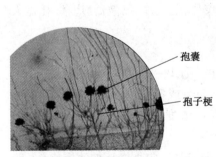

孢囊

孢子梗

(a)曲霉形态观察(10×40)

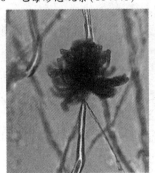

(b)曲霉孢囊

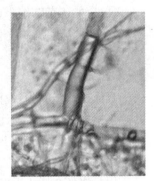

(c)曲霉足细胞

图 6.11 曲霉形态观察(10×40)

表 6.2 曲霉、青霉、毛霉、根霉的个体形态特征及生殖方式

霉菌名称	菌丝结构及分化结构	孢子特征
曲　霉		
青　霉		
毛　霉		
根　霉		

5)注意事项

严格无菌操作;接种量要少,同时尽可能将分散的孢子接种在琼脂块边缘上,否则培养后菌丝过于稠密影响观察;接种时不能刺破培养基。

6.1.3 霉菌的数量测定技术

测定霉菌数量的方法很多,通常采用的有显微镜直接计数法和平板培养计数法等。显微镜直接计数法是利用血球计数板计数各种加工的水果和蔬菜制品中的霉菌数以及样品中霉菌的孢子数,平板培养计数法适用于计数各种食品中的霉菌数。

1)霉菌直接镜检计数法

各种加工的水果和蔬菜制品,如番茄酱原料、果酱和果汁等易受霉菌的污染,适宜条件下霉菌不仅能生长,还能繁殖。番茄制品中霉菌数的多少,可以反映原料番茄的新鲜度、生产车间的卫生状况、生产过程中是否有变质发生。因此,控制原料番茄的新鲜度以降低产品中霉菌含量是非常必要的。

利用郝氏霉菌计数法,可通过在一个标准计数玻片上计数含有霉菌菌丝的显微视野,知道番茄酱中霉菌残留的多少,对番茄制品质量的评定,具有一定参考价值。

本实训采用食品安全国家标准《食品微生物学检验 霉菌直接镜检计数法》(GB 4789.15—2010)中规定的方法而进行。本方法适用于番茄酱罐头。

(1)材料与试剂

①检样:番茄汁和调味番茄酱。

②试剂:无菌蒸馏水。

③仪器与设备:折光仪或糖度计、显微镜、郝氏计测玻片、盖玻片、测微器、烧杯、托盘天平等。

(2)具体操作

具体操作步骤为:检样制备→显微镜标准视野的校正→涂片→观测→结果与计算。

①检样制备。番茄汁和调味番茄酱可直接取样;番茄酱或番茄糊须加水稀释为固形物,含量相当于20 ℃下折光指数为1.344 7~1.346 0(即浓度为7.9%~8.8%)的标准样液。

用小烧杯在托盘天平上称取10 g(浓度约28.5%)番茄酱。向小烧杯加蒸馏水(一般26 mL)稀释至折光指数为1.344 7~1.346 0(即浓度为7.9%~8.8%)备用。

②显微镜标准视野的校正。将显微镜按放大率90~125倍调节标准视野,使其直径为1.382 mm。

检查标准视野:将载玻片放在载物台上,配片置于目镜的光栏孔上,然后观察。标准视野要具备以下条件:载玻片上相距1.382 mm的两条平行线与视野相切;配片(测微器)的大方格四边也与视野相切。如果发现上述两个条件中有一条不符合,须经校正后再使用。

③涂片。洗净郝氏计测玻片,将制好的标准液用玻璃棒均匀地摊布于计测室,以备观察。

④观测。将制好的载玻片放于显微镜标准视野下进行霉菌观测。对一般样品,每个涂片均检查50个视野(每一个样品至少应测25个视野,才能代表样品的各个部分。如果检查结果阳性视野低于30%,则检查25个视野即可;如果在30%~40%,须检查50个视野;如果在40%~50%,须检查100个视野;如果在50%以上或超过更多,则要继续检查,直至检查25个视野的结果与一系列计算结果无差异为止)。所检查的50个视野要均匀地分布在计测室上,可用显微镜载物台上带有标尺的推进器来控制,从上到下,或从左到右一行行有规律地进行观察。同一检样应由两人进行观察。

如果一个样品做两个片子,观察结果误差较大(超过6%),则另取样涂片,观察测定至误差<6%时为止。

⑤结果与计算。在标准视野下,发现有霉菌菌丝长度超过标准视野(1.382 mm)的1/6或三根菌丝总长度超过标准视野的1/6(即测微器的一格)时即为阳性(+),否则为阴性(-),按100个视野计,其中发现有霉菌菌丝体存在的视野数,即为霉菌的视野百分数。

根据霉菌数含义,其计算公式如下:霉菌数 = 阳性视野数/50 ×100%

如:记录的阳性视野数,片1为15,片2为16,则样品的霉菌数为:

样品霉菌数 = (15 + 16)/50 ×1/2 ×100% = 31%

知识链接)))

霉菌菌丝的鉴别与贸易标准

霉菌菌丝的鉴别:霉菌菌丝往往与番茄组织难以区别,但能够很有把握地加以区别,这是保证计测结果准确的重要环节之一。在同一视野内霉菌菌丝的特征是:霉菌菌丝一般粗细均匀;霉菌菌丝体内含有颗粒,具有一定的透明度;有的霉菌菌丝有横隔;有的霉菌菌丝有分支。而番茄组织的细胞壁大多呈环状,粗细不均匀,细胞壁较厚,且透明度不一致。

部颁标准为阳性视野不超过40%。在国际贸易中,合同上无要求时按部颁标准执行,合同上有要求时按合同执行。每抽取一罐样品制两个片子,每片观察50个视野,如果超过标准指标,应该继续制片,但片子数量不得少于3片即150个视野。如果计测结果相近时,可取其平均值;如对抽样结果有异议,应加倍抽样。全部合格,作为合格处理,其中有一罐不合格,该批作为不合格处理。

2)霉菌的平板菌落计数技术

菌落总数(aerobic plate count)是指食品检样经过处理,在一定条件下(如培养基、培养温度和培养时间等)培养后,所得每克(mL)检样中形成的微生物菌落总数,包括细菌菌落总数、酵母菌菌落总数和霉菌菌落总数等。

本实训采用食品安全国家标准《食品微生物学检验 霉菌和酵母计数》(GB 4789.15—2010)中规定的方法而进行。

（1）检样与培养基

①检样：花生米、大米或小麦等。

②培养基、试剂：马铃薯-葡萄糖-琼脂培养基；孟加拉红培养基；磷酸盐缓冲液；无菌生理盐水。

（2）仪器与设备

①高压灭菌器（锅）、恒温培养箱（28±1 ℃）、冰箱（2～5 ℃）、恒温水浴箱（46±1 ℃）、天平（感量为 0.1 g）、均质器、振荡器。

②无菌吸管：1 mL（具 0.01 mL 刻度）、10 mL（具 0.1 mL 刻度）或微量移液器及吸头等。

③无菌锥形瓶：容量 250 mL、500 mL。

④无菌试管：10 mm×75 mm。

⑤无菌培养皿：直径 90 mm。

⑥pH 计或 pH 比色管或精密 pH 试纸。

⑦放大镜和菌落计数器。

（3）具体操作

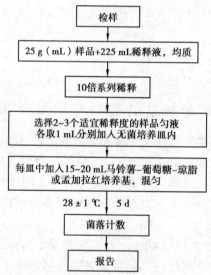

①样品的稀释，操作如下。

a. 固体和半固体样品：称取 25 g 样品置盛有 225 mL 磷酸盐缓冲液或生理盐水的无菌均质杯内，8 000～10 000 r/min 均质 1～2 min，或放入盛有 225 mL 稀释液的无菌均质袋中，用拍击式均质器拍打 1～2 min，制成 1∶10 的样品匀液。

b. 液体样品：以无菌吸管吸取 25 mL 样品置盛有 225 mL 磷酸盐缓冲液或生理盐水的无菌锥形瓶（瓶内预置适当数量的无菌玻璃珠）中，充分混匀，制成 1∶10 的样品匀液。

c. 用 1 mL 无菌吸管或微量移液器吸取 1∶10 样品匀液 1 mL，沿管壁缓慢注于盛有 9 mL 稀释液的无菌试管中（注意吸管或吸头尖端不要触及稀释液面），振摇试管或换用 1 支无菌吸管反复吹打使其混合均匀，制成 1∶100 的样品匀液。

d. 按 c 步操作程序，制备 10 倍系列稀释样品匀液。每递增稀释一次，换用 1 次 1 mL 无菌吸管或吸头。

e. 根据对样品污染状况的估计,选择 2~3 个适宜稀释度的样品匀液(液体样品可包括原液),在进行 10 倍递增稀释时,吸取 1 mL 样品匀液于无菌平皿内,每个稀释度做两个平皿。同时,分别吸取 1 mL 空白稀释液加入 2 个无菌平皿内作空白对照。

f. 及时将 15 ~20 mL 冷却至 46 ℃的马铃薯-葡萄糖-琼脂培养基或孟加拉红培养基[可放置于(46 ±1)℃恒温水浴箱中保温]倾注入平皿,并转动平皿使其混合均匀。

②培养。待琼脂凝固后,将平板翻转,(28 ±1)℃培养 5 d,观察并记录。

③菌落计数。肉眼观察,必要时可用放大镜,记录稀释倍数和相应的霉菌和酵母菌。以菌落形成单位(colony-forming units,CFU)表示。

选取菌落数在 10 ~150 CFU 的平板,根据菌落形态分别计数霉菌和酵母菌。霉菌蔓延生长覆盖整个平板的可记录为"多不可计"。菌落数应采用两个平板的平均数。

④菌落计数结果,操作如下。

a. 计算两个平板菌落数的平均值,再将平均值乘以相应稀释倍数计算。

b. 若所有稀释度的平板上菌落数均大于 150 CFU,则对稀释度最高的平板进行计数,其他平板可记录为"多不可计",结果按平均菌落数乘以最高稀释倍数计算。

c. 若所有稀释度的平板菌落数均小于 10 CFU,则应按稀释度最低的平均菌落数乘以稀释倍数计算。

d. 若所有稀释度平板均无菌落生长,则以小于 1 乘以最低稀释倍数计算;如为原液,则以小于 1 计数。

⑤菌落总数的报告。

a. 菌落数小于 100 CFU 时,按"四舍五入"原则修约,以整数报告。

b. 菌落数大于或等于 100 CFU 时,第 3 位数字采用"四舍五入"原则修约后,取前 2 位数字,后面用 0 代替位数;也可用 10 的指数形式来表示,按"四舍五入"原则修约后,采用两位有效数字。

c. 称重取样以 CFU/g 为单位报告,体积取样以 CFU/mL 为单位报告,报告或分别报告霉菌和/或酵母数。

6.1.4 霉菌的分离和培养

自然界中存在很多不同种类的微生物,为了获得某种微生物的纯培养,一般是根据该微生物对营养、酸碱度、氧等条件要求不同而供给它适宜的培养条件,或加入某种抑制剂,淘汰其他一些不需要的微生物,再用鉴别培养基筛选所需目的菌株。常采用的分离方法有稀释涂板法、稀释混合平板法、划线分离法等。

本实训以发酵食品工业中常用的黑曲霉、毛霉为例,练习霉菌的分离、鉴定、培养及产品的制作。

1)产酸黑曲霉的分离和培养

(1)材料与试剂

①材料:新鲜土壤样品。

②培养基、试剂:查氏培养基(培养基中加入少许溴甲酚绿指示剂)、PDA 培养基、无菌水、400 U/mL 庆大霉素液、10% 苯酚。

③仪器与设备:高压锅、超净工作台、培养箱、显微镜、载玻片、盖玻片、无菌培养皿、无菌吸管、无菌试管、电子天平、记号笔、玻璃涂棒、酒精灯、火柴等。

(2)具体操作

具体操作步骤为:材料准备→培养基配制→培养基分装、灭菌→制平板→制备土壤稀释液→接种、培养→检测、扩培→提交工作任务报告单。

①培养基配制、分装及灭菌。

a.查氏培养基(察氏培养基):硝酸钠 3 g,磷酸氢二钾 1 g,硫酸镁(MgSO$_4$·7H$_2$O)0.5 g,氯化钾 0.5 g,硫酸亚铁 0.01 g,蔗糖 30 g,琼脂 20 g,蒸馏水 1 000 mL。

制法:加热溶解,分装后 121 ℃灭菌 20 min。

b.马铃薯培养基:马铃薯 200 g,葡萄糖 20 g,琼脂 15～20 g,自来水 1 000 mL,自然 pH 值。

制法:称取 200 g 马铃薯,洗净去皮切成小块,加水煮烂(煮沸 20～30 min,能被玻璃棒戳破即可),用四层纱布过滤,再据实际实验需要加葡萄糖和琼脂,继续加热搅拌混匀,稍冷却后再补足水分至 1 000 mL,分装后 121 ℃灭菌 20 min。

②制平板。

a.在已灭菌的查氏培养基中加入庆大霉素 0.2 mL/瓶;

b.每组制 PDA 培养基、查氏培养基平板若干;

c.在无菌培养皿底部注明分离菌名、稀释度、组别、班级。

③制备土壤稀释液。

a.称取土壤 25 g,放入 225 mL 带有玻璃珠的无菌水三角瓶中,同时加入 1 mL 10% 苯酚溶液,振荡 5 min,即为稀释 10^{-1} 的土壤悬液。

b.另取盛有 9 mL 无菌水的试管 3 支,用记号笔编上 10^{-2}、10^{-3}、10^{-4}。从 10^{-1} 的土壤稀释液中吸取 1 mL 加入第一支试管中,并在试管内轻轻吹吸数次,使之充分混匀,即成 10^{-2} 土壤稀释液。同法依次连续稀释至 10^{-3}、10^{-4} 土壤稀释液。

c.在土壤稀释过程中,需换用不同的移液管。

④接种、培养。

a.以无菌操作法分别吸取 10^{-2}、10^{-3}、10^{-4} 土壤稀释液 0.1 mL,分别加在已制好的 3 块查氏平板培养基上,并用涂布器将稀释液在培养基上充分混匀铺平。

b.将平板倒置于恒温培养箱中,于 30 ℃培养 72 h。

⑤菌种检测和扩培。

a.产酸菌落检测:菌落初始白色,后变黑,由于筛选培养基中加有溴甲酚绿指示剂,黑曲霉产酸会与之反应,在菌落周围形成一个透明的变色圈。

b.黑曲霉检测:显微观察分生孢子头呈褐黑色放射状,分生孢子梗长短不一,顶囊球形,双层小梗,分生孢子褐色球形。

c.扩培:待上述两项检测确证后将其连续划线转接至 PDA 培养基上扩增培养。

⑥提交工作任务报告单。

知识链接 >>>

土壤样品的采集

用土壤采样器将表层 5 cm 左右的浮土除去,取 5~25 cm 处的土样 10~25 g,装入事先准备好的灭菌容器内扎好,编号并记录地点、土壤质地、植被名称、时间及其他环境条件。一般样品取回后应马上分离,以免微生物死亡。

2)毛霉的分离与豆腐乳的制作

豆腐乳是我国独特的传统发酵食品,是用豆腐发酵制成。民间老法生产豆腐乳均为自然发酵,现代酿造厂多采用蛋白酶活性高的鲁氏毛霉或根霉发酵。豆腐坯上接种毛霉,经过培养繁殖,分泌蛋白酶、淀粉酶、谷氨酰胺酶等复杂酶系,在长时间发酵中与腌坯调料中的酶系、酵母、细菌等协同作用,使腐乳坯蛋白质缓慢水解,生成多种氨基酸。加之由微生物代谢产生的各种有机酸与醇类作用生成酯,即形成细腻、鲜香的特色豆腐乳。

（1）材料与试剂

①菌种:毛霉斜面菌种。

②培养基、试剂:马铃薯-葡萄糖-琼脂培养基(PDA)、无菌水、豆腐坯、红曲米、面曲、甜酒酿、白酒、黄酒、食盐。

③仪器与设备:高压锅、超净工作台、培养箱、显微镜、载玻片、盖玻片、无菌培养皿、无菌吸管、无菌试管、小笼格、喷枪、小刀、带盖广口玻瓶、电子天平、记号笔、玻璃涂棒、酒精灯、火柴等。

（2）具体操作

①毛霉的分离:配制培养基→毛霉分离→观察菌落→显微镜检。

②豆腐乳的制备:悬液制备→接种孢子→培养与晾花→装瓶与压坯→装坛发酵→感官鉴定。

③工艺流程:

毛霉斜面菌种→扩大培养→孢子悬浮液

↓

豆腐→豆腐坯→接种→培养→晾花→加盐→腌坯→装瓶→后熟→成品

①毛霉的分离。

a. 酸制培养基

马铃薯-葡萄糖-琼脂培养基(PDA),经配制、灭菌后倒平板备用。

b. 毛霉的分离

从长满毛霉菌丝的豆腐坯上取小块于 5 mL 无菌水中,振摇,制成孢子悬液,用接种环取该孢子悬液在 PDA 平板表面作划线分离,于 20 ℃培养 1~2 d,以获取单菌落。

c. 初步鉴定

• 菌落观察:呈白色棉絮状,菌丝发达。

• 显微镜检:于载玻片上加 1 滴石炭酸液,用解剖针从菌落边缘挑取少量菌丝于载玻片上,轻轻将菌丝体分开,加盖玻片,于显微镜下观察孢子囊、梗的着生情况。若无假根和葡匐菌丝或菌丝不发达,孢囊梗直接由菌丝长出,单生或分支,则可初步确定为毛霉。

②豆腐乳的制备。

a. 悬液制备

• 毛霉菌种的扩繁:将毛霉菌种接入斜面培养基,于25 ℃培养2 d;将斜面菌种转接到盛有种子培养基的三角瓶中,于同样温度下培养至菌丝和孢子生长旺盛,备用。

• 孢子悬液制备:于上述三角瓶中加入无菌水200 mL,用玻璃棒搅碎菌丝,用无菌双层纱布过滤,滤渣倒回三角瓶,再加200 mL无菌水洗涤1次,合并滤液于第一次滤液中,装入喷枪储液瓶中供接种使用。

b. 接种孢子

用刀将豆腐坯划成4.1 cm×4.1 cm×1.6 cm的块,将笼格经蒸汽消毒、冷却,用孢子悬液喷洒笼格内壁,然后把划块的豆腐坯均匀竖放在笼格内,块与块之间间隔2 cm。再用喷枪向豆腐块上喷洒孢子悬液,使每块豆腐周身沾上孢子悬液。

c. 培养与晾花

将放有接种豆腐坯的笼格放入培养箱中,于20 ℃左右下培养。培养20 h后,每隔6 h上下层调换一次,以更换新鲜空气,并观察毛霉生长情况。44~48 h后,菌丝顶端已长出孢子囊,腐乳坯上毛霉呈棉花絮状,菌丝下垂,白色菌丝已包围住豆腐坯,此时将笼格取出,使热量和水分散失,坯迅速冷却,其目的是增加酶的作用,并使酶味散发,此操作在工艺上称为晾花。

d. 装瓶与压坯

将冷至20 ℃以下的坯块上互相依连的菌丝分开,用手指轻轻地每块表面揩涂一遍,使豆腐坯上形成一层皮衣,装入玻璃瓶内,边揩涂边沿瓶壁呈同心圆方式一层一层向内侧放,摆满一层稍用手压平,撒一层食盐,每100块豆腐坯用盐约400 g,使平均含盐量约为16%,如此一层层铺满瓶。下层食盐用量少,向上食盐逐层增多。腌制中盐分渗入毛坯,水分析出,为使上下层含盐均匀,腌坯3~4 d时需加盐水淹没坯面,称之为压坯。腌坯周期冬季13 d,夏季8 d。

e. 装坛发酵

• 红方:按每100块坯用红曲米32 g、面曲28 g、甜酒酿1 kg的比例配制染坯红曲卤和装瓶红曲卤。先用200 g甜酒酿浸泡红曲米和面曲2 d,研磨细,再加200 g甜酒酿调匀即为染坯红曲卤。将腌坯沥干,待坯块稍有收缩后,放在染坯红曲卤内,六面染红,装入经预先消毒的玻璃中。再将剩余的红曲卤用剩余的600 g甜酒酿兑稀,灌入瓶内,淹没腐乳,并加适量面盐和50°白酒,加盖密封,在常温下储藏6个月成熟。

• 白方:将腌坯沥干,待坯块稍有收缩后,将按甜酒酿0.5 kg、黄酒1 kg、白酒0.75 kg、盐0.25 kg的配方配制的汤料注入瓶中,淹没腐乳,加盖密封,在常温下贮藏2~4个月成熟。

f. 质量鉴定

将成熟的腐乳开瓶,进行感官质量鉴定、评价。

g. 结果

从腐乳的表面及断面色泽、组织形态(块形、质地)、滋味及气味、有无杂质等方面综合评价腐乳质量。

知识链接)))

腐　乳

　　腐乳又称为"豆腐乳",是一种二次加工的豆制食品,是我国著名的具民族特色的发酵调味品,为华人的常见佐菜,或用于烹调。通常腐乳主要是用毛霉菌发酵的,包括腐乳毛霉(Mucor sufu)、鲁氏毛霉(Mucor Rouxianus)、总状毛霉(Mucor racemosus),还有根霉菌,如华根霉(R hizopus c hinensis)等。

　　腐乳通常分为青方、红方、白方三大类。其中,臭豆腐属"青方";"大块""红辣""玫瑰"等酱腐乳属"红方";"甜辣""桂花""五香"等属"白方"。

　　白色腐乳在生产时不加红曲色素,使其保持本色;腐乳坯加红曲色素即为红腐乳;青色腐乳是指臭腐乳,又称青方,它是在腌制过程中加入了苦浆水、盐水,故呈豆青色。臭腐乳的发酵过程比其他品种更彻底,所以氨基酸含量更丰富。特别是其中含有较多的丙氨酸和酯类物质,使人吃臭豆腐乳时感觉到特殊的甜味和酯香味。但是,由于这类腐乳发酵彻底,致使发酵后一部分蛋白质的硫氨基和氨基游离出来,产生明显的硫化氢臭味和氨臭味,使人远远就能嗅到一股臭腐乳独特的臭气味。

　　白腐乳以桂林腐乳为代表。桂林豆腐乳历史悠久,颇负盛名,远在宋代白方就很出名,是传统特产"桂林三宝"之一。桂林腐乳从磨浆、过滤到定型、压干、霉化都有一套流程,选材也很讲究。制出豆腐乳块小,质地细滑松软,表面橙黄透明,味道鲜美奇香,营养丰富,增进食欲,帮助消化,是人们常用的食品,同时又是烹饪的佐料。1937 年 5 月,在上海举行的全国手工艺产品展览会上,桂林腐乳因其形、色、香、味超群出众而受到特别推崇,从而畅销国内外;1983 年,它又被评为全国优质食品。长久以来,白腐乳蜚声海外,受到中国港澳地区,东南亚及日本的欢迎。

　　红腐乳也叫"南乳""红方""大块""红辣""玫瑰"等,尤其以贵州石阡的"邹姐腐乳"称绝。扬州三和四美和山西汾阳德义园所产的也很不错。表面鲜红色或紫红色,切面为黄白色,滋味可口,风味独特,除佐餐外常作为烹饪调味品。制造南乳的原料除黄豆外还有芋类。先将原料切成小块发酵,并在再发酵时以绍兴黄酒作汤料,再用一种红色天然色素(红曲)作为着色剂,使产品的表面呈红色。其成分亦含有较多的蛋白质,以色正、形状整齐、质地细腻、无异味者为佳品。

　　青腐乳就是臭豆腐乳,也叫青方,是真正的"闻着臭、吃着香"的食品。以北京百年老店王致和所产的青腐乳为代表,发明人是安徽人王致和。这里还有个故事:王父在家乡开设豆腐坊,王致和幼年曾学过做豆腐,名落孙山的他在京租了几间房子,每天磨上几升豆子的豆腐,沿街叫卖。时值夏季,有时卖剩下的豆腐很快发霉,无法食用。他就将这些豆腐切成小块,稍加晾晒,寻得一口小缸,用盐腌了起来。之后歇伏停业,一心攻读准备再考,渐渐地便把此事忘了。秋天,王致和打开缸盖,一股臭气扑鼻而来,取出一看,豆腐已呈青灰色,用口尝试,觉得臭味之余却蕴藏着一股浓郁的香气,虽非美味佳肴,却也耐人寻味,送给邻里品尝,都称赞不已。青腐乳流传至今已有三百多年。臭豆腐曾作为御膳小菜送往宫廷,受到慈禧太后的喜爱,亲赐名"御青方"。

茶油腐乳是腐乳的一种,属红腐乳一类,产地集中在湖南永州、广西桂林等地。茶油腐乳以大豆为主料,以辣椒、食盐为辅料,加入茶油浸泡,加天然香辛料腌制而成,颜色鲜艳、味美可口、香浓细嫩。茶油腐乳质地细软,清香馥郁,含有丰富的蛋白质,可增进食欲,延年益寿,同时茶油中含有油酸及亚油酸等对人体有益的物质。因此,茶油腐乳深受广大人民的喜爱。茶油腐乳营养丰富,蛋白质含量达12%以上。茶油腐乳中的植物蛋白质经过发酵后,蛋白质分解为各种氨基酸,又产生了酵母等物质,可以开胃助餐、增进食欲、帮助消化;腐乳中维生素 B 族的含量很丰富,常吃不仅可以补充维生素 B_{12},还能预防老年性痴呆;特有的大豆异黄酮具有保健作用;茶油中还有丰富的油酸及亚油酸、不饱和脂肪酸、维生素 E、角鲨烯与黄酮类物质,可以去火、养颜、明目、乌发、抑制衰老,对慢性咽炎和预防人体高血压、动脉硬化、心血管系统疾病有很好的疗效。

腐乳中还有一些特殊品种,如添加糟米的称为糟方,添加黄酒的称为醉方,以及添加芝麻、玫瑰、虾籽、香油等的花色腐乳。江浙一带,如绍兴、宁波、上海、南京等地的腐乳以细腻柔绵、口味鲜美、微甜著称;而四川大邑县的唐场豆腐乳川味浓郁,以麻辣、香酥、细嫩无渣见长;另外四川成都、遂宁、眉山等地所产的白菜豆腐乳也很有特色,每块腐乳用白菜叶包裹,味道鲜辣适口;河南拓城的酥制腐乳则更是醇香浓厚,美味可口。

霉　菌

霉菌是丝状真菌的俗称,意即"发霉的真菌"。它不是分类学的名词,在分类上属于真菌门的各个亚门。

1)霉菌的构成

(1)霉菌的菌丝

构成霉菌营养体的基本单位是菌丝。菌丝是一种管状的细丝,把它放在显微镜下观察,很像一根透明胶管,它的直径一般为 $3 \sim 10 \ \mu m$,比细菌和放线菌的细胞约粗几倍到几十倍。菌丝可伸长并产生分支,许多分支的菌丝相互交织在一起,就叫菌丝体。菌丝体常呈白色、褐色、灰色,或呈鲜艳的颜色,有的可产生色素使基质着色。

根据菌丝中是否存在隔膜,可把霉菌菌丝分成两种类型:无隔膜菌丝和有隔膜菌丝。无隔膜菌丝中无隔膜,整团菌丝体就是一个单细胞,其中含有多个细胞核。这是低等真菌所具有的菌丝类型。有隔膜菌丝中有隔膜,被隔膜隔开的一段菌丝就是一个细胞,菌丝体由很多个细胞组成,每个细胞内有 1 个或多个细胞核。在隔膜上有 1 至多个小孔,使细胞之间的细胞质和营养物质可以相互沟通。这是高等真菌所具有的菌丝类型。

为适应不同的环境条件和更有效地摄取营养满足生长发育的需要,许多霉菌的菌丝可以分化成一些特殊的形态和组织,这种特化的形态称为菌丝变态。

生长在固体培养基上的霉菌菌丝可分为三部分:①营养菌丝,它深入的培养基内,吸收营养物质的菌丝;②气生菌丝是营养菌丝向空中生长的菌丝;③繁殖菌丝,是指部分气生菌丝发育到一定阶段,分化为繁殖菌丝,产生孢子。

（2）吸器

吸器由专性寄生霉菌如锈菌、霜霉菌和白粉菌等产生的菌丝变态,它们是从菌丝上产生出来的旁支,侵入细胞内分化成根状、指状、球状和佛手状等,用以吸收寄主细胞内的养料。

（3）假根

假根是根霉属霉菌的菌丝与营养基质接触处分化出的根状结构,有固着和吸收养料的功能。

（4）菌网和菌环

菌网和菌环是指某些捕食性霉菌的菌丝变态成环状或网状,用于捕捉其他小生物如线虫、草履虫等。

（5）菌核

菌核是大量菌丝集聚成的紧密组织,是一种休眠体,可抵抗不良的环境条件。其外层组织坚硬,颜色较深;内层疏松,大多呈白色。如药用的茯苓、麦角都是菌核。

（6）子实体

子实体是由大量气生菌丝体特化而成,子实体是指在里面或上面可产生孢子的、有一定形状的任何构造。例如有三类能产有性孢子的结构复杂的子实体,分别称为闭囊壳、子囊壳和子囊盘。

（7）细胞壁

霉菌细胞壁分为三层:外层无定形的 β 葡聚糖（87 nm）;中层是糖蛋白,蛋白质网中间填充葡聚糖（49 nm）;内层是几丁质微纤维,夹杂无定形蛋白质（20 nm）。

2）霉菌的繁殖

霉菌有着极强的繁殖能力,而且繁殖方式也是多种多样的。虽然霉菌菌丝体上任一片段在适宜条件下都能发展成新个体,但在自然界中,霉菌主要依靠产生形形色色的无性或有性孢子进行繁殖。

霉菌的孢子具有小、轻、干、多,以及形态色泽各异、休眠期长和抗逆性强等特点,每个个体所产生的孢子数,经常是成千上万的,有时竟达几百亿、几千亿甚至更多。这些特点有助于霉菌在自然界中随处散播和繁殖。对人类的实践来说,孢子的这些特点有利于接种、扩大培养、菌种选育、保藏和鉴定等工作,对人类的不利之处则是易于造成污染、霉变和易于传播动植物的霉菌病害。

（1）霉菌的无性繁殖

霉菌的无性孢子直接由生殖菌丝的分化而形成,常见的有节孢子、厚垣孢子、孢囊孢子和分生孢子。

孢子囊孢子:生在孢子囊内的孢子,是一种内生孢子。无隔菌丝的霉菌（如毛霉、根霉）主要形成孢子囊孢子。

分生孢子:由菌丝顶端或分生孢子梗特化而成,是一种外生孢子。有隔菌丝的霉菌（如青霉、曲霉）主要形成分生孢子。

节孢子:由菌丝断裂而成（如白地霉）。

厚垣孢子:通常由菌丝中间细胞变大,原生质浓缩,壁变厚而成(如总状毛霉)。

（2）霉菌的有性繁殖

霉菌的有性繁殖过程包括质配、核配、减数分裂三个过程,常见的有性孢子卵孢子、接合孢子、子囊孢子、担孢子。

质配:是指两个性别不同的单倍体性细胞或菌丝经接触、结合后,细胞质发生融合。

核配:即核融合,产生二倍体的结合子核

减数分裂:核配后经减数分裂,核中染色体数又由二倍体恢复到单倍体。

接合孢子:两个配子囊经结合,然后经质配、核配后发育形成接合孢子。接合孢子的形成分为两种类型:①异宗配合:由两种不同性菌系的菌丝结合而成;②同宗配合:可由同一菌丝结合而成。结合孢子萌发时壁破裂,长出芽管,其上形成芽孢子囊。接合孢子的减数分裂过程发生在萌发之前或更多在萌发过程中。

子囊孢子:在同一菌丝或相邻两菌丝上两个不同性别细胞结合,形成造囊丝。经质配、核配和减数分裂形成子囊,内生 $2\sim8$ 个子孢子囊。许多聚集在一起的子囊被周围菌丝包裹成子囊果,子囊果有三种类型:①完全封闭称闭囊;②中间有孔称子囊壳;③呈盘状称子囊盘。

卵孢子:由两个大小不同的配子囊结合而成。小配子囊称精子器,大配子囊称藏卵器。当结合时,精子器中的原生质和核进入藏卵器,并与藏卵器中的卵球配合,以后卵球生出外壁,发育成为卵孢子。

3）霉菌菌落的特征

由于霉菌的菌丝较粗而长,因而霉菌的菌落较大。有的霉菌的菌丝蔓延,没有局限性,其菌落可扩展到整个培养皿,有的种则有一定的局限性,直径 $1\sim2$ cm 或更小;菌落质地一般比放线菌疏松,外观干燥,不透明,呈现或紧或松的蛛网状、绒毛状或棉絮状;菌落与培养基的连接紧密,不易挑取;菌落正反面的颜色和边缘与中心的颜色常不一致。

4）工业生产中常用的霉菌

（1）产黄青霉

产黄青霉是一种无性型真菌,属于半知菌亚门丝孢纲丝孢目(从梗孢目)从梗孢科青霉属的真菌。广泛分布于土壤、空气及腐败的有机物上。

产黄青霉的最适生长温度为 $20\sim30$ ℃。菌落在 CYA(查氏酵母膏琼脂)培养基上生长,25 ℃下 7 d 生长至直径 $21\sim25$ mm,具辐射状皱纹,边缘菌丝体白色,质地绒状,分生孢子结构大量,蓝绿色,有些许浅黄色渗出液和可溶性色素,菌落反面呈浅黄褐色。

产黄青霉的分生孢子梗发生于基质菌丝,孢梗茎 $100\sim300\times3\sim4$ μm^2,壁平滑。帚状枝三轮生,偶尔双轮生或四轮生。每个帚状枝有副枝 $2\sim3$ 个,$14\sim20\times3\sim4$ μm^2。梗基每轮 $3\sim5$ 个,$10\sim15\times2.5\sim3.5$ μm^2,顶端稍膨大。瓶梗安瓿形,每轮 $4\sim7$个,$7\sim10\times2\sim2.7$ μm^2,梗颈较短。分生孢子球形、近球形、椭圆形或近椭圆形,$2.5\sim3.6\times2\sim3$ μm^2,淡绿色,光滑,分生孢子链稍叉开而呈疏松的柱状。

产黄青霉主要用于生产青霉素、多种酶类及有机酸,是重要的工业用真菌,也产生真菌毒素。

(2)米曲霉

米曲霉属于半知菌亚门,丝孢纲,丝孢目,从梗孢科,是曲霉属真菌中的一个常见种,广泛分布于粮食、发酵食品、腐败有机物和土壤等处。

米曲霉菌落生长快,培养10 d直径可达5~6 cm,质地疏松,初白色、黄色,后变为褐色至淡绿褐色,背面无色。

米曲霉的分生孢子头放射状,一直径150~300 μm,也有少数为疏松柱状。分生孢子梗2 mm左右。近顶囊处直径可达12~25 μm,壁薄,粗糙。顶囊近球形或烧瓶形,通常40~50 μm。小梗一般为单层,12~15 μm,偶尔有双层,也有单、双层小梗同时存在于一个顶囊上。分生孢子幼时洋梨形或卵圆形,老后大多变为球形或近球形,一般4.5 μm,粗糙或近于光滑。分生孢子头直径150~300 μm。

米曲霉是我国传统酿造食品酱和酱油的生产菌种,也可生产淀粉酶、蛋白酶、果胶酶和曲酸等。米曲霉也是理想的生产大肠杆菌不能表达的真核生物活性蛋白的载体。米曲霉基因组所包含的信息可以用来寻找最适合米曲霉发酵的条件,这将有助于提高食品酿造业的生产效率和产品质量。

米曲霉的培养方法:

固态培养方法:主要有散曲法和块曲法。部分黄酒用曲、红酒及酱油米曲霉培养属散曲法,而黄酒用曲及白酒用曲一般采用块曲法。

固态制曲设备:实验室主要采用三角瓶或茄子瓶培养;种子扩大培养可将蒸热的物料置于竹匾中,接种后在温度和湿度都有控制的培养室进行培养;工业上目前主要是厚层通风池制曲;转式圆盘式固态培养装置正在试验推广之中。

固态培养微生物主要用于霉菌的培养,但细菌和酵母也可采用此法。其主要优点是节能,无废水污染,单位体积的生产效率较高。

(3)黑根霉

黑根霉(Rhizopus nigricans)也称匍枝根霉,也叫面包霉,是真菌的一种,属于真菌门接合菌亚门的根霉属。黑根霉分布广泛,常出现于生霉的食品上,瓜果蔬菜等在运输和贮藏中的腐烂及甘薯的软腐都与其有关。

黑根霉的最适生长温度约为28 ℃,超过32 ℃不再生长。

黑根霉菌丝无隔,横向生长的菌丝在其膨大处产生假根,伸入基质。无性繁殖时,在假根处向上产生直立的孢子囊梗,顶端膨大成球形的孢子囊,囊中产生孢子,成熟时呈黑色。孢子散出后,在适宜的基质上萌发形成新的菌丝体。

实际生产中常利用黑根霉的糖化作用,比如甜酒曲中的主要菌种就是黑根霉。黑根霉(ATCC6227b)是目前发酵工业上常使用的微生物菌种。

(4)毛霉

毛霉又叫黑霉、长毛霉,属于接合菌亚门接合菌纲毛霉目毛霉科真菌中的一个大属,腐生,广泛分布于酒曲、植物残体、腐败有机物、动物粪便和土壤中。

毛霉在高温、高湿度以及通风不良的条件下生长良好。毛霉在基质内外能广泛蔓延，菌丝初期白色，后灰白色至黑色，这说明孢子囊大量成熟。毛霉菌丝体每日可延伸 3 cm 左右，生产速度明显高于香菇菌丝。

毛霉以孢囊孢子和接合孢子繁殖。菌丝无隔、多核、分支状，无假根或匍匐菌丝。菌丝体上直接生出单生、总状分支或假轴状分支的孢囊梗。各分支顶端着生球形孢子囊，内有形状各异的囊轴，但无囊托。囊内产大量球形、椭圆形、壁薄、光滑的孢囊孢子。孢子成熟后孢子囊即破裂并释放孢子。有性生殖借异宗配合或同宗配合，形成一个接合孢子。某些种产生厚垣孢子。

毛霉的用途很广，常出现在酒药中，能糖化淀粉并能生成少量乙醇，产生蛋白酶，有分解大豆蛋白的能力，我国多用来做豆腐乳、豆豉。许多毛霉能产生草酸、乳酸、琥珀酸及甘油等，有的毛霉能产生脂肪酶、果胶酶、凝乳酶等。常用的毛霉主要有鲁氏毛霉和总状毛霉，有重要工业应用，如利用其淀粉酶制曲、酿酒；利用其蛋白酶以酿制腐乳、豆豉等。代表种如总状毛霉（M. racemosus）、高大毛霉（M. mucedo）、鲁氏毛霉（M. rouxianus）等。

任务 6.2　酵母菌的形态观察及鉴别

酵母菌是单细胞真核微生物。酵母菌细胞的形态通常有球形、卵圆形、腊肠形、椭圆形、柠檬形或藕节形等。比细菌的单细胞个体要大得多，一般为 $1 \sim 5 \mu m$ 或 $5 \sim 20 \mu m$。酵母菌无鞭毛，不能游动。酵母菌具有典型的真核细胞结构，有细胞壁、细胞膜、细胞核、细胞质、液泡、线粒体等，有的还具有微体。

大多数酵母菌以出芽方式进行无性繁殖。酵母菌的无性繁殖以芽殖为主，也有少数是裂殖；有些酵母菌能产生子囊孢子，有的酵母菌能形成假菌丝。酵母菌的菌落近似细菌的菌落。但较大且厚，多呈白色，少数为红色。酵母菌在液体中生长可形成菌膜、菌环、沉淀和混浊。酵母菌的细胞形态、繁殖方式和培养特征均为菌种鉴定的依据。

在食品工业中，诸如啤酒、面包、白酒等生产过程中，酵母菌的应用不胜枚举。比如在啤酒生产过程中，酿造啤酒酵母的性能优劣，直接影响成品啤酒的质量。因此，啤酒酵母也被称为啤酒的灵魂，对于酿造过程的酵母性能进行监督检测，是生产过程中的一个重要环节。其中，酵母菌的形态观察是最直观、最快速地初步判断菌种生长是否异常的方法。

6.2.1　酵母菌的形态观察

酵母菌在麦芽汁培养基、葡萄糖、马铃薯培养基或其他营养丰富的人工合成培养基上生长时，利于菌体以出芽方式繁殖。所以，为方便对酵母菌形态的观察，本次实训我们选取麦芽汁培养基为培养基，也可以用半合成的马铃薯葡萄糖培养基或人工合成的 YPD 培养基来代替，具体选择可以实训室的条件来定。

1）**实训目的**

认识酵母菌的菌落特征及其在光学显微镜下的一般形态；熟悉显微镜的使用与操作；熟练掌握酵母菌水浸片的制片与观察。

2）**实训器材**

①菌株：酿酒酵母。

②培养基：麦芽汁培养基。

③仪器与设备：鼓风干燥箱、恒温培养箱、浅盘、波美比重计、高压灭菌锅、超净台、显微镜、载玻片、盖玻片、接种针、滴瓶（带胶头滴管）、三角瓶、纱布、试管、棉塞、吸量管、菜刀、烧杯、电炉。

3）**实训步骤**

（1）实验准备

①麦芽汁培养基的配制与灭菌。

a. 取优质大麦或小麦若干，用水洗净后浸泡 6～12 h，置于深约 2 cm 的木盘上摊平，15 ℃阴凉处发芽，上盖纱布，每日早、中、晚淋水一次，待麦芽伸长至麦粒的两倍时，让其停止发芽，晒干或烘干，研磨成麦芽粉，贮存备用。

b. 取一份麦芽粉加四份水，在 65 ℃水浴锅中保温 3～4 h，使其自行糖化，直至糖化完全。

c. 取 0.5 mL 的糖化液，加 2 滴碘液，如无蓝色出现，即表示糖化完全。

d. 糖化液用 4～6 层纱布过滤，滤液如仍混浊，可用一个鸡蛋清，加水 20 mL，调匀至生泡沫，倒入糖化液中，搅拌煮沸，再过滤。

e. 用波美比重计检测糖化液中糖浓度，将滤液用水稀释到 10～15 波林，调 pH 值至 6.4。也可用未经发酵、未加酒花的新鲜麦芽汁，加水稀释到 10～15 波林后使用。

f. 分装、加塞、包扎。

g. 所需固体培养基，在已配制的液体培养基中加入 2% 琼脂即可。

h. 配制好的培养基要立即进行高压灭菌，有关器具可一并进行高压蒸汽灭菌，灭菌条件为：121 ℃灭菌 20 min。

灭菌后的液体培养基用于酵母菌的活化培养及液体培养物制备，固体培养基灭菌后，在冷凝前趁热分装，部分装入大试管用于制备琼脂斜面（也可以灭菌前分装入试管，在温度降低但尚未凝固前摆放斜面）；另一部分趁热倒入平皿中，制备固体平板，用于酵母菌菌落特征的观察。

②酵母菌的活化培养。将甘油管保藏或斜面保藏的酵母菌，接入灭菌过的液体培养基后置于 28 ℃培养箱活化培养 48 h，然后再接入新鲜的液体培养基中进行二次活化，制作种子发酵液。

③酵母菌液体培养物的梯度稀释。配制 0.85% 的生理盐水，并按照 9 mL 的量分装于试管中，高压灭菌后备用。用制备好的酵母菌种子发酵液，按照图 6.12 所示方法进行梯度稀释，可分别获得 10^{-1}、10^{-2}、10^{-3}、10^{-4} 不同浓度的稀释液。

（2）酵母菌的固体培养

取稀释至 10^{-3}、10^{-4} 的酵母菌种子发酵液各 0.2 mL，在超净台上进行平板涂布，同时，

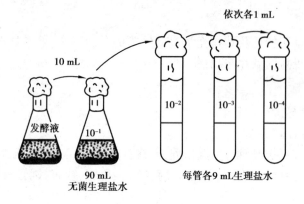

图 6.12　梯度稀释的操作示意图

用接种针蘸取未经稀释的种子发酵液,在已倒好的固体平板上划线。然后,将制好的固体平板在 28 ℃培养箱中培养 3～4 d,观察菌落形态。

（3）酵母水浸片的制作与观察

①制片。

a.液体培养物:在干净的载玻片中央加一滴预先稀释至适宜浓度的酵母液体培养物,从侧面盖上一片盖玻片,应避免产生气泡,并用吸水纸吸去多余的水分。

b.固体斜面培养物:取 0.85% 生理盐水一滴,滴加在干净的载玻片中央,用接种环以无菌操作取琼脂斜面上培养 48 h 左右的酵母菌体少许,在液滴中轻轻涂抹均匀,并加盖干净盖玻片。

②镜检。将制作好的水浸片置于显微镜的载物台上,先用低倍镜,后用高倍镜进行观察,注意观察各种酵母的细胞形态和繁殖方式,并进行记录。

4）注意事项

实训中有如下注意事项:

①在梯度稀释、水浸片制作时,均要求用灭菌过的 0.85% 的生理盐水代替无菌水使用,否则,由于渗透压的影响,将使酵母菌细胞发生形变,影响观察结果。

②酵母菌涂布平板的培养结果若长出的菌落相连成片,无单菌落,则表明稀释梯度不够,可增加 1～2 个稀释梯度再进行涂布;相反,若菌落稀少,可选择上一个浓度的稀释液进行涂布。

③制作水浸片时,所用的载玻片一定要干净无油脂,否则液滴涂布不均匀,会影响观察。

④盖上盖玻片时,先将盖玻片一边与菌液接触,然后慢慢将盖玻片放下使其盖在菌液上,盖玻片不宜平着放下,以免产生气泡。

⑤滴到载玻片上的酵母菌液不宜过多,否则,在盖盖玻片时,菌液会溢出或出现气泡而影响观察;菌液也不宜过少,否则,着色细胞数量少,涂抹效果差,细胞难以在载玻片上均匀分布,不利于镜检时酵母形态的观察。

⑥做好水浸片后马上观察,否则液滴容易风干,酵母菌容易失水变形或死亡。

5）实训结论

请绘图说明你所观察到的酵母菌形态特征。

（1）酵母菌的菌落特征

酵母菌的菌落（图6.13）与细菌菌落类似，但一般较细菌菌落大且厚，表面湿润，黏稠，易被挑起，多为乳白色，少数呈红色。

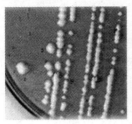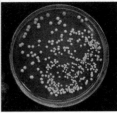

图6.13　几种典型的酵母菌菌落特征

（2）酵母菌的形态特征

如前所述，酵母的形态亦是多种多样，具体的形态特征要视所用菌株而定。有时候，同一菌株在生长过程中，受到不同培养基成分、培养条件等外界刺激时，也会表现出不同的形态特征。据此，我们还可以在生产中通过形态观察来判断生产菌株的活性、生长状态等。图6.14为芽殖酵母的形态结构示意图，图6.15为酿酒酵母的电镜照片。

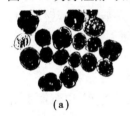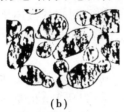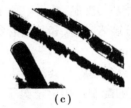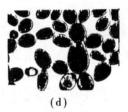

（a）　　　　　　（b）　　　　　　（c）　　　　　　（d）

图6.14　几种典型的酵母形态特征

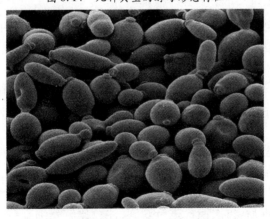

图6.15　酿酒酵母的电镜扫描照片

6.2.2　酵母菌死、活细胞的鉴别

通过镜检，鉴别酵母菌株的死活细胞的数量与比例来判断生产菌株的活力，也是生产中常用的一种简单直接的方法。

美蓝又被称为亚甲基蓝或次甲基蓝,是一种弱氧化剂,氧化态呈蓝色,还原态呈无色。用美蓝对酵母细胞进行染色时,活细胞由于细胞的新陈代谢作用,细胞内具有较强的还原能力,能将美蓝由蓝色的氧化态转变为无色的还原态型,从而细胞呈无色;而死细胞或代谢作用微弱的衰老细胞则由于细胞内还原力较弱而不具备这种能力,从而细胞呈蓝色,据此可对酵母菌的细胞死活进行鉴别。

1)实训目的

掌握美蓝染色鉴别酵母菌死、活细胞的方法;能够运用镜检判断酵母菌种的活力。

2)实训器材

①菌株:酿酒酵母。

②培养基:麦芽汁琼脂培养基,美蓝染色液。

③设备与仪器:高压灭菌锅、超净台、显微镜、载玻片、盖玻片、接种针、滴瓶(带胶头滴管)、三角瓶、棉塞、滴管、大试管。

3)实训步骤

(1)实验准备

①实验器材的高压灭菌和麦芽汁琼脂斜面的制备。麦芽汁液体培养基的制备方法见实训6.1.2中麦芽汁培养基的配制,然后取一定体积已配好的液体培养基,加入2%琼脂,加热融化,补充失水,并分装入试管,和其他需要无菌操作的器具一并进行高压灭菌。灭菌条件为:121 ℃灭菌20 min。

灭菌后的麦芽汁琼脂培养基,待其冷却凝固前将试管倾斜摆放,制成琼脂斜面。

②0.1%美蓝染色液的配制。用电子天平小心称取0.1 g的美蓝染色剂,用蒸馏水溶解后定溶于100 mL容量瓶中,得0.1%的美蓝染色液,储于带滴管的试剂瓶中备用。

(2)活化酵母

将酿酒酵母移种至新鲜的麦芽汁琼脂斜面上,培养24 h,然后再转种到新鲜的麦芽汁琼脂斜面上2~3次,得酵母的活化培养物。

(3)美蓝染色

在干净的载玻片中央加一小滴0.1%美蓝染色液,然后再加一小滴预先稀释至适宜浓度的酿酒酵母液体培养物,混匀后从侧面盖上盖玻片,并吸去多余的水分和染色液。

(4)镜检

将制好的染色片置于显微镜的载物台上,放置约3 min后进行镜检,先用低倍镜,后用高倍镜进行观察,根据细胞颜色区分死细胞(蓝色)和活细胞(无色),并进行记录。

(5)镜检结果比较

美蓝染色约30 min后,再次镜检进行观察,注意比较死细胞数量是否增加,即被染成蓝色的细胞密度或一定范围内的个数是否增加。

4)注意事项

实训注意事项如下:

①染色时所取的酵母液体培养物一般为稀释10倍或100倍的酵母培养原液,可先做预实验,即用稀释10倍的发酵液染色、观察细胞密度,若细胞密度仍然过大,可以考虑用100倍的稀释液,过低则换用未经稀释的发酵原液。

②染色时注意染色液和菌液不宜过多或过少,并应基本等量,而且要混匀。

③涂片时动作要轻,以免操作过强引起细胞变形。

④染色完成后要立即进行观察,否则,死细胞数量会明显偏高。

5)实训结论

将观察到的结果记录如下表6.3。

表6.3 酵母菌死细胞、活细胞镜检登记表

观察时间/min	活菌颜色	死菌颜色	衰亡期颜色	活菌数量/%

在光学显微镜下,可以清晰地看到美蓝染色后的酵母细胞因其活性不同而呈现出不同的颜色(图6.16),分别用10倍镜、40倍镜和100镜观察,有条件可以对观察结果进行拍照记录。

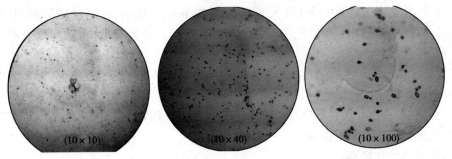

(10×10)　　　　(10×40)　　　　(10×100)

图6.16 酵母菌染色后死活细胞在光学显微镜下的形态

6.2.3 酵母菌子囊孢子的染色与观察

单细胞的酵母菌个体是常见细菌的几倍甚至几十倍,大多数酵母菌的繁殖采取出芽方式(在营养丰富的培养基中)进行无性繁殖,也可以通过结合产生子囊孢子(营养贫乏的培养基中)进行有性繁殖。取活化好的酵母菌株,划线接种到醋酸钠琼脂斜面上进行培养,由于营养缺乏,一段时间后,大多数酵母菌处于饥饿状态下,无法良好地生长,从而促进其产生子囊孢子。

由于酵母菌孢子壁厚不易着色,但是一旦着色就很难被脱色。因此,先用强染色剂(孔雀绿)染色,使染料进入菌体和孢子,水洗时菌体中染色被洗脱而孢子中染料保留。在用对比度大的复染色剂染色后,菌体染上复染色剂的颜色而孢子保留原来颜色,这样可将两者区别开来。

1)实训目的

认识酵母菌子囊孢子形成的条件,观察酵母菌子囊孢子的形态;掌握酵母菌子囊孢子的染色与观察方法。

2）实训器材

①菌株：酿酒酵母。

②培养基：麦芽汁培养基、醋酸钠琼脂培养基（麦氏培养基）。

③试剂：5%孔雀绿染色液、0.5%的沙黄染色液或0.5%的番红染色液、95%乙醇。

④设备与仪器：鼓风干燥箱、恒温培养箱、浅盘、波美比重计、培养箱、水浴锅、纱布、电子天平、高压灭菌锅、超净台、显微镜、载玻片、盖玻片、接种针、滴瓶（带胶头滴管）、三角瓶。

3）实训步骤

（1）实验准备

①麦芽汁培养基的制备。方法见实训6.1.2中麦芽汁培养基的制备。

②酵母菌的活化培养。将甘油管保藏或斜面保藏的酵母菌接入灭菌过的液体培养基后置于28 ℃培养箱活化培养48 h，然后再接入新鲜的液体培养基中进行二次活化，制作种子发酵液。

③醋酸钠琼脂斜面的制备。称取葡萄糖0.1 g，氯化钾0.18 g，酵母浸膏0.25 g，琼脂2 g（冬天可以将琼脂的量减少至1.8 g），加热充分溶解后定容至100 mL。可以趁热分装入大试管，包扎后立于灭菌锅中于121 ℃高压灭菌20 min，灭菌后，待温度降至50 ℃左右但尚未冷凝时，摆放斜面。也可以先将配好的培养基进行高压灭菌后，再在冷凝前趁热分装入大试管，并立即摆放斜面。

④孔雀绿染色液和沙黄染色液的配制。小心称取2.5 g孔雀绿染色剂，用蒸馏水定容至50 mL，制得5%孔雀绿染色液，贮于50 mL棕色带滴管的试剂瓶备用。称取0.5 g沙黄（或番红）染色剂，用蒸馏水定容至100 mL，制得0.5%沙黄（或番红）染色液，分别贮于50 mL棕色带滴管的试剂瓶备用。

（2）酵母菌活化培养

将保藏的酿酒酵母接种至新鲜的麦芽汁培养基，28 ℃培养48 h，然后再转种到新鲜的麦芽汁培养基，28 ℃、24 h活化培养2~3次，得酵母的活化培养液。

（3）酵母菌的生孢培养

将经活化的酵母菌种转移到醋酸钠琼脂斜面培养基上，28 ℃培养7~10 d，待孢子产生后使用。

（4）制片

在洁净载玻片的中央滴一小滴蒸馏水，用接种环于无菌条件下挑取少许菌苔至水滴上，涂布均匀，自然风干后在酒精灯火焰上热固定。

（5）染色

滴加数滴孔雀绿染色液，染色1 min后用清水冲洗；然后加95%乙醇脱色30 s，再用水冲洗；最后用0.5%沙黄染色液（也可以用0.5%的番红染色液代替）复染30 s，再次水洗后，用吸水纸吸干。

（6）镜检（图6.17）

将染色片置于显微镜的载物台上，先用低倍镜，后用高倍镜进行观察，子囊孢子呈绿色，菌体和子囊呈粉红色。注意观察子囊孢子的数目、形状，并进行记录。

4）注意事项

①制片时，水和菌均不要太多，涂布时应尽量涂开，否则将造成干燥时间长；热固定温

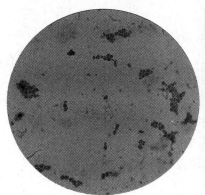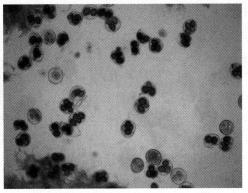

图 6.17 酵母菌子囊孢子染色(10×100)

度不宜太高,以免使菌体变形。

②新鲜的培养基配制完成后,要立即进行高压灭菌,否则,会由于微生物的污染而改变培养基成分。

③乙醇脱色时间要控制好,不宜过长,且脱色后一定要用清水清洗干净后再加复染剂,否则可能使复染失败。

5)实训结论

请对你所观察到的结果进行绘图与描述,或者直接将观察到的结果进行拍照记录。

一般经染色处理后的酵母菌体和孢子囊呈红色,孢子呈绿色,可以看到几个孢子聚在一起,由红色孢子囊包裹。

任务6.3 微生物的无菌操作和接种技术

用接种针或接种环分离微生物,或在无菌条件下把微生物由一个培养皿转接到另一个培养容器进行培养,是微生物学研究中最常用的基本操作。接种环及接种针一般采用易于迅速加热和冷却的镍铬合金、铂金等金属设备。无菌操作是微生物接种技术的关键,其要点是在火焰附近进行熟练的无菌操作,或在无菌箱或是无菌操作室内的无菌环境下进行操作。实验室中为获得生长良好的纯种微生物常采用斜面接种、液体接种、固体接种和穿刺接种。由于接种方法不同,采用的接种工具也有区别,如固体斜面培养体转接时用接种环,穿刺时用接种针,液体转接时用移液管等。

6.3.1 接种前的准备工作

无菌室的准备

在微生物实验中,一般小规模的接种操作使用无菌接种箱或超净工作台;工作量大时使用无菌室接种,要求严格的在无菌室内再结合使用超净工作台。

（1）无菌室的设计

无菌室的设计可因地制宜，但应具备下列基本条件：

无菌室要求严密、避光，隔板宜采用玻璃为佳。但为了在使用后排湿通风，应在顶部设立百叶排风窗。窗口加密封板，可以启闭，也可以在窗口用数层纱布和棉花蒙罩。无菌室侧面底部应设进气孔，最好能通入过滤的无菌空气，

无菌室一般应有里外两间。较小的外间为缓冲间，以提高隔离效果。

无菌室应安装拉门，以减少空气流动，必要时，在向外一侧的玻璃隔板上安装一个双层的小型玻璃橱窗，便于内外传递物品，减少进出无菌室的次数。

室内应有照明、电热和动力用的电源。

工作台台面应抗热、抗腐蚀、便于清洗消毒。可采用橡胶板或塑料板铺敷台面。

（2）无菌室内的设备

无菌室内的里外两间均应安装日光灯和紫外线杀菌灯。紫外灯常用规格为 30 W，吊装在经常工作位置的上方，距离地面高度 2～2.2 m。

缓冲间内应设工作台供放置工作服、鞋、帽、口罩、消毒用药物、手持式喷雾器等，并备有废物桶等。

无菌室内应备有接种用的常用工具，如酒精灯、接种环、接种针、不锈钢刀、剪刀、镊子、酒精棉球瓶、记号笔等。

（3）无菌室的灭菌

①熏蒸。熏蒸在无菌室全面彻底灭菌时使用。先将室内打扫干净，打开进气孔和排气窗通风干燥后，重新关闭，进行熏蒸灭菌。常用的灭菌药剂为福尔马林（含 37%～40% 的甲醛水溶液），按 6～10 mL/m³ 的标准计算用量，取出后，盛于铁质容器中，利用电炉或酒精灯直接加热（应能随时在室外中止热源）或加入半量高锰酸钾，通过氧化作用加热，使福尔马林蒸发。熏蒸后应保持密闭 12 h 以上。由于甲醛气体具有较强的刺激作用，所以在使用无菌室前 1～2 h 在一个搪瓷盘内加入与所用甲醛溶液等量的氨水，放入无菌室，使其挥发中和甲醛，以减轻刺激作用。除甲醛外，也可用乳酸、硫磺等进行熏蒸灭菌。

②紫外灯照射。在每次工作前后，均应打开紫外灯，分别照射 30 min，进行灭菌。在无菌室内工作时，切记要关闭紫外灯。

③石炭酸溶液喷雾。每次临操作前，用手持喷雾器喷 5% 石炭酸溶液，主要喷于台面和地面，兼有灭菌和防止微尘飞扬的作用。

（4）无菌室空气污染情况的检验。为了检验无菌室灭菌效果以及在操作过程中空气污染的程度。需要定期在无菌室内进行空气中杂菌的检验。一般可以在两个时间进行：一是在灭菌后使用前；二是在操作完毕后。

取牛肉膏蛋白胨培养基和马铃薯、蔗糖、琼脂培养基的平板各三个，于无菌室使用前（或在使用后）在无菌室内打开，放置台面上，0.5 h 后重新盖好。另有一份不打开的做对照。一并放在 30 ℃下培养，48 h 后检验有无杂菌生长以及杂菌数量的多少。根据检验结果确定应采取的措施。

无菌室灭菌后使用前检验时，应无杂菌。如果长出杂菌多为霉菌时，表明室内湿度过大，应先通风干燥，再重新进行灭菌；如杂菌以细菌为主时，可采用乳酸熏蒸，效果较好。

（5）无菌室操作规则。将所有要用的实验器材和用品一次性全部放入无菌室（如同时

放入培养基则需用牛皮纸遮盖）。应尽量避免在操作过程中进出无菌室或传递物品。操作前先打开紫外灯照射 0.5 h,关闭紫外灯后,再开始工作。

进入缓冲间后,应换好工作服、鞋、帽,戴上口罩,将手用消毒液清洁后,再进入工作间。

操作时严格按照无菌操作法进行操作,废物应该丢入废物桶内。

工作后应将台面收拾干净,取出培养物品及废物桶,用 5% 石炭酸喷雾,再打开紫外灯照射 0.5 h。

6.3.2　无菌操作前的处理

1)手的清洗和无菌器材的处理

关于手的清洗和无菌器材的处理,必须按照以下方法进行操作。

①进行无菌操作的环境应清洁、宽敞,空气清新,无尘埃。

②无菌操作前,操作人员要穿戴整洁,帽子须遮盖全部头发,口罩须盖住口鼻,并认真彻底洗手(图 6.18)。

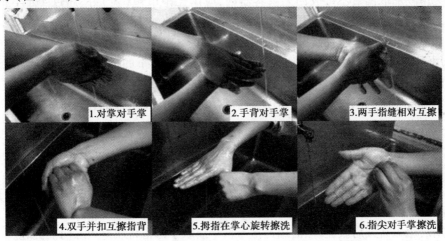

图 6.18　洗手方法

a. 手掌对手掌;

b. 手背对手掌;

c. 两手指缝相对互擦;

d. 双手并扣互擦指背;

e. 拇指在掌心旋转擦洗;

f. 指尖对手掌擦洗;

g. 摩擦手腕,然后彻底流水冲净。

认真揉搓双手至少 15 s,范围为双手、手腕及腕上 10 cm,注意将指尖、指缝、拇指、指关节等处清洗干净。

③实施无菌技术操作必须使用无菌物品。一次性使用的无菌医疗器械、用品不得重复使用。

④无菌物品与非无菌物品应分柜放置,并有明显标志。无菌包需标明物品名称、灭菌

日期,按失效期先后顺序摆放。无菌包的有效期按 7 d 计算,过期或受潮应重新灭菌。无菌柜应定期整理、清洁。

⑤在无菌技术操作时,必须明确无菌区和非无菌区。

⑥使用无菌物品前必须认真检查无菌包包装完整性、标志有效性,即无菌包的名称、灭菌时间或失效期、签名等,检查包内外化学指示胶带变色情况等。湿包或有明显水渍,密封容器的筛孔被打开,灭菌包掉落在地或误放不洁之处,包装破损或发霉,外包装指示带或包内指示卡变色没有达到标准或有疑问等情况,应视为污染,不能再使用。不得使用过期无菌物品。

⑦进行无菌操作时,操作者应面向无菌区域并与无菌区保持一定距离;手臂应保持在腰部或操作台面以上,操作过程中不可跨越无菌区,手不可触及无菌物。操作时不可面对无菌区谈笑、咳嗽、打喷嚏。

⑧无菌物品必须一人一用一灭菌。取用无菌物品时应用无菌持物钳(镊)近距离夹取。无菌持物镊(钳)可用消毒液浸泡或干性保持。湿式无菌持物钳、筒及筒内消毒液每周更换一次,干式无菌持物筒和钳每 4 h 更换一次,一旦污染随时更换。

⑨无菌物品取出后不可放回无菌容器内,应用无菌巾包(盖)好,超过 4 h 不得使用。开启的无菌药液须注明时间。开启的无菌溶液须在 4 h 内使用,其他溶液不得大于 24 h。注射治疗时,应用无菌盘,抽出的药液不得大于 2 h。

⑩用于无菌技术操作的棉球、棉签、纱布,根据一次用量的标准,独立包装。用无菌容器盛放的无菌物品,一经打开,使用时间最长不得大于 24 h。

⑪消毒皮肤用的碘伏、酒精应密闭保存。病区盛放消毒溶液的容器每周灭菌 2 次。

2)取无菌溶液

取无菌溶液应遵循以下规则:

①首先清洁无菌溶液瓶外的灰尘。

②核对无菌溶液名称、浓度、有效期,检查溶液有无沉淀、混浊、变色,检查瓶盖有无松动,瓶身有无裂缝。

③用启瓶盖器开启瓶盖,然后用拇指与食指或双手拇指将瓶塞边缘向上翻起。

④用一食指和拇指夹住瓶塞将其拉出。

⑤用一手拿溶液瓶签朝向掌心,先倒出少许以冲洗瓶口,再由原处倒出溶液至无菌溶器中。

⑥倒毕塞进瓶塞,消毒瓶塞、瓶盖,然后盖好,未用完者需注明开启日期、时间。

3)无菌容器的使用

使用无菌容器,应遵照以下规定:

①检查无菌容器名称、灭菌日期。

②取物时,打开无菌容器盖,内面向下,用持物钳夹取无菌物品。若是在口杯类无菌容器内取物时,一手打开容器盖,一手用持物钳夹取无菌物品。

③取物后,立即将盖盖严。

④手持无菌容器时应托住容器底部,不能触及容器边缘及内面。

4)玻璃器皿的消毒和清洁

玻璃器皿分新购玻璃器皿和污染玻璃器皿,其消毒和清洁的方法是不同的。

（1）新购玻璃器皿的处理

新购玻璃器皿应用热肥皂水洗刷，流水冲洗，再用1%～2%盐酸溶液浸泡，以除去游离碱，再用水冲洗。对容量较大的器皿如试剂瓶、烧瓶或量具等，经清水洗净后应注入浓盐酸少许，慢慢转动，使盐酸布满容器内壁数分钟后倾出盐酸，再用水冲洗。

（2）污染玻璃器皿的处理

①一般试管或容器可用3%煤酚皂溶液或5%石炭酸浸泡，再煮沸30 min，或在3%～5%漂白粉澄清液内4 h。有的亦可用肥皂或合成洗涤剂洗刷使尽量产生泡沫，然后用清水冲洗至无肥皂为止。最后用少量蒸馏水冲洗。

②细菌培养用的试管和培养皿可先行集中，用1 kg/cm^{2}高压灭菌15～30 min，再用热水洗涤后，用肥皂洗刷，流水冲洗。

③吸管使用后应集中于3%煤酚皂溶液中浸泡24 h，逐支用流水反复冲洗，再用蒸馏水冲洗。

④油蜡沾污的器皿，应单独灭菌洗涤。先将沾有油污的物质弃去，倒置于吸水纸上，100 ℃烘干0.5 h，再用碱水煮沸，肥皂洗涤，流水冲洗。必要时可用二甲苯或汽油去油污。

⑤染料沾污的器皿，可先用水冲洗，后用清洁剂或稀盐酸洗脱染料，再用清水冲洗。一般染色剂呈碱性，所以不宜用肥皂的碱水洗涤。

⑥玻片可置于3%煤酚皂溶液中浸泡，取出后流水冲洗，再用肥皂或弱碱性煮沸，自然冷却后，流水冲洗。被结核杆菌污染或不易洗净的玻片，可置于清洁液内浸泡后再冲洗。

5）无菌器材和液体的准备

将玻璃器具中的培养皿、培养瓶、试管、吸管等按上述方法洗净烘干后，用一洁净纸包好瓶口并在吸管尾端塞上棉花，装入干净的铝盒或铁盒中，于120 ℃的干燥箱中干燥灭菌2 h，取出备用。

对于手术器械、瓶塞、工作服以及新配制的PBS洗液，则采用高压蒸气灭菌法，即在15磅的条件下，加热20 min。而对于MEM培养液、小牛血清和消化液等需用无菌滤器负压抽滤后使用。

6.3.3 无菌操作过程

在无菌操作过程中，最重要的是要保持工作区的无菌、清洁。因此，在操作前20～30 min要先启动超净台和紫外灯，并认真洗手和消毒。在操作时，严禁喧哗，严禁用手直接拿无菌物品，如瓶塞等，而必须用消毒剪刀、镊子等。培养瓶应在超净台内操作，并且在开启和加盖瓶塞时需反复用酒精灯烧。对于吸管应先用手拿后1/3处，戴上胶皮乳头，并用酒精灯烧烤之后再吸液体。

接种工具的准备

接种工具有接种环、刮铲和移液管。

（1）接种环

最常用的接种或移植工具为接种环（图6.19）。接种环是将一段铂金丝安装在防锈的金属杆上制成。市售商品多以镍铬丝（或细电炉丝）作为铂金丝的代用品。也可用粗塑胶铜芯电线加镍铬丝自制，简便实用。注意，使用前需要灼烧灭菌（图6.21）。

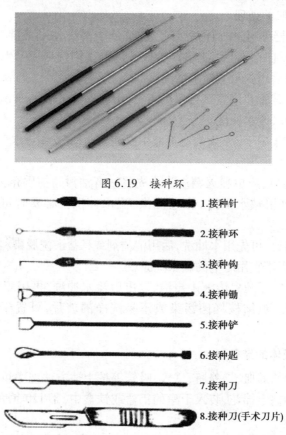

图6.19 接种环

1.接种针

2.接种环

3.接种钩

4.接种锄

5.接种铲

6.接种匙

7.接种刀

8.接种刀(手术刀片)

图6.20 各种接种工具

接种环供挑取菌苔或液体培养物接种用。环前端要求圆而闭合，否则液体不会在环内形成菌膜。根据不同用途，接种环的顶端可以改为其他形状，如接种针、接种铲等各种接种工具（图6.20）。

（2）刮铲

刮铲又称涂布棒，是稀释平板涂抹法进行菌种分离或微生物计数时常用的工具，最常用的有玻璃刮铲（图6.22）和不锈钢刮铲（图6.23）。如将定量（一般为0.1 mL）菌悬液置于平板表面涂布均匀的操作过程就需要用玻璃刮铲完成。

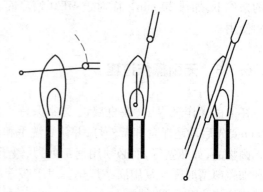

图6.21 接种环(针)灭菌方法

用一段长约30 cm、直径5~6 cm的不锈钢棒在喷灯火焰上把一端弯成"了"型或倒等

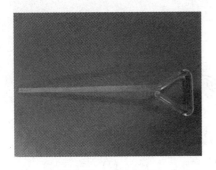

图 6.22　玻璃刮铲

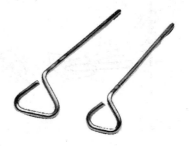

图 6.23　不锈钢刮铲

边三角形,并使柄与三角形的平面呈 30°左右的角度,即制成不锈钢刮铲。不锈钢刮铲接触平板的一侧,要求平直光滑,使之既能进行均匀涂布,又不会刮伤平板的琼脂表面。

（3）移液管的准备

无菌操作接种的移液管常为 1 mL 或 10 mL 刻度吸管。吸管在使用前应进行包裹灭菌。吸管的包裹如下（图 6.24）:

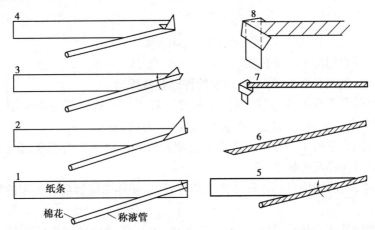

图 6.24　吸管包裹法

6.3.4　接种方法

1）斜面接种技术

进行斜面接种时,其操作规则如下:

（1）操作应在无菌室、超净工作台或接种箱内进行。

（2）接种前用记号笔在试管上标记,注明菌名、接种日期、接种人姓名等,在距离试管口 2～3 cm 的位置（若不用记号笔标记也可贴标签）。

（3）点燃酒精灯,再用 75% 酒精棉球擦拭双手消毒。

（4）接种

用接种环将少许菌种移接到贴好标签的试管斜面培养基上。必须按无菌操作法进行。具体操作如图 6.25。

①左手持试管:将菌种和代接斜面的两支试管用大拇指和其他四指夹在左手中,斜面

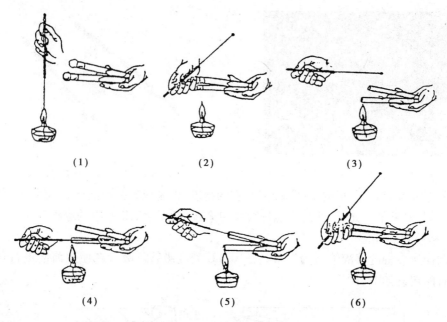

(1)　　　　　　　　(2)　　　　　　　　(3)

(4)　　　　　　　　(5)　　　　　　　　(6)

图 6.25　接种方法

面向操作者,并使它们位于水平位置。

②旋松管塞:先用右手松动棉塞,以便接种时容易拔出。

③取接种环:右手拿接种环(如同握笔一样),在火焰上将环端灼烧灭菌,然后将有可能深入试管的其余部分均匀灼烧灭菌,重复此操作,再灼烧一次。

④拔棉塞:用右手的小手指和手掌边夹住菌种管和待接试管的棉塞,在酒精灯火焰附近拔下,使试管口保持在火焰2~3 cm处。

⑤接种环冷却:将灼烧过的接种环伸入菌种管,先使环端接触没有长菌的培养基部分,使其冷却。

⑥取菌:待接种环冷却后,轻轻沾取少量菌体,然后将接种环移出菌种管,注意不要使接种环碰到管壁,取出后不可使带菌接种环通过火焰。

⑦接种:在火焰旁迅速将沾有菌种的接种环伸入另一支待接斜面试管。从斜面的底部向上部作波浪形来回划线,切勿划破培养基。

⑧塞棉塞:取出接种环,灼烧试管口,并在火焰旁将管塞旋上。塞棉塞时,不要用试管去迎棉塞,以免试管在移动时进入不清洁的空气。

⑨将接种环灼烧灭菌,放下接种环,将棉塞在火焰上燎过一两次,旋紧棉塞。

⑩将接完微生物的斜面试管放入恒温培养箱内培养24~48 h(图6.26)。

图 6.26　培养后的效果

(5)注意事项

接种操作应特别注意:

①接种前要用75%酒精清洁台面,最好在无菌室或超净工作台内进行。

②接种前要用75%酒精擦拭双手消毒。

③接种时拔下棉塞后一直用手指夹住,不要将其放在桌子或台子上,以免污染菌种。

④灼烧接种环要彻底,将接种丝烧红,柄端较粗部分反复灼烧。

⑤接种时试管口要一直保持在距火焰2~3 cm处,不可过远,以免污染。

2)液体接种技术

用液体菌种接种液体培养基时,有下面两种情况:如接种量小,可用接种环取少量菌体移入培养基容器(试管或三角瓶等)中,将接种环在液体表面振荡或在容器壁上轻轻摩擦把菌苔散开,抽出接种环,塞好棉塞,再将液体摇动,菌体即均匀分布在液体中。如接种量大,可先在斜面菌种管中注入定量无菌水,用接种环把菌苔刮下研开,再把菌悬液倒入液体培养基中。倒前需将试管口在火焰上灭菌。或用无菌的吸管或移液管吸取菌液接种,直接把液体培养物移入液体培养基中接种;也可利用高压无菌空气通过特制的移液装置把液体培养物注入液体培养基中接种;还可利用压力差将液体培养物接入液体培养基中接种(如发酵罐接入种子菌液)。

(1)压差接种

是利用两端压力差,使液体从高压流向低压的接种方法。例如孢子悬液接种和种醪接种。

①孢子悬液接种。如图6.27所示,孢子悬液接种一般是用接种瓶,瓶口连接短管和带旋转塞的球心阀2,管口装活接头下端。短管与接种瓶一同灭菌。罐顶的接种管口连接带旋塞的球心阀1和短管,管口装活接头的上端,短管中部又与蒸汽管连通。灭菌时先将灭过菌的接种瓶与罐顶接种短管上的活接头连接起来,打开阀1和阀2上的旋塞,开蒸汽阀3,通入蒸汽灭菌20 min。灭菌完毕,关闭1和2上的旋塞,开动阀1,让罐中的无菌空气填充管内。待接种管冷却后,打开阀2,让罐中的无菌空气进入接种瓶,使瓶与罐中的压力平衡。关闭阀1和阀2,再将罐压稍稍降低,打开阀1和阀2,于是悬浮液借瓶和罐的压差而流入罐中。接种完毕,关闭阀1和阀2,打开旋塞,通蒸汽再度灭菌,拆卸活连接,包扎好接种管口。

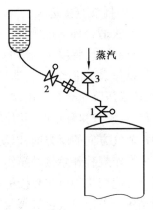

图6.27 孢子悬液接种示意图
1,2.球心阀;3.蒸汽阀

②种醪接种。一般在种子罐排醪管口与发酵罐接种管口各装带旋塞的球心阀,两阀之间管道与蒸汽管连通,如图6.28(a)所示。接种前先对管1→2段进行灭菌,将阀1和阀2上的旋塞打开,开阀3,通入蒸汽,蒸汽充满全管从阀底旋塞排出。灭菌20 min后,关闭阀3及阀1和阀2上的旋塞,打开阀1和阀2,于是种醪借压差而被压入发酵罐。接种完毕,关闭阀1和阀2,打开阀上的旋塞,通蒸汽再度灭菌,关闭旋塞。

如果种子罐容积很大,连接管道也粗,则可采用图6.28(b)的装置。接种前连接1→2间的短管,打开阀4、5、7、8、9、10,通蒸汽灭菌,蒸汽通过阀9和阀8排出。灭菌后,关闭阀7、8、9、10,打开阀4、5、6,培养液由发酵罐充满全管,提高种子罐液面,打开阀3,借助两罐压差进行接种。接种后关闭阀3、6,打开阀7、8、9、10,再度灭菌,灭菌完毕,拆卸短管1→2。

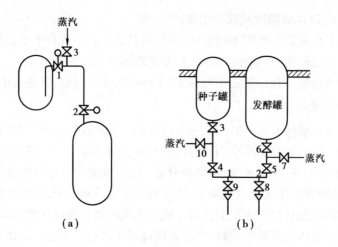

图 6.28　种醪接种示意图
1,2.球心阀;3—10.蒸汽阀

（2）注射接种

一般用于种子罐接种,装置比较简单。在罐顶接种管口压盖一层橡胶膜,接种时用酒精在橡胶膜外表涂抹灭菌,将注射器针嘴插入橡胶膜进行接种。

（3）摇瓶直接进罐法

本法适合种子罐接种,一般需三人配合操作。接种时消毒工要准备好棉花、酒精、火圈、石棉手套,将浸透酒精的火圈套在种子罐接种口周围,并用酒精棉擦洗接种口帽。当种子组操作人员准备好后,消毒工用火把点燃火圈,看罐人员关闭无菌空气进气阀,开大排气阀,待罐压降至 0.01 MPa 时,关排气阀。消毒工手戴石棉手套,旋松接种口帽,将罐内余压放尽后,旋开接种口帽,并使其在火焰中保护。在最后开启接种帽的一刹那,火把应处在接种帽放气方向的反方向,以防止吹灭火把,在火圈被吹灭后,能够及时点燃。种子操作者按无菌操作规程开始接种操作,将摇瓶种子液倒入种子罐。如果有几瓶种子液,在操作间隙,消毒工应用接种口帽将接种口暂时遮盖。接种完毕,消毒工迅速将接种口帽旋紧,看罐人员迅速开无菌空气进气阀及罐排气阀,调节好空气流量及罐压。

3）固体接种技术

固体接种最普遍的形式是接种固体曲料。因所用菌种或种子菌来源不同,可分为:

（1）用菌液接种固体料

菌液包括用菌苔刮洗制成的悬液和直接培养的种子发酵液。接种时可按无菌操作法将菌液直接倒入固体料中,搅拌均匀。注意接种所用菌液量要计算在固体料总加水量之内,否则往往在用液体种子菌接种后曲料含水量加大,影响培养效果。

（2）用固体种子接种固体料

用固体种子接种固体料包括用孢子粉、菌丝孢子混合种子菌或其他固体培养的种子菌,直接把接种材料混入灭菌的固体料。接种后必须充分搅拌,使之混合均匀。一般是先把种子菌和少部分固体料混匀后再拌大堆料。固体料接种应注意"抢温接种",即在曲料灭菌后不要使料温降得过低(尤其在气温低季节),一般在料温高于培养温度 5～10 ℃时抓紧接种(如培养温度为 30 ℃,料温降至 35～40 ℃时即可接种)。抢温接种可使培养菌在接种后及时得到适宜的温度条件,从而能迅速生长繁殖,长势好,杂菌不易滋生。此法适用于芽孢菌和产生孢子的放线菌与霉菌的接种。另一个措施是"堆积起温",即在大量的固体曲料接种后,不要立即分装到盘或上帘,应先堆积起来,上加覆盖物,防止散热,使培养菌适应新的环境条件,逐渐生长旺盛,产生较大热量使堆温升高后,再分装到一定容器中培养。这样可以避免一开始培养菌繁殖慢,料温上不去,拖延培养时间,水分蒸发大,杂菌易发展等缺点。

4) 穿刺接种技术

穿刺接种技术是一种用接种针从菌种斜面上挑取少量菌体并把它穿刺到固体或半固体的深层培养基中的接种方法。经穿刺接种后的菌种常作为保藏菌种的一种形式,同时也是检查细菌运动能力的一种方法,它只适宜于细菌和酵母的接种培养。具体操作如下:

①贴标签。

②点燃酒精灯。

③穿刺接种。方法如下:

a.手持试管。

b.旋松棉塞。

c.右手拿接种针在火焰上将针端灼烧灭菌,接着把在穿刺中可能伸入试管的其他部位也灼烧灭菌。

d.用右手的小指和手掌边拔出棉塞。接种针先在培养基部分冷却,再用接种针的针尖沾取少量菌种。

④接种的手持操作法。

接种有两种手持操作法:一种是水平法,如图6.29所示,它类似于斜面接种法。一种则称垂直法,如图6.30所示。尽管穿刺时手持方法不同,但穿刺时所用接种针都必须挺直,将接种针自培养基中心垂直地刺入培养基中。穿刺时要做到手稳、动作轻巧快速,并且要将接种针穿刺到接近试管的底部,然后沿着接种线将针拔出。最后,塞上棉塞,再将接种针上残留的菌在火焰上烧掉。

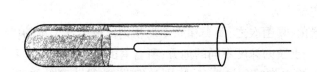

图6.29　水平穿刺接种

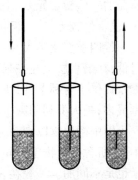

图6.30　垂直穿刺接种

⑤观察结果。

将接种过的试管直立于试管架上,放在37 ℃恒温箱中培养。24 h后观察结果(图6.31)(注意:若是具有运动能力的细菌,它能沿着接种线向外运动而弥散,故形成的穿刺线较粗而散,反之则细而密)。

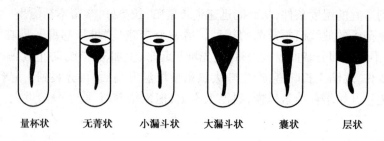

量杯状　　　无菁状　　　小漏斗状　　　大漏斗状　　　囊状　　　层状

图 6.31　穿刺接种菌种生长示意图

任务 6.4　环境和人体表面微生物的检验

微生物是自然界中分布最广泛的一群生物。它所具有的个体微小、代谢营养类型多样、适应能力强等特点使它能广泛分布于土壤、水体、空气、动植物体内外以及工农业产品中,甚至在一些其他生物不能生存的极端环境中,如在万米深的海底、在七八十千米的高空、在冰川几百米的深处都发现有微生物的踪迹。

6.4.1　微生物的分布

1)陆生环境的微生物

自然界中,土壤是微生物生活最适宜的环境,它具有微生物所需要的一切营养物质和微生物进行生长繁殖及生命活动的各种条件。

大多数微生物都需要靠有机质来生活,土壤中的动植物遗体是它们最好的食物。土壤中矿物质含量较高,其中有很多微生物所必需的 S、P、K、Fe、Mg、Ca 等营养元素,也有微生物所需的一些微量元素;土壤酸碱度接近中性,渗透压为 3~6 atm,大都不超过微生物的渗透压;氧含量较大气少,但仍达到土壤空气容积的 7%~8%,可以保证好氧微生物的需要;温度一年四季变化不大,一般在土壤耕作层中,夏天温度适于微生物的发育,冬天温度不至于过低,在最表层土几毫米下,还可保护微生物免于被阳光直射致死。这些都为微生物生长繁殖提供了有利条件,所以土壤有微生物天然培养基的称号。这里的微生物数量最大,类型最多,是人类利用微生物资源的主要来源。

土壤中微生物以细菌为最多,放线菌、真菌次之,藻类和原生动物则比较少。土壤的类型不同,所含微生物也不同,即使在同一土壤的深度不同的地方,所含有的微生物的种类和数量也是不同的。一般在表层土壤中,微生物的含量最多,特别是细菌、放线菌更是如此。随着土壤深度的增加,数量迅速减少,种类也相应减少甚至消失。

此外,有机物的种类和浓度也是决定微生物各种生理类型分布的一个重要因素。例如油田地区存在以碳氢化合物为碳源的微生物;森林土壤中存在分解纤维素的微生物;含动植物残体较多的土壤含氨化细菌和硝化细菌较多;而酵母菌在含糖量丰富的土壤中数量明显增多。温度、酸碱度等因素也与微生物的分布有关。一般在酸性土壤中霉菌较多,而碱性土壤和含有机质较多的土壤中则放线菌较多,从盐碱土中可分离到嗜盐微生物。

2)水生环境的微生物

江河湖海及下水道中都有很多微生物,甚至温泉中也可找到微生物。水中微生物主要来自土壤、空气、动物排泄物、动植物尸体、工厂和生活污水等。水体中微生物的种类、数量和分布受水体类型、有机物含量、水体温度和深度等多种因素影响。

水蒸汽是无菌的,但其变成雨雪降至地面的时候,就带有了细菌。雨水中细菌的含量多少和取样的时间也有关系:初雨灰尘多,细菌也多;后雨细菌就少,一般是每毫升中含几个细菌。雪的表面积大,接触灰尘机会多,所以每毫升所含菌数较多。

地下水、自流井和泉水因为经过很厚的土层的过滤,含有的营养物质和菌数较少。但是在不同地质层的地下水中所含微生物的种类和数量是不同的。如含有石油岩石的地下水中含有大量的能够分解碳氢化合物的细菌;在泉水中,根据水中所含矿物质盐的不同,生活的微生物种类也不同。

湖泊、池塘、河流等水体中的微生物大部分来自土壤和生活污水。很大程度上,这些水中的微生物种类和数量直接反映了陆地的情况,其中包括很多人的肠道致病菌,如霍乱弧菌、伤寒杆菌、痢疾杆菌等。一般来说,要排除水体中其他细菌而单独检出病原菌,在培养分离技术上较为复杂,需要较多的人力物力和较长的时间。所以,在水的细菌学检验中,通常以大肠杆菌作为粪便污染的指示微生物。国家饮水标准规定,饮用水中大肠杆菌群数每升中不超过 3 个,细菌总数每毫升不超过 100 个。

海水中由于其特殊的盐分、低温、高压、低浓度的有机物质以及植物、动物区系稀少等原因,其微生物的含量比淡水中少。常见的是一些具有活动能力的杆菌及各种弧菌,它们大多是微嗜盐并能耐受高渗透压的。虽然海水中微生物比淡水中少,但是在海底沉积物中,微生物的含量却很高,这里每克沉积物(湿重)中含有高达 10^8 个细菌,它们大多是厌氧菌或兼性厌氧菌。

深度不同的水中,细菌分布也不同。不管是在淡水还是海水中,细菌最多的地方不是在水面,而是在距离水面 5~20 m 的水层中;在 20~25 m 以下,菌数随深度的增加而减少;到底部,菌数又有所增加。

3)大气中的微生物

大气层中有较强的紫外线辐射,空气较干燥,温度变化大,缺乏营养和载体,这些都决定了大气层不是微生物的繁殖场所。但是空气中还是含有相当数量的微生物,这些微生物主要来自于土壤飞扬起来的灰尘、水面吹起的小水滴、人或动物体表的干燥脱落物质和呼吸道的排泄物等。这些微生物停留的时间主要取决于风力、气流和雨雪等条件,但最后还是要沉降到土壤和水中,建筑物和动植物上。

空气中的微生物主要是附着在灰尘颗粒以及短暂悬浮于空气中的液滴内随气流在大气中传播。所以,如果空气中的尘埃越多,含微生物就越多,一般在畜舍、公共场所、医院、宿舍、城市街道的空气中的微生物数量最多,而海洋、高山、森林地带和终年积雪的山脉或高纬度地带的空气中的微生物则数量较少。

进入空气中的微生物有的可随气流传播到很高的空中,主要是一些抵抗力较强的细菌和霉菌的孢子囊。而其他的微生物一般很快就会坠落到地面,其间大部分的微生物都会死亡,有的甚至在几秒内死掉,有的则能继续存活几个星期、几个月或更长时间。空气中微生物没有固定的类群,随地区、时间而有较大的变化。在空气中存活时间较长的都是一些抵抗力较强的微生物,主要有芽孢杆菌、霉菌和放线菌的孢子、野生酵母菌、原生动物及微型动物的孢囊等。

4)极端环境下的微生物

在自然界中,存在着一些可在绝大多数生物所不能生长的高温、低温、强酸、强碱、高盐、高压或高辐射等极端环境下生活的微生物,如嗜热菌、嗜冷菌、嗜酸菌、嗜碱菌、嗜盐菌、嗜压菌和耐辐射菌等,它们被称为极端环境微生物。

按照微生物生长的最适温度分,有嗜热微生物与嗜冷微生物。细菌是嗜热微生物中最耐热的,一般最适生长温度在50 ℃以上;专性嗜热菌的最适生长温度在65～70 ℃,极端嗜热菌最适温度高于70 ℃;而超嗜热菌的最适生长温度在80～110 ℃。大部分嗜冷微生物的最高生长温度不超过20 ℃,可以在0 ℃或低于0 ℃条件下生长。嗜冷微生物的研究主要限于细菌,其主要生长环境有极地、深海、寒冷水体、冷冻土壤、阴冷洞穴、保藏食品的低温环境等。

按照微生物生长的最适pH值分,有嗜酸微生物与嗜碱微生物。生长最适中性条件下不能生长的微生物称为嗜酸微生物。温和的酸性(pH值3～5.5)自然环境较为普遍,如某些湖泊、泥炭土和酸性的沼泽。极端的酸性环境包括各种酸矿湖、地热泉等。从这些环境中分离出独具特点的嗜酸嗜热细菌,如嗜酸热硫化叶菌等。嗜酸微生物的胞内pH值从不超出中性大约2个pH单位,其胞内物质及酶都呈酸性。大多认为它们的细胞壁、细胞膜具有排斥H^+、对于H^+不渗透或把H^+从胞内转移到胞外的作用。一般把最适生长pH值在9以上的微生物称为嗜碱微生物;中性条件下不能生长的称为专性嗜碱微生物;中性条件甚至是酸性条件都能生长的称为耐碱微生物。

5)工农业产品中的微生物

工农业生产的原材料和产品中常含有大量的微生物,而大多数情况下微生物的生命活动总是造成粮食的变质、食品的腐败以及工业材料的劣化等,因此研究工农业生产中的微生物对防止食品、材料腐败变质是十分必要的。粮食和食品由于含有大量的营养物质,是微生物生长繁殖的良好培养基。只要条件适宜,微生物就会大量生长繁殖,将食品中的有机质转变。这不但会降低食品的营养品质、失去食用价值以及工业上的用途,某些微生物还会产生有害的代谢产物,人或动物食用后造成中毒甚至死亡。食品中的微生物包括有真菌(霉菌、酵母和植物病原真菌)、细菌、放线菌、病毒等微生物界的主要类群。

在工业材料与产品中常含有一些微生物能利用的养料,如皮革、纸张、木制品中含有的蛋白质、纤维素等。此外,即使是含营养物质少的材料、制品表面有时也会被有机质或营养物质覆盖形成一层营养膜,导致微生物在其表面生长而被破坏,如金属、玻璃表面会在温度适宜、湿度较大的情况下生长霉菌。这些霉腐微生物和气候、环境、物理、化学因素结合在一起导致了材料、制品的老化、腐蚀、生霉和腐烂。从全世界来看,每年因霉腐微生物引起的工业产品的损失是巨大的。

6.4.2　环境微生物的检验方法

1)公共场所空气中细菌总数检验方法

(1)仪器和设备

高压蒸汽灭菌器、干热灭菌器、恒温培养箱、冰箱、培养皿(直径9 cm)、量筒、三角烧瓶、pH计或精密pH试纸等、撞击式空气微生物采样器、无菌的牛肉膏蛋白胨固体平板培养基等。

(2)检验方法

①撞击法。撞击法是采用撞击式空气微生物采样器采样,通过抽气动力作用,使空气通过狭缝或小孔而产生高速气流,使悬浮在空气中的带菌粒子撞击到营养琼脂平板上,经37 ℃,48 h培养后,计算出每立方米空气中所含的细菌菌落数的采样测定方法(图6.32、图6.33)。

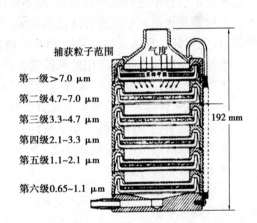

捕获粒子范围

第一级>7.0 μm

第二级4.7~7.0 μm

第三级3.3~4.7 μm

第四级2.1~3.3 μm

第五级1.1~2.1 μm

第六级0.65~1.1 μm

192 mm

图6.32　筛孔撞击式空气微生物采样器　　　图6.33　筛孔撞击式空气微生物采样器剖面图

选择有代表性的位置设置采样点。将采样器消毒,按仪器使用说明进行采样。样品采完后,将带菌体细胞的营养琼脂平板置37 ℃恒温箱中培养48 h,计数菌落数,并根据采样器的流量和采样时间,换算成每立方米空气中的菌落数,以CFU/m³报告结果。

$$空气含菌量(CFU/m^3) = \frac{六级采样平板上的总菌数\ cfu}{28.3\ L/min \times 采样时间\ min} \times 1\ 000$$

a.采样前的准备。采样人员事前应做好采样所用仪器设备、采样记录等的准备工作。现场采样应有2人以上检测人员参加。采样人员到达现场后,说明采样的目的,在被监测单位人员的陪同下进行采样。

六级空气微生物采样器的标准采样流量为28.3 L/min。采样前校正好流量,现场采样时,可不使用流量计。

流量校正操作步骤:圆盘上孔眼通畅,然后按顺序将采样器装配好,注意装好各级间的密封垫圈,挂上三个弹簧钩子,按顺序:采样器出口→抽气泵进口,连接好采样器、流量计、抽气泵。插上电源启动抽气泵,打开采样器进气口盖子和调节泵上的阀门,直到流量计上的转子稳定在28.3 L/min。按住采样器上方的进气口,完全切断气流,此时流量计的转子应落至最低位量,说明密封性良好,标定的流量准确。若流量计仍然活动,说明密封不好,应重新装配好再校正。

b. 空气微生物采样器的操作程序。操作人员必须戴口罩,将空气采样器用75%酒精消毒后逐级装入采样用培养基平板。盖上采样进气口盖子,挂上三个弹簧钩子,连接好采样器、流量计、抽气泵,接好电源。检查电源是否通畅,打开进气口盖子,打开电源开关,开始采样。注意流量计上的转子要稳定在28.3 L/min 位置。采样时间视所采空气污染程度而定,清洁前采样10 min,清洁后采样15 min。样品运输和贮存:样品最好在4 h 内送达实验室进行培养。采样完毕,采样人员必须填写现场采样记录,交被检测单位或个人签字。必要时应做好照相或录像记录。

c. 使用空气采样器注意事项:

• 放入和取出采样平皿时,必须戴上口罩,以防止口鼻细菌污染平皿。用75%酒精棉球擦拭双手,以防止手上细菌污染平皿。

• 采样完毕,取出采样平皿,盖上平皿盖,注意顺序和编号,切勿搞错。

• 使用过程中应避免筛孔阻塞,绝不可使用硬物处理,以保证孔眼的精确度。

• 仪器每次使用必须进行清洁和消毒,采样器可采用高压蒸汽消毒,消毒前取下密封垫圈,以免损坏。现场采样可采用75%酒精进行擦拭消毒。

• 每次使用前检查连接用的橡胶管是否有损坏和有裂缝,如有损坏应及时更换。

• 采样前进行流量校准,采样时注意流量调节,真空泵使用前仔细阅读说明书。

• . 空气采样器取得的数据注意分析和解释。

d. 空气微生物采样器具有以下特性:

• 采集粒谱范围广,一般在0.2~20 um。

• 采样效率高,逃逸少。

• 微生物存活率高。

② 自然沉降法。

a. 设置采样点时,应根据现场的大小,选择有代表性的位置作为空气细菌检测的采样点。通常设置5个采样点,即室内墙角对角线交点为1个采样点,该交点与四墙角连线的中点为另外4个采样点。采样高度为1.2~1.5 m。采样点应远离墙壁1 m 以上,并避开空调、门窗等空气流通处。

b. 将营养琼脂平板置于采样点处,打开皿盖,暴露5 min,盖上皿盖,翻转平板,置(36±1)℃恒温箱中,培养48 h。

c. 计数每块平板上生长的菌落数,求出全部采样点的平均菌落数,以 CFU/皿报告结果。

d. 每批培养基应有对照试验,以检验培养基本身是否污染。可每批选定3只培养皿作对照培养。

e. 菌落计数:用肉眼对培养皿上所有的菌落直接计数、标记或在菌落计数器上点计,然后用5~10倍放大镜检查,有否遗漏。若平板上有2个或2个以上的菌落重叠,可在分辨时仍以2个或2个以上菌落计数(图6.34)。

f. 注意事项:

• 测试用具要作灭菌处理,以确保测试的可靠性、正确性。

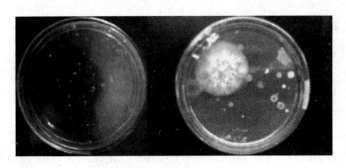

图 6.34　空气中微生物菌落

● 采取一切措施防止人为的样本污染。

● 对培养基、培养条件及其他参数作详细的记录。

● 由于细菌种类繁多,差别甚大,计数时一般用透射光于培养皿背面或正面仔细观察,不要漏计培养皿边缘生长的菌落,并须注意细菌菌落与培养基沉淀物的区别,必要时用显微镜鉴别。

● 采样前应仔细检查每个培养皿的质量,如发现变质、破损或污染的应剔除。

● 结果计算

用计数方法得出各个培养皿的菌落数,每个测点的沉降菌平均菌落数的计算,见如下公式:

$$\overline{M} = \frac{M_1 + M_2 + \cdots M_n}{n}$$

式中:$\overline{M}$——平均菌落数;M_1——1 号培养皿菌落数;M_2——2 号培养皿菌落数;M_n——n 号培养菌落数;n——培养皿总数。

g. 洁净室(区)采样点布置

洁净室(区)采样点布置宜力求均匀,避免采样点在局部区域过于稀疏。下列多点采样的采样点布置图示可作参考(图 6.35)。

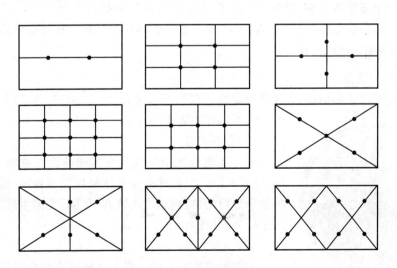

图 6.35　平面采样点布置图

2)设备或工具表面微生物的检验

(1)仪器材料

恒温培养箱、一次性无菌规格板、一次性无菌规格纸、无菌棉球、无菌生理盐水、试管、无菌吸管、镊子、无菌平皿、营养琼脂培养基等。

(2)采样方法

①涂抹法(适用于表面平坦的设备和工器具产品接触面)。取一次性无菌规格板(图6.36)(框内面积为 5 cm×5 cm)放在需检查的部位上,用无菌棉球蘸上无菌生理盐水擦拭规格板中间方框部分,擦完后立即将棉球投入盛有 10 mL 无菌生理盐水的试管中,此液每毫升代表2.5 cm²。

图 6.36 一次性无菌规格板

②贴纸法(适用于表面不平坦的设备和工具接触面)。将无菌规格纸(5 cm×5 cm,纸质要薄而软)用无菌生理盐水泡湿后,铺于需测部分一张,然后取下放入盛有 10 mL 无菌生理盐水的试管中,此液每毫升代表2.5 cm²。

(3)检验方法

①细菌总数的检验。将上述样液充分振摇,根据卫生情况,相应地做 10 倍递增稀释,选择其中2~3 个合适的稀释度作平皿倾注培养。培养基用普通营养琼脂,每个稀释度作 2 个平皿,每个平皿注入 1 mL 样液,于 37 ℃培养 24 h 后计菌落数。

②结果计算:表面细菌总数(cfu/cm²) = 平皿上菌落的平均数 × 样液稀释倍数 × 10

3)人体表面微生物的检验

(1)仪器和设备

恒温培养箱、无菌棉球、无菌生理盐水、试管、无菌吸管、镊子、剪刀、酒精灯、无菌平皿、牛肉膏蛋白胨固体培养基等。

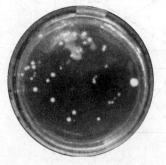

(2)采样方法

用一支蘸有无菌生理盐水的棉球涂擦被检对象手的全部,反复两次。涂擦的时候棉球要相应地转动,擦完后,将手接触部分剪去,将棉球放入装有 10 mL 无菌生理盐水的试管内送检培养(图6.37)。

(3)检验方法

①细菌总数的检验。将上述样液充分振摇,根据卫生情况,相应地做 10 倍递增稀释,选择其中 2~3 个合适的稀释

图 6.37 手上的微生物菌落

度作平皿倾注培养。培养基用普通营养琼脂,每个稀释度作2个平皿,每个平皿注入1 mL样液,于37 ℃培养24 h后计菌落数。

②结果计算:表面细菌总数(cfu/cm^2) = 平皿上菌落的平均数 × 样液稀释倍数 × 10

任务6.5　食品中大肠菌群的检验

6.5.1　大肠菌群简介

大肠菌群并非细菌学分类命名,而是卫生细菌领域的用语。它不代表某一个或某一属细菌,而指的是具有某些特性的一组与粪便污染有关的细菌,这些细菌在生化及血清学方面并非完全一致,其定义为:需氧及兼性厌氧,在37 ℃能分解乳糖产酸产气的革兰氏阴性无芽孢杆菌。一般认为该菌群细菌可包括大肠埃希氏菌、柠檬酸杆菌、产气克雷白氏菌和阴沟肠杆菌等。

大肠菌群分布较广,在温血动物粪便和自然界中广泛存在。调查研究表明,大肠菌群细菌多存在于温血动物粪便、人类经常活动的场所以及有粪便污染的地方,人、畜粪便对外界环境的污染是大肠菌群在自然界存在的主要原因。粪便中多以典型大肠杆菌为主,而外界环境中则以大肠菌群其他型别较多。

大肠菌群是作为粪便污染指标菌提出来的,主要是以该菌群的检出情况来表示食品中有否粪便污染。大肠菌群数的高低表明了粪便污染的程度,也反映了对人体健康危害性的大小。粪便是人类肠道排泄物,其中有健康人粪便,也有肠道患者或带菌者的粪便,所以粪便内除一般正常细菌外,同时也会有一些肠道致病菌存在(如沙门氏菌、志贺氏菌等),因而食品中有粪便污染,则可以推测该食品中存在着肠道致病菌污染的可能性,潜伏着食物中毒和流行病的威胁,必须看作对人体健康具有潜在的危险性。

大肠菌群是评价食品卫生质量的重要指标之一,目前已被国内外广泛应用于食品卫生检测工作中。

6.5.2　大肠菌群检验方法

由于大肠菌群指的是具有某些特性的一组与粪便污染有关的细菌,即:需氧及兼性厌氧在37 ℃能分解乳糖产酸产气的革兰氏阴性无芽孢杆菌,因此大肠菌群的检测一般都是按照它的定义进行。目前,国内采用的进出口食品大肠菌群检测方法主要有国家标准和原国家商检局制订的行业标准。两个标准方法在检测程序上略有不同。

1)国家标准

国家标准采用三步法,即:乳糖发酵试验、分离培养和证实试验。

(1)乳糖发酵试验

样品稀释后,选择三个稀释度,每个稀释度接种三管乳糖胆盐发酵管。36 ± 1 ℃培养

48 ± 2 h,观察是否产气。

（2）分离培养

将产气发酵管培养物转种于伊红美蓝琼脂平板上,36 ± 1 ℃培养 18 ~ 24 h,观察菌落形态。

（3）证实试验

挑取平板上的可疑菌落,进行革兰氏染色观察。同时接种乳糖发酵管 36 ± 1 ℃培养 24 ± 2 h,观察产气情况。根据证实为大肠杆菌阳性的管数,查 MPN 表,报告每 100 mL(g) 大肠菌群的 MPN 值。

2）行业标准

行业标准指原国家商检局制定的行业标准,等效采用美国 FDA 的标准方法,用于对出口食品中的大肠杆菌进行检测。本方法采用两步法:

（1）推测试验。样品稀释后,选择三个稀释度,每个稀释度接种三管 LST 肉汤。 36 ± 1 ℃培养 48 ± 2 h,观察是否产气。

（2）证实试验。将产气管培养物接种煌绿乳糖胆盐(BGLB) 肉汤管中,36 ± 1 ℃培养 48 ± 2 h,观察是否产气。以 BGLB 产气为阳性。查 MPN 表,报告每 mL(g) 样品中大肠菌群的 MPN 值。

6.5.3 大肠菌群检验说明

1) MPN 检索表

MPN 为最大可能数(Most Probable Number) 的简称。这种方法对样品进行连续系列稀释,加入培养基进行培养,从规定的反应呈阳性管数的出现率,用概率论来推算样品中菌数最近似的数值。

MPN 检索表只给了三个稀释度,如改用不同的稀释度,则表内数字应相应降低或增加 10 倍。注意国家标准和行业标准中所附 MPN 表所用稀释度是不同的,而且结果报告单位也不相同。

2) 初发酵和证实试验

无论是国家标准的三步法还是行业标准的两步法,都利用了乳糖发酵管进行了两次发酵试验,培养基的配制略有不同,但都是为了证实培养物是否符合大肠菌群的定义,即"在 37 ℃分解乳糖产酸产气"。

初发酵阳性管,不能肯定就是大肠菌群细菌,经过证实试验后,有时可能成为阴性。有数据表明,食品中大肠菌群检验步骤的符合率,初发酵与证实试验相差较大。因此,在实际检测工作中,证实试验是必须的。

3) 产气量与倒管

在乳糖发酵试验工作中,经常可以看到在发酵倒管内极微少的气泡(有时比小米粒还小),有时可以遇到在初发酵时产酸或沿管壁有缓缓上浮的小气泡。实验表明,大肠菌群的产气量,多者可以使发酵倒管全部充满气体,少者可以产生比小米粒还小的气泡。如果对产酸但未产气的乳糖发酵有疑问时,可以用手轻轻打动试管,如有气泡沿管壁上浮,即应考虑可能有气体产生,而应作进一步试验。

4)挑选菌落

国家标准中,需要对初发酵阳性培养物接种伊红美蓝平板分离,对典型和可疑菌落进行观察和证实试验。由于大肠菌群是一群细菌的总称,在平板大肠菌群菌落的色泽、形态等方面较大肠杆菌更为复杂和多样,而且与大肠菌群的检出率密切相关。国家标准方法规定伊红美蓝平板为分离培养基,在该平板上,大肠菌群菌落呈黑紫色有光泽或无光泽时,检出率最高;红色、粉红色菌落检出率较低。

另外,挑取菌落数与大肠菌群的检出率有密切关系,只挑取一个菌落,由于机率问题,尤其当菌落不典型时,很难避免假阴性的出现。所以挑菌落一定要挑取典型菌落,如无典型菌落则应多挑几个,以免出现假阴性。

5)抑菌剂

大肠菌群检验中常用的抑菌剂有胆盐、十二烷基硫酸钠、洗衣粉、煌绿、龙胆紫、孔雀绿等。抑菌剂的主要作用是抑制其他杂菌,特别是革兰氏阳性菌的生长。

国家标准中乳糖胆盐发酵管利用胆盐作为抑菌剂,行业标准中 LST 肉汤利用十二烷基硫酸钠作为抑菌剂,BGLB 肉汤利用煌绿和胆盐作为抑菌剂。

抑菌剂虽可抑制样品中的一些杂菌,而有利于大肠菌群细菌的生长和挑选,但对大肠菌群中的某些菌株有时也产生一些抑制作用。有些抑菌剂用量甚微,称量时稍有误差,即可对抑菌作用产生影响,因此抑菌剂的添加应严格按照标准方法进行。

6.5.4 大肠菌群检验步骤(乳糖发酵法)

1)设备和材料

冰箱 0~4 ℃,恒温培养箱 37 ℃,高压灭菌锅,恒温水浴锅 45 ℃,酒精灯,试管及吸管,锥形瓶 500 mL,平皿,载玻片,盖玻片等。

2)培养基和试剂

(1)乳糖胆盐发酵管

成分:蛋白胨 20 g,猪胆盐 5 g,乳糖 10 g,0.04% 溴甲酚紫水溶液 25 mL,蒸馏水 1 000 mL;pH 值为 7.4。

制法:将蛋白胨、猪胆盐及糖溶于水中,校正 pH 值,加入溴甲酚紫水指示剂,分装每试管约 10 mL,并放入一个小导管,115 ℃高压灭菌 15 min。双料乳糖胆盐发酵管除蒸馏水外,其他成分加倍。

(2)伊红美蓝琼脂平板(EMB)

成分:蛋白胨 10 g,乳糖 10 g,磷酸氢二钾 2 g,琼脂 17 g,2% 伊红 Y 溶液 20 mL,0.65% 美蓝液 10 mL,蒸馏水 1 000 mL,pH 值为 7.1。

制法:将蛋白胨、磷酸盐和琼脂溶解于蒸馏水中,校正 pH 值,分装于烧瓶内,121 ℃高压灭菌 15 min 备用。临用时加入乳糖并加热融化琼脂,冷至 50~55 ℃,加入伊红和美蓝溶液,摇匀,倾注平板。

（3）乳糖发酵管

成分：蛋白胨 20 g，乳糖 10 g，0.04% 溴甲酚紫水溶液 25 mL，蒸馏水 1 000 mL；pH=7.4。

制法：加蛋白胨及乳糖糖液于水中，校正 pH 值，加入指示剂溴甲酚紫水溶液，分装于试管，每个试管倒放入一个小导管，在 121 ℃高压灭菌 15 min，备用。

（4）EC 肉汤

成分：蛋白胨 20 g，3 号胆盐（或混合胆盐）1.5 g，乳糖 5 g，磷酸氢二钾 4 g，磷酸二氢钾 1.5 g，氯化钠 5 g，蒸馏水 1 000 mL。

制法：将上述成分混合溶解后，分装入有发酵导管的试管中，121 ℃高压灭菌 15 min，最终 pH 值为 6.9±0.2，备用。

（5）磷酸盐缓冲液

储存液：先将 34 g 磷酸二氢钾溶解于 500 mL 蒸馏水中，用 1 mol/L 氢氧化钠溶液校正 pH=7.2 后，再用蒸馏水稀释至 1 000 mL。

稀释液：取储存液 1.25 mL，用蒸馏水稀释至 1 000 mL。分装每瓶 100 mL 或每管 10 mL，121 ℃高压灭菌 15 min，备用。

（6）0.85% 灭菌生理盐水

（7）革兰氏染色液

①结晶紫染色液：将 1 g 结晶紫溶解于 20 mL 95% 乙醇中，然后与 80 mL 1% 草酸铵水溶液混合。

②革兰氏碘液：将 1 g 碘与 2 g 碘化钾先进行混合，加入蒸馏水少许，充分振摇，待完全溶解后，再加蒸馏水至 300 mL。

③沙黄复染液：将 0.25 g 沙黄溶解于 10 mL 95% 乙醇中，然后用 90 mL 蒸馏水稀释。

3）**操作步骤**（图 6.38）

（1）采样

①固体和半固体样品：以无菌操作称取 25 g 样品，放入盛有 225 mL 生理盐水或磷酸盐缓冲液的无菌均质杯内，8 000~10 000 r/min 的均质 1~2 min，或放入盛有 225 mL 生理盐水或磷酸盐缓冲液的无菌均质袋中，用拍击式均质器拍打 1~2 min，做成 1∶10 的均匀稀释液。

②液体样品：以无菌吸管吸取 25 mL 样品置盛有 225 mL 生理盐水或磷酸盐缓冲液的无菌锥形瓶（瓶内预置适当数量的无菌玻璃珠）中，充分混匀，制成 1∶10 的样品匀液。

（2）稀释

①以无菌操作，将检样 25 g（或 25 mL）放到含有 225 mL 灭菌生理盐水或其他稀释液的灭菌玻璃瓶内，经充分振摇或研磨做成 1∶10 的均匀稀释液。固体样品在加入稀释液后，最好置匀制器中以 8 000~10 000 r/min 的速度处理 1 min，做成 1∶10 稀释液。

②用 1 mL 灭菌吸管吸取 1∶10 稀释液 1 mL，沿管壁注入含有 9 mL 灭菌生理盐水或其他稀释液的试管内，振摇试管，混合均匀，做成 1∶100 稀释液。

③另取 1 mL 灭菌吸管，按上条操作顺序，做 10 倍递增稀释液，每递增稀释一次，换用一支 1 mL 灭菌吸管。

④根据食品卫生标准要求或对检样污染情况的分析，选择 3 个稀释度，每个稀释度接种 3 管。

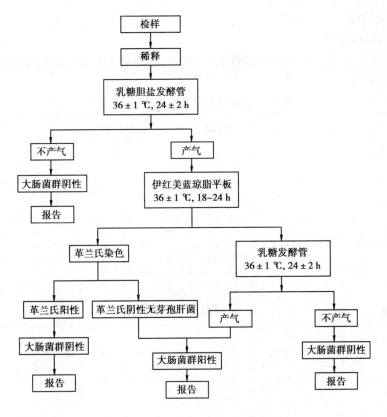

图6.38 乳糖发酵检验大肠菌群流程

（3）乳糖发酵试验

将待检样品接种于乳糖发酵管内,接种量在1 mL及1 mL以下时,用单料乳糖胆盐发酵管。每个稀释度接种3管,放在36±1 ℃恒温箱内,培养24±2 h,观察是否产气。如所有乳糖胆盐发酵管都不产气,则可报告为大肠菌群阴性,如有产气者,则进行进一步的试验。

（4）分离培养

将产气的发酵管用划线法分别转接在伊红美蓝琼脂平板上,放在36±1 ℃恒温箱内,培养18～24 h,然后取出,观察有无典型菌落生长。大肠菌群在伊红美蓝琼脂培养基上的典型菌落呈深紫黑色,圆形,边缘整齐,表面光滑湿润,常具有金属光泽。也有呈紫黑色,不带或略带金属光泽或粉紫色,中心较深的菌落,也应挑选出来,并做革兰氏染色和证实试验(图6.39)。

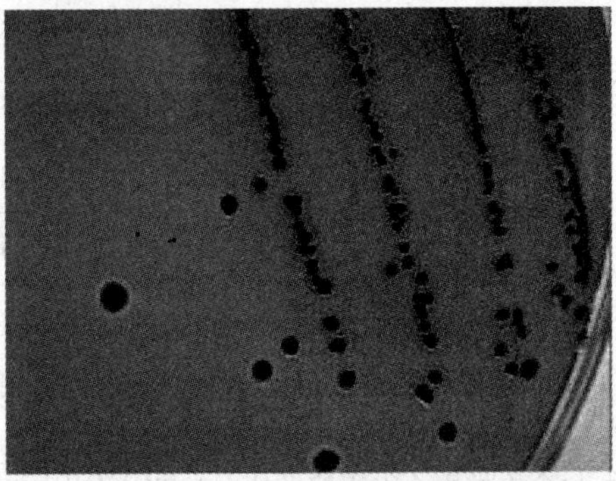

图6.39 平板培养大肠菌群典型菌落

（5）证实试验

在上述平板上,挑取可疑大肠菌群菌落1～2个进行革兰氏染色,同时接种乳糖发酵管,放在36±1 ℃恒温箱内,培养24±2 h,观察产气情况。凡有乳糖管产气、革兰氏染色为阴性的无芽孢杆菌,即可报告为大肠菌群阳性。

(6)结果报告

详细记录试验现象。

根据证实为大肠菌群阳性的试管数量,查表,报告每100 mL 大肠菌群的 MPN 值(表6.4)。

表6.4 大肠菌群最可能数(MPN)检索表

阳性管数			MPN	95%可信限		阳性管数			MPN	95%可信限	
0.1	0.01	0.001		上限	下限	0.1	0.01	0.001		上限	下限
0	0	0	<3.0	—	9.5	2	2	0	21	4.5	42
0	0	1	3.0	0.15	9.6	2	2	1	28	8.7	94
0	1	0	3.0	0.15	11	2	2	2	35	8.7	94
0	1	1	6.1	1.2	18	2	3	0	29	8.7	94
0	2	0	6.2	1.2	18	2	3	1	36	8.7	94
0	3	0	9.4	3.6	38	3	0	0	23	4.6	94
1	0	0	3.6	0.17	18	3	0	1	38	8.7	110
1	0	1	7.2	1.3	18	3	0	2	64	17	180
1	0	2	11	3.6	38	3	1	0	43	9	180
1	1	0	7.4	1.3	20	3	1	1	75	17	200
1	1	1	11	3.6	38	3	1	2	120	37	420
1	2	0	11	3.6	42	3	1	3	160	40	420
1	2	1	15	4.5	42	3	2	0	93	18	420
1	3	0	16	4.5	42	3	2	1	150	37	420
2	0	0	9.2	1.4	38	3	2	2	210	40	430
2	0	1	14	3.6	42	3	2	3	290	90	1 000
2	0	2	20	4.5	42	3	3	0	240	42	1 000
2	1	0	15	3.7	42	3	3	1	460	90	2 000
2	1	1	20	4.5	42	3	3	2	1 100	180	4 100
2	1	2	27	8.7	94	3	3	3	>1 100	420	—

注1:本表采用3个稀释度0.1 g(mL)、0.01 g(mL)和0.001 g(mL),每个稀释度接种3管。

注2:表内所列检样量如改用1 g(mL)、0.1 g(mL)和0.01 g(mL)时,表内数字应相应降低10倍;如改用0.01 g(mL)、0.001 g(mL)、0.000 1 g(mL)时,则表内数字应相应提高10倍,其余类推。

4)注意事项

①大肠菌群是一群肠道杆菌的总称,其菌落的形态、色泽等方面比大肠杆菌更复杂和多样。大肠菌群在伊红美蓝培养基上的特征有以下几种:

a.深紫黑色,具有金属光泽的菌落。

b.紫黑色,不带或略带金属光泽的菌落。

c.淡紫红色,中心色泽较深的菌落。

a、b 两种特征菌落大肠菌群检出率高于 c。挑取菌落一定要挑取典型菌落,如无典型菌落,应多挑几个,以免出现假阴性。

②胆盐作为抑菌剂,抑制样品中的一些杂菌,而有利于大肠菌群的生长和挑选,但对大肠菌群中的某些菌株有时也产生一些抑制作用。

③在查阅 MPN 检索表时,当三个稀释度检测结果均为阴性时,MPN <30 或 <3 判定。

④在 MPN 检索表第一栏阳性管数下面列出的 mL(g),是指原样品的体积(质量),并非样品稀释后的体积(质量)。

6.5.5 大肠菌群检验步骤(滤膜法)

滤膜法所使用的滤膜是一种微孔滤膜。将水样注入已灭菌的放有滤膜的滤器中,经过抽滤,细菌即被均匀地截留在膜上,然后将滤膜贴于大肠菌群选择性培养基上进行培养。再鉴定滤膜上生长的大肠菌群的菌落,计算出每升水样中含有的大肠菌群数(MPN)。滤膜法仅适用于自来水和深井水,操作简单、快速,但不适用于杂质较多、易于阻塞滤孔的水样。

1)准备工作

(1)滤膜灭菌

将滤膜放入烧杯中,加入蒸馏水,置于沸水浴中蒸煮灭菌 3 次,每次 15 min。前两次煮沸后需换无菌水洗涤 2 ~3 次,以除去残留溶剂。

(2)滤器灭菌

准备容量为 500 mL 的滤器,用 121 ℃高压灭菌 20 min。

2)培养

①将品红亚硫酸钠平板培养基放入 37 ℃培养箱内预温 30 ~60 min。

②过滤水样。

a.用无菌镊子夹取灭菌滤膜边缘部分,将粗糙面向上贴放于已灭菌的滤床上,轻轻地固定好滤器漏斗。水样摇匀后,取 333 mL 注入滤器中,加盖,打开滤器阀门,在 −50 kPa 压力下进行抽滤。

b.水样滤完后再抽气约 5 s,关上滤器阀门,取下滤器,用无菌镊子夹取滤膜边缘部分,移放在品红亚硫酸钠培养基上,滤膜截留细菌面向上与培养基完全紧贴,两者间不得留有间隙或气泡。若有气泡需用镊子轻轻压实,倒放在 37 ℃培养箱内培养 16 ~18 h。

3)结果判定

①挑选符合下列特征的菌落进行革兰氏染色,镜检。

a.紫红色,具有金属光泽的菌落。

b.紫黑色,不带或略带金属光泽的菌落。

c.淡紫红色,中心色泽较深的菌落。

②凡是革兰氏阴性无芽孢杆菌,都需要再接种于乳糖蛋白胨半固体培养基,37 ℃培养6~8 h,产气者,则判定为大肠菌群阳性。

任务6.6　化学药剂对微生物的作用

6.6.1　化学药剂的效力

化学药剂的效力受时间、温度、pH 值和浓度的影响。就像前面对加热效应的解释,微生物死亡率与其暴露在化学药剂中的时间长短有关。

因此,充足的时间能使抗菌剂最大限度地杀死微生物。某化学药剂对微生物的致死速度随着温度升高而加快,一般温度每升高10 ℃化学反应速率就增加一倍,也增加了化学药剂的效力。偏酸或偏碱 pH 值会增加或降低药物的效力,能增加化学药剂电离程度的 pH 值环境常能增强药剂渗透进入细胞的能力。这样的 pH 值环境也能改变细胞本身的内部体系。最后,提高浓度也会增强大多数抗微生物化学药剂的效力。高浓度时可能是杀菌(杀死微生物),而低浓度时则可能是抑菌(抑制微生物生长)。而乙醇和异丙醇并不符合浓度增加杀菌效果增强的规律,虽然它们在浓度为99%时仍然有效,但是大家早就知道它们在浓度为75%时的效力最大。醇消毒时必需存有水分,因为消毒是使菌体蛋白质凝固(不可逆变性),而凝固反应需要水的参与。另外,75%的乙醇水溶液比纯乙醇更容易渗透到大多数被消毒物体中。

6.6.2　化学药剂效力评价

影响化学药剂效力的因素有很多,有石炭酸系数、滤纸法、稀释法等。

1)石炭酸系数

自从1867 年李斯特将苯酚(石炭酸)作为消毒剂后,它就成为一种标准的消毒剂。其他消毒剂都在相同条件下与之比较,比较结果称为石炭酸系数。鼠伤寒沙门氏菌是一种消化系统的病原菌,金黄色葡萄球菌是一种普通伤口病原菌,它们都是用来确定石炭酸系数的典型菌。石炭酸系数为1.0 的消毒剂的效力与苯酚相同;石炭酸系数小于1.0 就意味着它的效力比苯酚小;系数大于1.0 就意味着它的效力比苯酚大。不同供试菌的石炭酸系数并不相同(表6.5)。例如,来苏儿对金黄色葡萄球菌的石炭酸系数为5.0,而对鼠伤寒沙门氏菌的石炭酸系数只有3.2;可是乙醇对以上两种菌的系数均为6.3。

表6.5 不同化学药剂的石炭酸系数

化学药剂	金黄色葡萄球菌	鼠伤寒沙门氏菌
苯酚	1.0	1.0
氯胺	133.0	100.0
甲酚	2.3	2.3
乙醇	6.3	6.3
福尔马林	0.3	0.3
双氧水	—	0.01
来苏儿	5.0	5.0
氯化汞	100.0	143.0
碘酒	6.3	5.8

石炭酸系数可由以下操作步骤测定：制备不同稀释度的某种化学药剂,取相同体积分别加到不同的试管中,同法制备一组不同稀释度的苯酚试管。把两组试管在20 ℃水浴中放置至少5 min,确保试管中溶液都处于的温度;在每个试管中加入0.5 mL的供试菌;在5 min、10 min、15 min间隔,用无菌的接种环从每个试管中取一定体积的液体分别接到一系列肉汤培养基试管中,并进行培养;48 h后比较各个试管中培养基的浑浊度,找出10 min内,而不是5 min内能够全部杀死微生物的该液体的最小浓度(即最大稀释度)。算出该稀释度与达到同效力的苯酚稀释度的比率。例如,1∶1 000稀释度的化学药剂与1∶100稀释度的苯酚有相同效力,那么该化学药剂的石炭酸系数为10(1 000/100)。

2)滤纸法

评价化学药剂的滤纸法比石炭酸系数测定方法简单。它使用滤纸小圆片,每张用不同的化学药剂浸泡。将供试菌接种到琼脂平板上,然后把圆片放置在琼脂平板表面。每个平板只用于一种受试菌。培养一段时间后,当细菌被杀死时,滤纸片周围就会出现透明圈(抑菌圈),这样就可以判定药剂的抑菌效力(图6.40)。

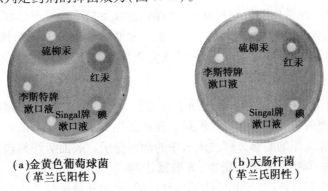

(a)金黄色葡萄球菌   (b)大肠杆菌
（革兰氏阳性）   （革兰氏阴性）

图6.40 不同细菌对一些化学试剂的不同反应

3)稀释法

评估化学药剂的第三种方法是稀释法,它是以特定菌作为标准。把含有细菌的肉汤培养基涂到不锈钢的小圆柱体上,让其干燥。将圆柱体分别放到含不同稀释倍数药剂的溶液中,浸泡 10 min,取出,用水清洗,然后放到有培养液的管子中进行培养,观察各个管子中特定菌是否生长。在最大稀释倍数下能让菌体生长的药剂被认为最有效。很多微生物学家认这个指标比石炭酸系数更有意义。

4)消毒剂的选择

在选择消毒剂时应该考察它们的一些性质。一个理想的消毒剂应该具备:

①当存在有机物时仍能快速反应,比如在体液中;

②对所有类型的感染因子都有效,并且不会破坏组织,即使不慎吸入也不产生毒性;

③很容易渗透到待消毒材料中,且不会损坏材料或使其褪色;

④容易配置,暴露在光、热或其他环境因素下也稳定;

⑤便宜、容易获得和使用;

⑥没有难闻的味道。

实践中,许多药剂在大范围的情形下被测试,推荐它在最有效的地方使用。因此,有些消毒剂被用来消毒房间设备和餐具,而另一些被选来使病原培养物无害化。某些消毒剂在浓度稀释的条件下可针对皮肤使用,在较高浓度时可针对非生命的物体。

6.6.3 化学药剂抵抗微生物的作用机理

化学药剂主要是通过一个或多个能破坏细胞成分的化学反应达到杀灭微生物的目的。虽然化学反应药剂的种类不计其数,但是我们可以按药剂是作用于蛋白质、细胞膜还是其他细胞成分来进行分类。

1)作用于蛋白质的反应

细胞主要由蛋白质组成,几乎所有的酶都是蛋白质。改变蛋白质结构的过程称为变性。变性是指蛋白质中的氢键和二硫键断裂,行使功能的空间结构被破坏。能使蛋白质变性的任何物质都能阻止蛋白质的正常功能。温和加热、弱酸、弱碱或其他物质短时间处理,会使蛋白质发生可逆变性。去除这些变性剂后,有些蛋白质能够回复正常结构。然而,大多数化学药剂是在高浓度下处理足够长的时间,造成蛋白质不可逆变性。微生物蛋白质的不可逆变性会造成菌体死亡。如果它们能永久改变蛋白质使其无法恢复,变性就成了杀菌;如果它们是可逆性改变蛋白质,后者能恢复正常状态,那么,变性就成了抑菌。

2)影响细胞膜的反应

细胞膜中含有蛋白质,因此,上述所有反应都会使膜发生改变;细胞膜中还含有脂类,因此,能溶解脂类的物质也能破坏细胞膜。表面活性剂是一种能降低表面张力的可溶性化合物,例如肥皂和洗涤剂能够分解洗碗水中的油脂分子。表面活性剂包括醇、洗涤剂、季铵盐化合物等,例如苯扎氯铵溶解脂类;苯酚属于醇类,既可以溶解脂类又可以使蛋白质变性;洗涤剂又称为润湿剂,常与其他化学试剂合用,帮助其快速穿透脂肪物质。虽然洗涤剂本身不杀微生物,但是它们会帮助去除脂类和其他有机物,从而使化学药剂能够直达菌体。

3)影响细胞其他成分的反应

受化学试剂影响的细胞其他成分包括核酸和产能系统。烷化剂能取代核酸中氨基或羟基上的氢,结晶紫等染料会干扰细胞壁的合成,而像乳酸和丙酸等物质会抑制某些细菌、霉菌和其他生物的发酵,从而阻碍其能量代谢。

6.6.4 化学药剂的种类和应用(表6.6)

表6.6 化学药剂的性质和作用

药剂	作用机制	应用情况
肥皂和去污剂	降低表面张力,使微生物易受其他药物影响	洗手、洗涤、对厨房和日用品消毒
表面活性剂	高浓度时溶解脂类、破坏细胞膜、使蛋白质变性、使酶失活;低浓度时作为润湿剂	阴离子去污剂用来消毒器皿,阴离子清洁剂可洗涤衣物和清洗家用品;季铵盐化合物有时用作皮肤消毒剂
酸	降低 pH 值,蛋白质变性	食品防腐
碱	升高 pH 值,蛋白质变性	肥皂
重金属	蛋白质变性	硝酸银用来防止淋球菌感染,含汞化合物消毒皮肤和非生命物品;铜能抑制藻类生长,硒能抑制真菌生长
卤素类	缺乏有机物的情况下,能氧化细胞组分	氯能杀死水中病原菌,消毒器皿;碘类化合物可以作为皮肤杀菌剂
醇类	其水溶液可使蛋白质变性	异丙醇可消毒皮肤,乙二醇和丙二醇可喷雾使用
酚类	破坏细胞膜,使蛋白质变性,使酶失活;其效果不受有机物影响	苯酚用来消毒表面和处理废弃的培养物,戊基苯酚能够破坏营养细胞,使皮肤或非生命物品上的病毒失活;双氯丙双胍己烷葡萄糖酯在外科擦洗中非常有效
氧化剂	破坏二硫键	双氧水可清洗伤口;高锰酸钾可清洗器皿
烷化剂	破坏蛋白质和核酸结构	甲醛可以使病毒失活但不破坏其抗原性,戊二醛对设备消毒,β-丙酸酯破坏肝病毒;环氧乙烷可以对高温易损的非生命体消毒
染料	干扰复制过程或阻断细胞壁合成	吖啶用于清洗伤口,龙胆紫可以治疗由原生动物和真菌引起的感染

1)酸和碱

肥皂是温和的碱,碱性能帮助它损伤微生物。许多有机酸能够将溶液 pH 值降低到抑制发酵的程度。有些被用作食物防腐剂,乳酸和丙酸能够阻碍霉菌在面包或其他产品中的生长。苯甲酸及其几种衍生物能阻止软饮料、番茄酱和人造黄油中真菌的生长。山梨酸及山梨酸酯被用来防止奶酪和各种食品中的真菌生长;硼酸,早期曾用作洗眼液,但因其具有毒性,如今已不再推荐使用。

2）重金属

用作药剂的重金属包括硒、汞、铜和银。即使含量相当低，它们也能有效抑制细菌生长。硝酸银曾被广泛用于预防新生儿的淋球菌感染，因为婴儿从产道出生过程中，淋球菌很容易进入眼睛而引起感染，所以分娩时需要在婴儿眼睛中滴几滴硝酸银溶液以预防感染。后来，很多医院用红霉素等抗生素代替硝酸银。但由于淋球菌的抗药性在不断增强，有些地方仍需要使用硝酸银，以抑制淋球菌耐药性上升的趋势。

硫柳汞和红药水等有机汞化合物用于伤口的表面消毒。这些试剂能杀死大多数细菌的营养细胞，但是并不能杀死孢子，且对分支杆菌无效。硫柳汞一般做成酊剂，即溶解于酒精中。而酊剂中的酒精也许比重金属化合物有更强的杀菌作用。

另一种有机汞化合物是硫汞撒，它用于皮肤和仪器的消毒或是疫苗的防腐。硝酸苯汞和环烷酸汞能够抑制细菌和真菌，所以可用作实验室消毒剂。

二硫化硒能杀死真菌及其孢子，含硒制剂通常用来治疗真菌性皮肤病；含硒洗发液能有效控制头皮屑。头皮屑是头皮剥落下来的小片，虽然不是全部，但常常是由真菌引起的。

硫酸铜能有效控制藻类生长，所以，可以用来作为游泳池等处的消毒剂。

3）卤素

在水中通入氯气生成的次氯酸能有效抑制饮用水和游泳池中的微生物。次氯酸也是家用漂白剂的主要成分，用来消毒餐具及牛奶设备。它能够有效杀死细菌和使许多病毒灭活。

碘也是有效的抗微生物剂，但它不适用于对碘过敏的人。海鲜过敏通常也是由海货中的碘所引发的。碘酒是最先被使用的皮肤消毒剂之一。碘伏是目前常用的碘与有机分子结合形成的缓释化合物，在这种制剂中，有机分子起到表面活性剂的作用。

在外科手术前消毒和皮肤切口前消毒都采用聚维酮碘，这些化合物需要经过几分钟才能发挥作用，它们并不能使皮肤无菌。浓度3% ~5%的聚维酮碘可破坏真菌、变形虫、病毒以及大多数细菌，但是不能破坏芽孢。而聚维酮碘被洋葱假单胞菌污染已有报道。

有时，溴以气态的甲基溴形式熏蒸那些用于盆栽花草的土壤。它也被用在一些游泳池和室内热水缸中，因为它不会释放出和氯一样强烈的气味。

氯胺是氯和氨的复合物，虽然杀灭微生物的能力不如其他含氯化合物，但是去除异味的效果非常好。它常用于伤口清洗、根管治疗并经常用在水处理过程中。但请注意：它的残留物会杀死鱼缸或池塘中的鱼。不过，一些商用产品已能抵消这种效应。

4）醇类

与水混合，醇就能使蛋白质变性。醇还是脂溶剂，能溶解细胞膜。所以，乙醇和异丙醇可作为皮肤消毒剂。由于对乙醇的法律限制调整，异丙醇更为常用。它被用于注射和抽血部位的皮肤消毒。因为醇类消毒剂极易挥发，与微生物的接触时间才不过几秒钟，所以它们无法使皮肤无菌，它们也不能通过皮肤毛孔渗进深层组织。它能杀死皮肤表面的微生物营养细胞，但无法杀死芽孢及毛孔深处的细菌。在75%乙醇溶液中浸泡10 ~15 min 即可完成对温度计的消毒。

5）酚

苯酚及其衍生物能破坏细胞膜、使蛋白质变性和酶失活。因为它们的功效不受有机物的影响,所以它们被用于表面消毒或废弃培养物的处理。酚衍生物含有戊苯酚,它能破坏细菌和真菌的营养细胞,并能灭活病毒。它被用于皮肤、医疗设备、餐具和家具的消毒。而且它的抗菌效应在物体表面能持续好几天。

此外,来苏儿溶液中的邻苯基苯酚也有同样功效。杂酚油中常含有酚衍生物甲酚,它可以作为木桩、木栅栏以及铁路枕木等的防腐剂,但因为杂酚油会刺激皮肤且是致癌剂,所以它的使用有限。在酚类中添加卤素常会增强其功效,如六氯酚和二氯酚就是卤化酚,它们分别能有效抑制皮肤或其他部位的葡萄球菌和真菌。与六氯酚结构相似的双氯丙双胍己烷葡萄糖盐,即使在有机物存在时也能有效抑制多种微生物,所以它适用于外科清洗。

三氯生由两个酚环相连而成,如今广泛用于抗菌皂、厨房砧板、高脚托盘、玩具和洗手液等消费品。它对细菌非常有效,但对真菌和病毒的效果不大。另外,细菌会产生对它的抗性。

6)氧化剂

氧化剂能打断蛋白质的二硫键,造成细胞膜和蛋白质结构的破坏。能放出高度活泼的 O_2 的双氧水被用来清洗开放性伤口。它能分解出氧气和水,氧能够杀死伤口中厌氧性微生物。受伤组织中的酶也会迅速使双氧水失去作用。双氧水也适合于隐形眼镜消毒,但在佩戴之前必须彻底清除过氧化氢,否则它会对眼睛造成刺激。新近开发的用气化过氧化氢的灭菌方法,适用于如手套箱和超净台等小空间。另一种氧化剂——高锰酸钾常被用于消毒器械,低浓度时可以用于皮肤消毒。

7)烷化剂

烷化剂能破坏蛋白质和核酸结构。正因为它们会破坏核酸,所以它们会引发癌症,不能用在有可能危害人体细胞的场合。甲醛、戊二醛、β-丙内酯以水溶液形式使用,而环氧乙烷以气态使用。

甲醛能使病毒和毒素失活,但不破坏它们的抗原性;戊二醛能够杀死包括孢子在内的所有微生物,接触戊二醛达 10 h 就能对设备进行灭菌。β-丙内酯能杀灭肝炎病毒和大多数微生物,却对物体的渗透性较差。但它可以在疫苗制作中钝化病毒。

气态环氧乙烷有很强的穿透力。在 50 ℃,用浓度为 500 mL/L 气态环氧乙烷处理 4 h,就能对橡胶制品、气垫、塑料或一些高温下易损坏的物品进行灭菌。另外,NASA 也用环氧乙烷对太空探测器消毒,以免将地球微生物带到其他星球。

所有经过环氧乙烷灭菌的物品必须在无菌空气中通风 8 ~ 12 h,去除残留的毒气。如果接触活组织,会造成烫伤,且易爆。接触过环氧乙烷气体的导管、静脉注射管、单向阀和橡胶管需要用无菌空气彻底风淋。在二氧化碳浓度达90%的气体中使用环氧乙烷,其毒性和可燃性都会降低。非常重要的是要避免工作人员接触环氧乙烷蒸汽,因为它对皮肤、眼睛、黏膜都有毒性,且致癌。

8)染料

吖啶染料会引起 DNA 突变从而干扰细胞复制。它可用于清洗伤口。亚甲基蓝能抑制培养基中的细菌生长。结晶紫(龙胆紫)可以阻断细胞壁合成,可能与革兰氏染色中,结晶紫与细胞壁物质结合反应相似。结晶紫能有效抑制培养基和皮肤感染中革兰氏阳性菌的生长。另外,它也用于治疗由原生动物和酵母(白色假丝酵母)引起的感染。

6.6.5 化学因素对微生物的影响

1）仪器和材料

无菌牛肉膏蛋白胨固体培养基、无菌平皿、玻璃刮铲、酒精灯、超净工作台、大肠杆菌、金黄色葡萄球菌、95% 乙醇、75% 乙醇、4% 的石炭酸,10% 84 消毒液、2% 碘伏、打孔器、滤纸片、无菌水等。

2）操作过程

①将配制好的牛肉膏蛋白胨培养基倒平板。培养基凝固后挑取无污染的平板使用。

②各取大肠杆菌和葡萄球菌,制成 1/10 000 比例的菌悬液,按无菌操作法在平板培养基中涂布操作,直至培养基将菌液完全吸收(每种菌种涂两个)。

③将上述平皿用记号笔在平皿底划成六等份,每一等份内标明一种药物的名称。

④用打孔器将滤纸打成 2 cm 直径的小圆形滤纸片,置于洁净平皿中,高压灭菌。

⑤用无菌镊子将小圆形滤纸片分别浸入各种药品中,取出,并除去多余药液后,以无菌操作将纸片对号放入培养皿的小区内。

⑥竖放好滤纸片的含菌平皿,倒置于 37 ℃温室中培养 24 h 后,取出测定抑菌圈大小,并说明其杀菌强弱。

3）结果记录,将结果记录在表 6.7 和表 6.8 中。

表 6.7　不同的消毒剂对大肠杆菌的抑菌效果

	95% 酒精	75% 酒精	4% 石炭酸	10% 84 消毒液	2% 碘伏	无菌水
抑菌圈直径						
抑菌率						

表 6.8　不同的消毒剂对金黄色葡萄球菌的抑菌效果

	95% 酒精	75% 酒精	4% 石炭酸	10% 84 消毒液	2% 碘伏	无菌水
抑菌圈直径						
抑菌率						

抑菌率 =（菌圈直径 − 滤纸片直径）/滤纸片直径 ×100%

思考题 >>>

1. 正确的洗手方法分为那几个步骤?
2. 需要灭菌的移液管如何包扎?
3. 空气微生物采样器如何校正?

4. 涂抹法和贴纸法都适合检测何种设备或工具上的微生物?

5. 乳糖发酵管中产生的是什么气体?

6. 化学药剂效力评价方法有几种?

7. 你主要根据哪些菌落形态特征来区分曲霉和青霉,毛霉和根霉? 区别明显吗?

8. 比较几种霉菌形态观察法的优缺点。

9. 玻璃纸应怎样进行灭菌? 为什么?

10. 为使平板菌落计数霉菌准确,需要掌握哪几个关键步骤?

11. 查氏培养基中加入溴甲酚绿指示剂的作用是什么?

12. 制备 10^{-1} 土壤稀释液时,为什么要加入苯酚溶液?

13. 试分析腌坯时所用食盐含量对腐乳质量有何影响。

附 录

附录一　食品检验工国家职业标准

一、鉴定方式

分为理论知识考试和技能操作考核。理论知识考试采用闭卷笔试方式,技能操作考核采用现场实际操作方式。理论知识考试和技能操作考核均实行百分制,成绩均达到60分以上者为合格。技师、高级技师鉴定还须进行综合评审。

二、基本要求

(一)职业道德(略)

(二)基础知识

1. 法定计量单位知识和常用量的法定计量单位。
2. 误差和数据处理基本概念。
3. 实验室用电常识。
4. 食品检测基础知识。
5. 化学基础知识。
6. 微生物检测基础知识。
7. 实验室安全防护知识。
8. 食品卫生基础知识。
9. 质量法、标准化法等相关法律、法规知识。

三、鉴定工作要求(以中级工为例)

食品检验中级工的鉴定工作要求是从粮油及制品检验、糕点糖果检验、乳及乳制品检验、白酒(果酒、黄酒)检验、啤酒检验、饮料检验、罐头食品检验、肉蛋及制品检验、调味品(含酱腌制品)检验、茶叶检验等10项鉴定对象中抽取一项进行鉴定。由于篇幅限制,本书仅摘取了部分内容(附表-1)。

附表-1　食品检验工中级鉴定工作要求(以糕点糖果、乳及乳制品检验为例)

职业功能	工作内容	技能要求	相关知识
一、检验的前期准备及仪器设备的维护	常用玻璃器皿及仪器的使用	1. 能正确使用容量瓶、滴定管 2. 能安装调试一般的常用仪器设备,并能解决一般故障	食品检验常用仪器设备的性能、工作原理、结构及使用知识
	溶液配制	能配制物质量的浓度的溶液	1. 滴定管的使用知识 2. 溶液中物质量的浓度的概念
	培养液配制	能正确使用天平、高压灭菌装置	培养基的基础知识
	无菌操作	能正确配制各种消毒剂、掌握基本杀菌方法	消毒、杀菌基础知识
二、检验(以糕点糖果、乳及乳制品检验为例)	糕点糖果检验	1. 能对糕点糖果中的细菌总数与大肠菌群进行测定 2. 能对糕点糖果的霉菌进行测定 3. 能对糕点糖果中的蔗糖进行测定 4. 能对糕点糖果中的食用合成色素进行测定 5. 能对糕点糖果中的脂肪进行测定 6. 能对糕点糖果中的蛋白质进行测定 7. 能对糕点糖果中的总糖进行测定 8. 能对糕点糖果中的酸价进行测定	1. 容量法的知识 2. 微生物的基本知识 3. 可见光分光光度仪的使用知识
	乳及乳制品检验	1. 能对乳及乳制品中的细菌总数与大肠菌群进行测定 2. 能对乳及乳制品中的霉菌、酵母菌、乳酸菌进行测定 3. 能对乳及乳制品中的脂肪进行测定 4. 能对乳及乳制品中的蛋白质进行测定 5. 能对乳及乳制品中的蔗糖进行测定 6. 能对乳及乳制品中的脲酶进行测定 7. 能对乳及乳制品中的亚硝酸盐进行测定 8. 能对乳及乳制品中的膳食纤维进行测定 9. 能对乳及乳制品中的非脂乳固体进行测定	1. 容量法的知识 2. 微生物的基本知识 3. 可见光分光光度仪的使用知识

(劳动和社会保障部,国家职业标准汇编,2011.6)

附录二　常用培养基的制备

一、肉浸液肉汤

（一）成分

绞碎牛肉	500 g
蛋白胨	10 g
磷酸氢二钾	2 g
氯化钠	5 g
蒸馏水	1 000 mL

（二）制法

将绞碎之去筋膜无油脂牛肉 500 g 加蒸馏水 1 000 mL，混合后放冰箱过夜，除去液面之浮油，隔水煮沸半小时，使肉渣完全凝结成块，用绒布过滤，并挤压收集全部滤液，加水补足原量。加入蛋白胨、氯化钠和磷酸盐，溶解后校正 pH 值为 7.4 ~ 7.6 煮沸并过滤，分装烧瓶，121 ℃高压灭菌 30 min。

（三）用途

一般细菌培养用。

二、营养琼脂

（一）成分

肉水	1 000 mL
蛋白胨	10 g
磷酸氢二钾	1 g
氯化钠	5 g
琼脂	20 ~ 30 g

（二）制法

先将琼脂剪碎，用冷水洗净后加入肉汤中，划线补充水分，加热溶化。校正 pH 值7.4 ~ 7.6，用纱布夹棉花过滤至透明。分装中试管或三角瓶。121 ℃高压灭菌 20 min，灭菌后试管摆成斜面。

（三）用途

一般细菌的分离培养，纯培养，观察菌落性状及保存菌种用。为特殊培养基的基础。

三、鲜血琼脂

（一）成分

营养琼脂

脱纤维鲜血(马、绵羊、牛、家兔)5%～8%。

（二）制法

将灭菌的营养琼脂加热溶化，冷至45～50℃时，加入无菌脱纤维鲜血5%～8%，分装试管，即摆成斜面或倾注平皿，待凝固后，置37℃培养1日，有污染者废弃，无菌者保存于冰箱备用。

无菌脱纤维鲜血：以无菌手术采取健康动物(马、绵羊、牛用颈静脉采血，家兔用心脏采血)血液，加到盛有玻璃珠的三角瓶内，摇匀5～10 min，置冰箱中备用。

（三）用途

用于分离培养和保存菌种。

四、半固体培养基

（一）成分

肉汤培养基(pH值7.4～7.6)　　　　　100 mL

琼脂　　　　　　　　　　　　　　0.3 g

（二）制法

将琼脂加入肉汤培养基中加热溶化，校正pH值至7.6，滤过后分接于试管内，以15磅高压灭菌20～30 min，做成高层，经无菌检查合格后，置冰箱中保存备用。

（三）用途

菌种保存，观察细菌的运动性。

五、明胶培养基

（一）成分

普通肉汤　　　　　　　　　　　　100 mL

明胶　　　　　　　　　　　　　　12～15 g(冬天少用，夏天多用)

（二）制法

将上述成分加热溶化，校正pH值至7.6，趁热过滤，分装试管，用8磅15 min灭菌或流通蒸汽100℃，30 min间歇，灭菌，经无菌检验合格的保存于冰箱内备用。

六、乳糖胆盐发酵培养基

（一）成分

蛋白胨	20 g
猪胆盐（或牛、羊肠盐）	5 g
乳糖	10 g
0.04%溴甲酚紫水溶液	25 mL
蒸馏水	1 000 mL

（二）制法

将蛋白胨、胆盐及乳糖溶于水中，校正 pH 值为 7.4，加入指示剂，分装每管 10 mL，并先放入一个倒立的小管，115 ℃高压灭菌 15 min。

注：双料乳糖胆盐发酵管除蒸馏水外，其他成分加倍。

七、乳糖发酵培养基

（一）成分

蛋白胨	20 g
乳糖	10 g
0.04%溴甲酚紫水溶液	25 mL
蒸馏水	1 000 mL

（二）制法

将蛋白胨及乳糖溶于水中，校正 pH 值为 7.4，加入指示剂，按检验要求分装 30 mL、10 mL 或 3 mL，并放入一个倒立的小管，115 ℃高压灭菌 15 min。

注：①双料乳糖发酵除蒸馏水外，其他成分加倍。

②30 mL 和 10 mL 乳糖发酵管专供酱油及酱类检验用，3 mL 乳糖发酵管供大肠菌群证实试验用。

八、缓冲蛋白胨水（BP）

（一）成分

蛋白胨	10 g
磷酸二氢钾	1.5 g
磷酸氢二钠（$Na_2HPO_4 \cdot 12H_2O$）	9 g
氯化钠	5 g
蒸馏水	1 000 mL

（二）制法

按上述成分称好后，装入大烧瓶，121 ℃高压，灭菌 15 min。用时无菌分装，每瓶

225 mL。

注:本培养基供沙门氏菌前增菌用。

九、氯化镁孔雀绿增菌液(MM)

（一）成分

1.甲液

胰蛋白胨	5 g
氯化钠	8 g
磷酸二氢钾	1.6 g
蒸馏水	1 000 mL

2.乙液

氯化镁（化学纯）	40 g
蒸馏水	100 mL

3.丙液

0.4%孔雀绿水溶液

（二）制法

分别按上述成分配好后,121 ℃高压,灭菌 15 min 备用。临用时取甲液 90 mL、乙液 9 mL、丙液 0.9 mL,以灭菌操作混合即可。

注:本培养基亦称 Rappaprt10(R10)增菌液。

十、四硫磺酸钠煌绿增菌液(TTB)

（一）成分

1.基础培养基

肠胨	5 g
胆盐	1 g
碳酸钙	10 g
硫代硫酸钠	30 g
蒸馏水	1 000 mL

2.碘溶液

碘	6 g
碘化钾	5 g
蒸馏水	20 mL

（二）制法

将基础培养基的各成分加入蒸馏水中,加热溶解,分装每瓶 100 mL。分装时应随时振摇,使其中的碳酸钙混匀。121 ℃高压灭菌 15 min,临用时每 100 mL 基础培养基中加入碘溶液 2 mL、0.1%煌绿溶液 1 mL。

十一、亚硒酸盐胱氨酸增菌液（SC）

（一）成分

蛋白胨	5 g
乳糖	4 g
亚硒酸氢钠	4 g
磷酸氢二钠	5.5 g
磷酸二氢钾	4.5 g
L-胱氨酸	0.01 g
蒸馏水	1 000 mL

（二）制法

1% L-胱氨酸-氢氧化钠溶液的配法：称取 L-胱氨酸 0.1 g（或 DL-胱氨酸 0.2 g），加1 N 氢氧化钠 1.5 mL,使溶解,再加入蒸馏水 8.5 mL 即成。

将除亚硒酸氢钠和 L-胱氨酸以外的各成分溶解于 900 mL 蒸馏水中,加热煮沸,冷却后备用。另将亚硒酸氢钠溶解于 100 mL 蒸馏水中,加热煮沸,冷却后以无菌操作与上液混合。再加入 1% L-胱氨酸-氢氧化钠溶液 1 mL。分装于灭菌瓶中,每瓶 100 mL,pH 值应为 7.0 ±0.1。

十二、GN 增菌液

（一）成分

胰蛋白胨	20 g
葡萄糖	1 g
甘露醇	2 g
柠檬酸钠	5 g
去氧胆酸钠	0.5 g
磷酸氢二钾	4 g
磷酸二氢钾	1.5 g
氯化钠	5 g
蒸馏水	1 000 mL

（二）制法

按上述成分配好,加热使溶解,校正 pH 值为 7.0。分装每瓶 225 mL,115 ℃高压灭菌 15 min。

十三、肠道菌增菌肉汤

（一）成分

蛋白胨	10 g
葡萄糖	5 g
牛胆盐	20 g
磷酸氢二钠	8 g
磷酸二氢钾	2 g
煌绿	0.015 g
蒸馏水	1 000 mL

（二）制法

按上述成分配好,加热使溶解,校正 pH 值为 7.2。分装每瓶 30 mL,115 ℃高压灭菌 15 min。

十四、HE 琼脂

（一）成分

1. 基础液

肘胨	12 g
牛肉膏	3 g
乳糖	12 g
蔗糖	12 g
水杨苷	2 g
胆盐	20 g
氯化钠	5 g
琼脂	10 g ~ 20 g
0.4%溴香酚蓝溶液	16 mL
蒸馏水	1 000 mL
Andrade 指示剂	
酸性复红	0.5 g
1 N 氢氧化钠溶液	16 mL
蒸馏水	100 mL

将复红溶解于蒸馏水中,加入氢氧化钠溶液,数小时后如复红褪色不全,再加氢氧化钠溶液 1 ~ 2 mL。

2. 甲液

硫代硫酸钠	34 g
柠檬酸铁铵	4 g

蒸馏水	100 mL

3.乙液

去氧胆酸钠	10 g
蒸馏水	100 mL

（二）制法

将前面8种成分溶解于400 mL蒸馏水内作为基础液,将琼脂加入于600 mL蒸馏水内,加热溶解。加入甲液20 mL和乙液20 mL于基础液内,校正pH值为7.5。再加入Andrade指示剂20 mL,并与琼脂液合并,待冷至50~55 ℃,倾注平板。

注:此培养基不可高压灭菌。

十五、SS 琼脂

（一）成分

1.基础培养基

牛肉膏	5 g
肘胨	5 g
三号胆盐	3.5 g
琼脂	17 g
蒸馏水	1 000 mL

制法:将牛肉膏、肘胨和胆盐溶解于400 mL蒸馏水中,将琼脂加入600 mL蒸馏水中,煮沸使其溶解,再将二液混合,121 ℃高压灭菌15 min,保存备用。

2.完全培养基

基础培养基	1 000 mL
乳糖	10 g
柠檬酸钠	8.5 g
硫代硫酸钠	8.5 g
10%柠檬酸铁溶液	10 mL
1%中性红溶液	2.5 mL
0.1%煌绿溶液	0.22 mL

（二）制法

加热溶化培养基,按比例加入上述染料以外之各成分,充分混合均匀,校正pH值为7.0,加入中性红和煌绿溶液,倾注平板。

注:①制好的培养基宜当日使用,或保存于冰箱48 h内使用。

②煌绿溶液配好后应在10 d以内使用。

③可以购用SS琼脂的干燥培养基。

十六、麦康凯琼脂

(一)成分

蛋白胨	17 g
肘胨	3 g
猪胆盐(或牛、羊胆盐)	5 g
氯化钠	5 g
琼脂	17 g
乳糖	10 g
0.01%结晶紫水溶液	10 mL
0.5%中性红水溶液	5 mL
蒸馏水	1 000 mL

(二)制法

1. 将蛋白胨、肘胨、胆盐和氯化钠溶解于 400 mL 蒸馏水中,校正 pH 值为 7.2。将琼脂加入 600 mL 蒸馏水中,加热溶解。将两液合并,分装于烧瓶内,121 ℃高灭菌 15 min 备用。

2. 临用时加热溶化琼脂,趁热加入乳糖。冷至 50~55 ℃时,加入结晶紫和中性红水溶液,摇匀后倾注平板。

注:结晶紫及中性红水溶液配好后须经高压灭菌。

十七、伊红美蓝琼脂(EMB)

(一)成分

蛋白胨	10 g
乳糖	10 g
磷酸氢二钾	2 g
琼脂	17 g
2%伊红 Y 溶液	20 mL
0.65%美蓝溶液	10 mL
蒸馏水	1 000 mL

(二)制法

将蛋白胨、磷酸盐和琼脂溶解于蒸馏水中,校正 pH 值为 7.1,分装于烧瓶内,121 ℃高压灭菌 15 min 备用。临用时加入乳糖并加热溶化琼脂,冷却至 50~55 ℃,加入伊红和美蓝溶液,摇匀,倾注平板。

十八、三糖铁琼脂

（一）成分

蛋白胨	20 g
牛肉膏	5 g
乳糖	10 g
蔗糖	10 g
葡萄糖	1 g
氯化钠	5 g
硫酸亚铁铵 $[Fe(NH_4)_2(SO_4)_2 \cdot 6H_2O]$	0.2 g
硫代硫酸钠	0.2 g
酚红	0.025 g
琼脂	12 g
蒸馏水	1 000 mL

（二）制法

将除琼脂和酚红以外的各成分溶解于蒸馏水中，pH 值为 7.4。加入琼脂，加热煮沸，以融化琼脂。加入 0.2% 酚红水溶液 12.5 mL，摇匀。分装试管，装量宜多些，以便得到较高的底层。121 ℃高压灭菌 15 min。放置高层斜面备用。

十九、三糖铁琼脂（换用方法）

（一）成分

蛋白胨	15 g
肘胨	5 g
牛肉膏	3 g
酵母膏	3 g
乳糖	10 g
蔗糖	10 g
葡萄糖	1 g
氯化钠	5 g
硫酸亚铁	0.2 g
硫代硫酸钠	0.3 g
琼脂	12 g
酚红	0.025 g
蒸馏水	1 000 mL

（二）制法

将除琼脂和酚红以外的各成分溶解于蒸馏水中校正 pH 值为 7.4。加入琼脂，加热煮沸,以融化琼脂。加入 0.2%酚红水溶液 12.5 mL,摇匀。分装试管,装量宜多些,以便得到较高的底层。121 ℃高压灭菌 15 min,放置高层斜面备用。

二十、血消化汤

(一)成分

绞碎猪胃	100 g
绞碎猪血块	100 g
磷酸二氢钾	1 g
2 N 碳酸钠溶液	50 mL
浓盐酸	10 mL
蒸馏水	1 000 mL

(二)制法

1. 洗涤猪胃,除去油脂,保留胃黏膜,用绞肉机绞碎。

2. 用绞肉机将猪血块绞碎。

3. 将蒸馏水加热至 55 ℃,加入猪胃、猪血块和盐酸,置 55 ℃水浴中 24 h,常加以摇动。

4. 从水浴锅内取出,加入 2 N 碳酸钠液 5 mL,煮沸 10 min,置于冰箱内一夜。

5. 吸取上层清液,加磷酸氢二钾 1 g,加热至 75 ℃,加入 2 N 碳酸钠溶液 45 mL,煮沸,校正 pH 值为 7.2~7.4。

6. 用滤纸过滤,分装烧瓶,121 ℃高压灭菌 20 min。

注:①本培养基不含糖可供作鉴别培养基的基础,不需加蛋白胨和氯化钠。

②2 N 碳酸钠溶液的配法:无水碳酸钠 10.6 g,溶于 1 000 mL 蒸馏水中。

二十一、克氏双糖铁琼脂(KI)

(一)成分

下层:

血消化汤(pH 值 7.6)	500 mL
琼脂	2 g
葡萄糖	1 g
0.2%酚红溶液	5 mL

上层:

血消化汤(pH 值 7.6)	500 mL
琼脂	6.5 g
硫代硫酸钠	0.1 g
硫酸亚铁铵	0.1 g
乳糖	5 g
0.2%酚红溶液	5 mL

（二）制法

1. 取血消化汤按上层和下层的琼脂用量，分别装入琼脂，加热溶解。

2. 分别加入其他各种成分。将上层培养基分装于烧瓶内；将下层培养基分装于灭菌试管内（12×100 mm），每管约 2 mL。10 磅高压灭菌 15 min。

3. 将上层培养基放在 56 ℃水浴箱内保温；将下层培养基直立放在室温内，使其凝固。

4. 将下层培养基凝固后，以无菌手续将上层培养基分装于下层培养基的上面，每管约 1.5 mL，放成斜面。

二十二、克氏双糖铁琼脂（换用方法）

（一）成分

蛋白胨	20 g
牛肉膏	3 g
酵母膏	3 g
乳糖	10 g
葡萄糖	1 g
氯化钠	5 g
柠檬酸铁铵	0.5 g
硫代硫酸钠	0.5 g
琼脂	12 g
酚红	0.025 g
蒸馏水	1 000 mL

（二）制法

将除琼脂和酚红以外的各成分溶解于蒸馏水中，校正 pH 值为 7.4。加入琼脂，加热煮沸，以溶化琼脂。加入 0.2%酚红水溶液 12.5 mL，摇匀。分装试管，装量宜多些，以便得到比较高的底层。121 ℃高压灭菌 15 min。放置高层斜面备用。

二十三、动力—硝酸盐培养基（A 法）

（一）成分

蛋白胨	5 g
牛肉膏	3 g
硝酸钾	1 g
琼脂	3 g
蒸馏水	1 000 mL

（二）制法

加热溶解，校正 pH 值为 7.0。分装试管，每管 10 mL，121 ℃高压灭菌 15 min。

二十四、动力—硝酸盐培养基(B 法)

（一）成分

蛋白胨	5 g
牛肉膏	3 g
硝酸钾	5 g
磷酸氢二钠	2.5 g
半乳糖	5 g
甘油	5 g
琼脂	3 g
蒸馏水	1 000 mL

（二）制法

将上各成分混合,加热溶解,校正 pH 值为 7.4。分装试管,121 ℃高压灭菌 15 min。

二十五、马丁氏肉汤

（一）成分

猪胃	数个
过滤清水(普通水)	150 mL
纯盐酸	15 mL

（二）制法

取猪胃去掉筋膜及脂肪,以绞肉机绞碎,每 300 g 猪胃加盐酸 15 mL,过滤水 150 mL,于50 ℃消化 24 h(每小时搅拌 1～2 次),取出后加热至 80 ℃,使消化作用停止,并用 NaOH中和,调 PH 值至 7.2,用滤纸过滤,分装试管或小三角烧瓶,15 磅高压 15 min 灭菌。

二十六、察氏培养基

（一）成分

硝酸钠	3 g
磷酸氢二钾	1 g
硫酸镁($MgSO_4 \cdot 7H_2O$)	0.5 g
氯化钾	0.5 g
硫酸亚铁	0.01 g
蔗糖	30 g
琼脂	20 g
蒸馏水	1 000 mL

（二）制法

加热溶解，分装后 121 ℃灭菌 20 min。

（三）用途

青霉、曲霉鉴定及保存菌种用。

二十七、马铃薯葡萄糖琼脂（PDA）

（一）成分

马铃薯（去皮切块）	300 g
葡萄糖	20 g
琼脂	20 g
蒸馏水	1 000 mL

（二）制法

将马铃薯去皮切块，加 1 000 mL 蒸馏水，煮沸 10 ~ 20 min。用纱布过滤加蒸馏水至 1 000 mL。加入葡萄糖和琼脂，加热溶化，分装，121 ℃高压灭菌 20 min。

（三）用途：分离培养霉菌。

二十八、马铃薯琼脂

（一）成分

马铃薯（去皮切块）	200 g
琼脂	20 g
蒸馏水	1 000 mL

（二）制法

同马铃薯葡萄糖琼脂。

（三）用途

鉴定霉菌用。

二十九、Elek 氏培养基（毒素测定用）

（一）成分

肘胨	20 g
麦芽糖	3 g
乳糖	0.7 g
氯化钠	5 g
琼脂	15 g

40%氢氧化钠溶液	1.5 mL
蒸馏水	1 000 mL

（二）制法

用 500 mL 蒸馏水溶解除琼脂外的成分,煮沸,并用滤纸过滤。用 1 N 氢氧化钠校正 pH 值至 7.8。用另外 500 mL 蒸馏水加热溶解琼脂。将两液混合,分装试管 10 mL 或 20 mL。121 ℃高压灭菌 15 min。临用时加热溶化琼脂倾注平板。

三十、胰蛋白胨水

（一）成分

胰蛋白胨	10 g
蒸馏水	1 000 mL

（二）制法

将上述成分溶解,校正 pH 值至 7.0。分装试管,121 ℃高压灭菌 15 min。

三十一、3.5%氯化钠三糖铁琼脂

（一）成分

三糖铁琼脂	1 000 mL
氯化钠	30 g

（二）制法

按本附录十八或十九配制三糖铁琼脂,再加入氯化钠 30 g,分装试管,121 ℃高压灭菌 15 min。放置高层斜面备用。

三十二、牛肉（或牛心）消化汤

（一）成分

绞碎牛肉（或牛心）	1 000 g
15%氢氧化钠溶液	27 mL
胰蛋白酶	40 mL
氯仿	1 mL
氯化钠	10 g
蒸馏水	200 mL

（二）制法

1. 称取碎牛肉,加蒸馏水,隔水加热到 80 ℃,维持 15 min;

2. 加氢氧化钠溶液,对 pH 试纸呈弱碱性,冷却至 40 ℃;

3. 加胰蛋白酶、氯仿,在 36 ±1 ℃放置 4～5 h,每小时摇动一两次;

4.4 h 后,吸取上层液 5 mL 于试管中,加 1% 硫酸铜溶液 0.1 mL、4% 氢氧化钠溶液 5 mL,混合之。若呈红色,则不须再消化,可由温箱取出;

5. 加入 15% 乙酸溶液 45 mL,对 pH 试纸呈酸性;

6. 煮沸 15 min,使胰蛋白酶破坏,冷后,放冰箱内一夜;

7. 次日吸取上层清液,加氯化钠 10 g,并加水补足原量,煮沸;

8. 校正 pH 值 7.0 ~ 7.6(加 15% 氢氧化钠液约 10 mL)加热,用滤纸过滤,分装烧瓶,121 ℃ 高压灭菌 20 min。

注:①此培养基可作为琼脂培养基的基础,不需要加蛋白胨。②胰蛋白酶之配制:称取去脂绞碎的猪胰 500 g,加入乙醇 500 mL,蒸馏水 1 500 mL,混合之,装入玻塞瓶内。每日摇匀三次,三天后,用绒布过滤挤出其汁,加盐酸至 0.05%,放冰箱内保存备用。

三十三、0.1%蛋白胨水稀释剂

(一)成分

蛋白胨	1 g
蒸馏水	1 000 mL

(二)制法

溶解蛋白胨于蒸馏水中,校正 pH 值至 7.0,121 ℃ 高压灭菌 15 min。

附录三　染色液的配制

1. 吕氏(Loeffer)碱性美蓝染液

A 液:美蓝(methylene blue)0.06 g,95% 乙醇 30 mL。

B 液:KOH 0.01 g,蒸馏水 100 mL。

分别配制 A 液和 B 液,配好后混合即可。

2. 齐氏(Ziehl)石炭酸复红染色液

A 液:碱性复红(basic fuchsin)0.3 g,95% 乙醇 10 mL。

B 液:石炭酸 5.0 g,蒸馏水 95 mL。

配制方法:将碱性复红在研钵中研磨后,逐渐加入 95% 乙醇,继续研磨使其溶解,配成 A 液。

将石炭酸溶于水中,配成 B 液。

混合 A 液及 B 液即成。通常可将此混合液稀释 5 ~ 10 倍使用。稀释液易变质失效,一次不宜多配。

3. 革兰氏(Gram)染色液

(1)草酸铵结晶紫染液

A 液:结晶紫(crystal violet)2 g,95% 乙醇 20 mL。

B 液:草酸铵(ammonium oxlate)0.8 g,蒸馏水 80 mL。

混合 A 液及 B 液,静置 48 h 后使用。

(2)卢戈氏(Lugol)碘液

碘片 1 g,碘化钾 2 g,蒸馏水 300 mL。

配制方法:先将碘化钾溶解在少量水中,再将碘片溶解在碘化钾溶液中,待碘全溶后,加足水分即成。

(3)95% 的乙醇溶液

(4)番红复染液

番红(safranine 0)2.5 g,95% 乙醇 100 mL。

取上述配好的番红乙醇溶液 10 mL 与 80 mL 蒸馏水混匀即成。

4. 芽孢染色液

(1)孔雀绿染液

孔雀绿(malachite green)5 g,蒸馏水 100 mL。

(2)番红水溶液

番红 0.5 g,蒸馏水 100 mL。

(3)苯酚品红溶液

碱性品红 11 g,无水乙醇 100 mL。

配制方法:取上述溶液 10 mL 与 100 mL 5% 的苯酚溶液混合,过滤备用。

(4)黑色素(nigrosin)溶液

水溶性黑色素 10 g,蒸馏水 100 mL

配制方法:称取 10 g 黑色素溶于 100 mL 蒸馏水中,置沸水浴中 30 min 后,滤纸过滤两次,补充水到 100 mL,加 0.5 g 甲醛,备用。

5. 荚膜染色液

(1)黑色素水溶液

黑色素 5 g,蒸馏水 100 mL,福尔马林(40% 甲醛)0.5 mL。

配制方法:将黑色素在蒸馏水中煮沸 5 min,然后加入福尔马林作防腐剂。

(2)番红染液

与革兰氏染液中番红复染液相同。

6. 鞭毛染色液

(1)硝酸银鞭毛染色液

A 液:单宁酸 5 g,$FeCl_3$ 1.5 g,蒸馏水 100 mL,福尔马林(15%)2 mL,NaOH(1%) 1 mL。冰箱内可以保存 3～7 d,延长保存期会产生沉淀,但用滤纸除去沉淀后,仍能使用。

B 液:$AgNO_3$ 2 g,蒸馏水 100 mL。

配制方法:待 $AgNO_3$ 溶解后,取出 10 mL 备用,向其余的 90 mL $AgNO_3$ 中滴入 NH_4OH,使之成为很浓厚的悬浮液,再继续滴加 NH_4OH,直到新形成的沉淀又重新刚刚溶解为止。再将备用的 10 mL $AgNO_3$ 慢慢地滴入,则出现薄雾,但轻轻摇动后,薄雾状沉淀又消失,再滴入 $AgNO_3$,直到摇动后仍呈现轻微而稳定的薄雾状沉淀为止。冰箱内保存通常 10 d 内仍可使用。如雾重,则银盐沉淀出,不宜使用。

（2）Leifson 氏鞭毛染色液

A 液：碱性复红 1.2 g,95% 乙醇 100 mL。

B 液：单宁酸 3 g,蒸馏水 100 mL。

C 液：NaCl 1.5 g,蒸馏水 100 mL。

临用前将 A、B、C 液等量混合均匀后使用。三种溶液分别于室温可保存几周,若分别置冰箱保存,可保存数月。混合液装密封瓶内置冰箱几周仍可使用。

（一）天然染料

1. 苏木精

苏木精是从南美的苏木（热带豆科植物）干枝中用乙醚浸制出来的一种色素,是最常用的染料之一。苏木精不能直接染色,必须暴露在通气的地方,使它变成氧化苏木精（又叫苏木素）后才能使用,这叫做"成熟"。苏木精的"成熟"过程需时较长,配置后时间愈久,染色力愈强。被染材料必须经金属盐作媒剂作用后才有着色力。所以在配制苏木精染剂时都要用媒染剂。常用的媒染剂有硫酸铝铵、钾明矾和铁明矾等。

苏木精是淡黄色到锈紫色的结晶体,易溶于酒精,微溶于水和甘油,是染细胞核的优良材料,能把细胞中不同的结构分化出各种不同的颜色。分化时组织所染的颜色因处理的情况而异,用酸性溶液（如盐酸-酒精）分化后呈红色,水洗后仍恢复青蓝色,用碱性溶液（如氨水）分化后呈蓝色,水洗后呈蓝黑色。

2. 洋红

洋红又叫胭脂红或卡红。一种热带产的雌性胭脂虫干燥后,磨成粉末,提取出虫红,再用明矾处理,除去其中杂质,就制成洋红。单纯的洋红不能染色,要经酸性或碱性溶液溶解后才能染色。常用的酸性溶液有冰醋酸或苦味酸,碱性溶液有氨水、硼砂等。

洋红是细胞核的优良染料,染色的标本不易褪色。用作切片或组织块染都适宜,尤其适宜于小型材料的整体染色。用洋红配成的溶液染色后能保持几年。洋红溶液出现浑浊时要过滤后再用。

（二）人工染料

人工染料,即苯胺染料或煤焦油染料,种类很多,应用极广。它的缺点是经日光照射容易褪色,苯胺蓝、亮绿、甲基绿等更易褪色。在制片中注意掌握酸碱度,并避免日光直射,也能经几年不褪色。

1. 酸性品红

酸性品红是酸性染料,呈红色粉末状,能溶于水,略溶于酒精（0.3%）。它是良好的细胞制片染色剂,在动物制片上应用很广,在植物制片上用来染皮层、髓部等薄壁细胞和纤维素壁。它跟甲基绿同染,能显示线粒体。

组织切片在染色前先浸在带酸性的水中,可增强它的染色力。酸性品红容易跟碱起作用,所以染色过度,易在自来水中褪色。

2. 刚果红

刚果红是酸性染料,呈枣红色粉末状,能溶于水和酒精,遇酸呈蓝色。它能作染料,也用作指示剂。它在植物制片中常作为苏木精或其他细胞染料的衬垫剂。它用来染细胞质时,能把胶质或纤维素染成红色。在动物组织制片中用来染神经轴、弹性纤维、胚胎材料等。刚果红可以跟苏木精作二重染色,也可用作类淀粉染色。由于它能溶于水和酒精,所以洗涤和脱水处理要迅速。

3. 甲基蓝

甲基蓝是弱酸性染料,能溶于水和酒精。甲基蓝在动植物的制片技术方面应用极广。它跟伊红合用能染神经细胞,也是细菌制片中不可缺少的染料。它的水溶液是原生动物的活体染色剂。甲基蓝极易氧化,因此用它染色后不能长久保存。

4. 固绿

固绿是酸性染料,能溶于水(溶解度为4%)和酒精(溶解度为9%)。固绿是一种染含有浆质的纤维素细胞组织的染色剂,在染细胞和植物组织上应用极广。它和苏木精、番红并列为植物组织学上三种最常用的染料。

5. 苏丹Ⅲ

苏丹Ⅲ是弱酸性染料,呈红色粉末状,易溶于脂肪和酒精(溶解度为0.15%)。苏丹Ⅲ是脂肪染色剂。

6. 伊红

这类染料种类很多。常用的伊红Y,是酸性染料,呈红色带蓝的小结晶或棕色粉末状,溶于水(15 ℃时溶解度达44%)和酒精(溶于无水酒精的溶解度为2%)。伊红在动物制片中广泛应用,是很好的细胞质染料,常用作苏木精的衬染剂。

7. 碱性品(复)红

碱性品红是碱性染料,呈暗红色粉末或结晶状,能溶于水(溶解度1%)和酒精(溶解度8%)。碱性品红在生物学制片中用途很广,可用来染色胶原纤维、弹性纤维、嗜复红性颗粒和中枢神经组织的核质。在生物学制片中用来染维管束植物的木质化壁,又作为原球藻、轮藻的整体染色。在细菌学制片中,常用来鉴别结核杆菌。在尔根氏反应中用作组织化学试剂,以核查脱氧核糖核酸。

8. 结晶紫

结晶紫是碱性染料,能溶于水(溶解度9%)和酒精(溶解度8.75%)。结晶紫在细胞学、组织学和细菌学等方面应用极广,是一种优良的染色剂。它是细胞核染色常用的,用来显示染色体的中心体,并可染淀粉、纤维蛋白、神经胶质等。凡是用番红和苏木精或其他染料染细胞核不能成功时,用它能得到良好的效果。用番红和结晶紫作染色体的二重染色,染色体染成红色,纺锤丝染成紫色,所以也是一种显示细胞分裂的优良染色剂。用结晶紫染纤毛,效果也很好。用结晶紫染色的切片,缺点是不易长久保存。

9. 龙胆紫

龙胆紫是混合的碱性染料,主要是结晶紫和甲基紫的混合物。在必要时,龙胆紫能跟结晶紫互相替用。医药上用的紫药水,主要成分是甲基紫,需要时能代替龙胆紫和结晶紫。

10. 中性红

中性红是弱碱性染料,呈红色粉末状,能溶于水(溶解度4%)和酒精(溶解度1.8%)。它在碱性溶液中呈现黄色,在强碱性溶液中呈蓝色,而在弱酸性溶液中呈红色,所以能用作指示剂。中性红无毒,常作活体染色的染料,用来染原生动物和显示动植物组织中活细胞的内含物等。陈久的中性红水溶液,用作显示尼尔体的常用染料。

11. 番红

番红是碱性染料,能溶于水和酒精。番红是细胞学和动植物组织学上学生常用的染料,能染细胞核、染色体和植物蛋白质,显示维管束植物木质化、木栓化和角质化的组织,还能染孢子囊。

12. 亚甲蓝或美蓝

亚甲蓝或美蓝是碱性染料,呈蓝色粉末状,能溶于水(溶解度9.5%)和酒精(溶解度6%)。亚甲蓝是动物学和细胞学染色上十分重要的细胞核染料,其优点是染色不会过深。

13. 甲基绿

甲基绿是碱性染料。它是绿色粉末状,能溶于水(溶解度8%)和酒精(溶解度3%)。甲基绿是最有价值的细胞和染色剂,细胞学上常用来染染色质,跟酸性品红一起可作植物木质部的染色。

附录四 常用消毒剂的配制

(一)配制要求

1. 所需药品应准确称量。

2. 配制浓度应符合消毒要求,不得随意加大或减少。

3. 使药品完全溶解,混合均匀。

(二)配制方法

1. 液体消毒剂的配制

公式:高浓度×高浓度体积=低浓度×低浓度体积

例1:需要配制75%的酒精100 mL,问需要95%的酒精多少? 需要加多少水?

$75\% \times 100 = 95\% \times X$;水 $= 100 - X$

例2:现有95%的酒精100 mL,问能配制多少75%的酒精? 需要加多少水?

$75\% \times X = 95\% \times 100$;水 $= X - 100$

2. 固体消毒液的配制:忽略固体的体积,采用粗配

公式:配成 $n\%$ 的某消毒剂,称 n 克固体消毒剂溶入 100 mL 水中。

如:2%的 NaOH:2 kg NaOH 加入 100 L 水中;

0.1%的 K_2MnO_4:1 g K_2MnO_4 加入 1 000 mL 水中;

20%的石灰乳:1 kg 生石灰(CaO)加入 5 kg 水中;

30%的草木灰水:1.5 kg 草木灰加入 5 kg 水中,加热、过滤后使用。

3. 5%来苏儿溶液

取来苏儿5份加入清水95份(最好用50~60 ℃温水配制),混合均匀即成。

4. 20%石灰乳

比例按1 kg 生石灰加5 kg 水,用陶缸或木盆先把等量水缓慢加入石灰内,待石灰变为粉状再加入余下的水,搅匀即成。

5.漂白粉乳剂及澄清液

在漂白粉中加入少量水,充分搅成稀糊状,然后按所需浓度加入全部水(25 ℃左右温水)。

20%漂白粉乳剂:比例按 1 000 mL 水加漂白粉 200 g(含有效氯 25%)的混悬液。

20%漂白粉澄清液:20%漂白粉乳剂静置后上液即为澄清液,使用时稀释成所需浓度。

6.10%福尔马林溶液

福尔马林为 40%甲醛溶液(市售商品)。按 10 mL 福尔马林加 90 mL 水的比例配成(即 4%甲醛溶液),如需其他浓度溶液,同样按比例加入福尔马林及水。

7.粗制苛性钠溶液

如欲配 4%苛性钠溶液,称 40 g 苛性钠,加水 1 000 mL(60~70 ℃)搅匀即成。

附录五　常用消毒剂的使用方法

(一)含氯(溴)消毒剂

含氯(溴)消毒剂是使用最广的消毒剂,常用品种有漂白粉、次氯酸钙(漂粉精)、次氯酸钠、二氯异氰尿酸钠(优氯净)、三氯异氰尿酸、氯化磷酸三钠、二氯海因、二溴海因、溴氯海因等,有粉剂、片剂、液体等多种剂型。

含氯(溴)消毒剂属于高效消毒剂,对细菌繁殖体、真菌、病毒、结核杆菌(分支杆菌)具有较强的杀灭作用,高浓度时能杀灭细菌芽孢,适用于饮用水、餐饮具、果蔬、环境与物体表面等以及污水污物与排泄物分泌物的消毒。

1.使用方法

(1)液体可采用喷雾、浸泡、擦拭等方法消毒。一般预防性消毒与低水平消毒浓度为有效氯(溴)250~500 mg/L,中水平消毒浓度为有效氯(溴)1 000~2 000 mg/L,高水平消毒浓度为有效氯(溴)2 000~4 000 mg/L。如遇血、痰、体液等有机物污染,有效氯含量应提高至 5 000~10 000 mg/L。

(2)干粉可用于铺垫墓葬、地面和排泄物的消毒。排泄物、呕吐物等消毒,有效氯含量应达到 10 000~50 000 mg/L。

(3)用漂白粉配制水溶液时应先加少量水,调成糊状,然后边加水边搅拌成乳液,静置沉淀,取澄清液。

(4)用于饮用水消毒时,剂量约为 5 mg/L。

2.注意事项

(1)保存在密闭容器内,放在阴凉、干燥、通风处。

(2)注意消毒剂对纺织物的漂白作用和对金属的腐蚀作用。

(3)使用液不稳定,应在使用时配制,浸泡消毒时加盖,并注意有效期。

(4)用于果蔬消毒和餐饮具消毒时,在消毒完成后应用清水冲洗。

(5)漂白粉使用前应测定有效氯的含量,依实测含量配制使用消毒液。

（二）过氧乙酸

过氧乙酸为酸性透明液体,属于高效消毒剂,可杀灭各种微生物,包括细菌繁殖体、真菌、病毒、结核杆菌(分支杆菌)和细菌芽孢,温度在 0 ℃以下时,仍可保持活性,适用于餐饮具、果蔬、环境、物体表面等的消毒。

1. 使用方法

(1)采用喷雾、浸泡、擦拭等方法消毒,一般预防性消毒与低水平消毒浓度在 0.1% 以内,中水平消毒浓度为 0.1% ～0.2%,高水平消毒浓度为 0.2% 或以上。

(2)采用熏蒸方法消毒,过氧乙酸浓度 1 ～3 g/m³,加热熏蒸,可用于室内空气、墙壁、地板、设备、家具等消毒。

2. 注意事项

(1)过氧乙酸性质不稳定,极易分解,尤其是遇重金属离子或遇热以及其稀溶液极易分解,因此应于用前配制。配制后的稀溶液应盛于有盖塑料容器中,避免接触金属离子。

(2)高浓度和高温可引起过氧乙酸爆炸,20% 以下浓度一般无爆炸危险。

(3)对多种金属和织物有强烈的腐蚀和漂白作用,使用时应注意。

(4)过氧乙酸消毒后用清水去除过氧乙酸残留。

（三）二氧化氯

二氧化氯有粉剂、片剂、液体等多种剂型,属于高效消毒剂,可杀灭各种微生物,包括细菌繁殖体、真菌、病毒、结核杆菌(分支杆菌)和细菌芽孢,适用于食品加工工具、餐饮具、饮用水、污水、物体表面等消毒。

1. 使用方法:常用方法有浸泡、擦拭、喷雾等,一般低水平消毒剂量为 250 mg/L 以内,中水平消毒剂量为 500 ～1 000 mg/L,高水平消毒剂量为 1 000 mg/L 及以上。用于饮用水消毒时,剂量为 3 ～5 mg/L。

2. 注意事项

(1)必须活化后才具有消毒活性,但活化液和稀释液不稳定,应现配现用。

(2)对金属有腐蚀性,对织物有漂白作用,消毒完成后应及时清洗。

（四）碘伏

碘伏是碘以表面活性剂为载体的不定型结合物,属于中效消毒剂,可杀灭细菌芽孢以外的各种微生物,包括细菌繁殖体、真菌、病毒、结核杆菌(分支杆菌),适用于手、皮肤、黏膜消毒,也可用于物体表面消毒。

1. 使用方法:常用消毒方法有浸泡、擦拭、冲洗等方法

(1)手与皮肤消毒:用含有效碘 3 000 ～5 000 mg/L 的消毒液擦拭 1 min。

(2)黏膜消毒:用有效碘含量为 250 ～500 mg/L 的消毒液冲洗,或用 1 000 ～5 000 mg/L 的消毒液擦拭。

(3)物体表面消毒:用有效碘含量为 1 000 ～5 000 mg/L 的消毒液浸泡或擦拭经清洗、晾干的待消毒物品,作用时间 30 min。

2. 注意事项

(1)稀释液不稳定,应于阴凉处避光、防潮、密封保存,宜在使用前配制。

(2)避免接触银、铝和二价合金,不宜作相应金属制品的消毒。

（3）注意过敏反应,用于敏感者与敏感组织需慎重。

（4）消毒时,若存在有机物,应提高药物浓度或延长消毒时间。

（五）乙醇

乙醇,别名酒精,为无色透明液体,属于中效消毒剂,可杀灭除细菌芽孢以外的各种微生物,包括细菌繁殖体、真菌、病毒、结核杆菌(分支杆菌),适用于手、皮肤消毒,也可用于小面积物体表面与诊疗用品的紧急快速消毒。

1.使用方法:常用消毒方法有浸泡法和擦拭法

（1）手与皮肤消毒:用75%乙醇溶液浸泡或擦拭1 min。

（2）物体表面消毒:用75%乙醇溶液浸泡或擦拭经清洗、晾干的待消毒物品,容器加盖,作用10 min以上。

2.注意事项

（1）乙醇易燃,忌明火。

（2）必须使用医用乙醇,严禁使用工业乙醇消毒和作为原材料配制消毒剂。

（3）易挥发,使用时注意用量,以保证作用时间。

（4）消毒前,尽量将物品表面的有机物清除。

（5）不宜用于被血、脓、粪便等污染的表面消毒。

（六）季胺盐类消毒剂

常用季胺盐类消毒剂产品有苯扎溴铵(新洁尔灭)、苯扎氯铵等,使用液为淡黄色液体,具有芳香味,性质稳定。季胺盐类消毒剂属于低效消毒剂,只能杀灭细菌繁殖体、部分真菌与亲脂病毒;与醇复配的制剂能杀灭真菌、病毒、结核杆菌(分支杆菌)而达到中水平消毒;适用于手、皮肤、黏膜与物体表面消毒。

1.使用方法:常用消毒方法有浸泡、擦拭、冲洗等方法

（1）手与皮肤消毒:用1 000~2 000 mg/L的消毒液擦拭1~5 min。

（2）黏膜消毒:用500~1 000 mg/L的消毒液冲洗,或用2 000 mg/L的消毒液擦拭。

（3）物体表面消毒:用1 000~2 000 mg/L的消毒液浸泡或擦拭经清洗、晾干的待消毒物品,作用时间30 min。

2.注意事项

（1）易被多种物体吸附,有效浓度可随消毒物品数量增多而降低,应及时更换消毒液。如果水的硬度增加,可减弱其杀菌作用。

（2）肥皂、洗衣粉等阴离子对之有拮抗作用,不能混合或前后使用。

（3）有机物对其消毒效果有明显影响。

（七）氯己定

氯己定(洗必泰)是阳离子双缩胍,性质稳定,难溶于水。氯己定属于低效消毒剂,只能杀灭细菌繁殖体、部分真菌与亲脂病毒;与醇复配的制剂能杀灭真菌、病毒、结核杆菌(分支杆菌)而达到中水平消毒;适用于手、皮肤、黏膜消毒。

1.使用方法:常用消毒方法有浸泡、擦拭、冲洗等方法

（1）手与皮肤消毒:用2 000~5 000 mg/L的消毒液擦拭1~5 min。

（2）黏膜消毒:用1 000~2 000 mg/L的消毒液冲洗,或用2 000~5 000 mg/L的消毒液

擦拭。

2. 注意事项

(1)勿与肥皂、洗衣粉等阴性离子表面活性剂混合使用或前后使用。

(2)有机物对氯己定杀菌活性有明显影响。

(八)戊二醛

戊二醛为淡黄色液体,对金属腐蚀性小,酸性条件下稳定,pH 值 9 以上迅速聚合。戊二醛属于高效消毒剂,可杀灭各种微生物,包括细菌繁殖体、真菌、病毒、结核杆菌(分支杆菌)和细菌芽孢,适用于不耐热、不耐腐蚀医疗器械与精密仪器等的消毒与灭菌。

1. 使用方法

(1)灭菌:将清洗、晾干待灭菌的医疗器械及物品浸没于装有戊二醛的容器中,加盖,浸泡 10 h 后无菌取出,用无菌水冲洗干净并无菌擦干后使用。

(2)消毒:将清洗、晾干的待消毒医疗器械及物品浸没于装有戊二醛的容器中,加盖,消毒 30 ~ 60 min 后取出,用无菌水冲洗干净并擦干后使用。

2. 注意事项

(1)戊二醛对手术刀等碳钢制品有腐蚀作用,使用前先加入 0.5% 亚硝酸钠防锈。

(2)使用过程中应加强戊二醛浓度检测,以便及时更换使用消毒液。

(3)温度对戊二醛的杀菌作用有明显影响,20 ℃ 以下杀菌作用显著降低。

(4)pH 值对戊二醛影响较大,在碱性条件下(pH 值 7.5 ~ 8.5)杀菌效果较好。

(5)戊二醛对皮肤黏膜有刺激性,防止溅入眼内或吸入体内,接触戊二醛溶液时应戴橡胶手套。

［1］李松涛.食品微生物学检验［M］.北京:中国计量出版社,2008.

［2］曹卫军,马辉文,张甲耀.微生物工程［M］.2版.北京:科学出版社,2007.

［3］李兰平,贺稚非.食品微生物学实验原理与技术［M］.北京:中国农业出版社,2005.

［4］钱爱东.食品微生物［M］.2版.北京:中国农业出版社,2007.

［5］陈红霞,李翠华.食品微生物学及实验技术［M］.北京:化学工业出版社,2008.

［6］潘春梅,张晓静.微生物技术［M］.北京:化学工业出版社,2010.

［7］李志香,张家国.食品微生物学及其技能训练［M］.北京:中国轻工业出版社,2011.

［8］万萍.食品微生物基础与实验技术［M］.北京:科学出版社,2004.

［9］何国庆,贾英民.食品微生物学［M］.中国农业大学出版社,2002.

［10］郝林,杨宁.发酵食品加工技术［M］.北京:中国社会出版社,2006.

［11］陈玮,董秀芹.微生物学及实验实训技术［M］.北京:化学工业出版社,2010.

［12］陈声东,张立钦.微生物学研究技术［M］.1版.北京:科学出版社,2006.

［13］沈萍.微生物学实验［M］.北京:高等教育出版社,2007.

［14］杨玉红.食品微生物学［M］.武汉:武汉理工大学出版社,2010.

［15］程丽娟.微生物学实验技术［M］.西安:世界地图出版社,2000.

［16］薛泉宏.微生物学［M］.西安:世界地图出版社,2000.

［17］吴金鹏.食品微生物学［M］.北京:农业出版社,2002.

［18］刘娜,等.新型冷杀菌技术对食品品质及营养素的影响［J］.中国食物与营养,2006(10).

［19］夏文水.食品冷杀菌技术研究进展［J］.中国食品卫生杂志,2006,15(6).

［20］邱伟芬,江汉湖.食品超高压杀菌技术及其研究进展［J］.食品科学,2001,22(5).

［21］吴肖,刘通讯.物理杀菌技术［J］.食品工业发酵,2000,26(2).

［22］张铁华,陈琦昌.冷杀菌技术在食品加工保藏中的应用［J］.食品工业科技,1999,20(4).

［23］梅从笑,方远超.新兴的冷杀菌技术在食品工业中的应用研究［J］.江苏食品与发酵,2001,(2).

［24］孙学兵,方胜,陆守道.高压脉冲电场杀菌技术研究进展［J］.食品科学,2001,22(8).

［25］洪坚平.高等农林院校生命科学类系列教材·应用微生物学［M］.北京:中国林业出版社,2005.

［26］李素玉.环境微生物分类与检测技术［M］.北京:化学工业出版社,2005.

［27］赵军.生物学基础［M］.北京:化学工业出版社,2006.

［28］沈萍.微生物学［M］.北京:高等教育出版社,2000.

[29] 薛刚. 微生物学[M]. 长春:吉林人民出版社,2005.

[30] 诸葛健. 微生物学[M]. 北京:科学出版社,2009.

[31] 叶磊. 微生物检测技术[M]. 北京:化学工业出版社,2009.

[32] 浙江农业大学农学系微生物连队. 微生物在农业上的应用[M].1971.

[33] 曲音波. 微生物技术开发原理[M]. 北京:化学工业出版社,2005.

[34] 邱文芳. 环境微生物学技术手册[M]. 北京:学苑出版社,1990.

[35] 湖北省食品工业协会,湖北省食品饲料工业办公室. 食品加工基础知识与技术[M]. 北京:中国轻工业出版社,1987.

[36] 翁连海. 食品微生物基础与应用[M]. 北京:高等教育出版社,2008.

[37] 钱存柔. 微生物学实验教程[M]. 北京:北京大学出版社,1999.

[38] 杨履渭. 微生物学及检验技术[M]. 广东:广东科技出版社,1986.

[39] 胡昭庚. 食用菌制种技术[M]. 北京:农业出版社,1999.

[40] 陈声明. 微生物学研究法[M]. 北京:中国农业出版社,1996.

[41] 李莉. 应用微生物学[M]. 武汉:武汉理工大学出版社,2006.

[42] 汪正清. 医学微生物学实验教程[M]. 西安:第四军医大学出版社,2005.

[43] 覃扬. 医学分子生物学实验教程[M]. 北京:中国协和医科大学出版社,2004.

[44] 李榆梅. 药学微生物实用技术[M]. 北京:中国医药科技出版社2008.

[45] 杜连祥. 微生物学实验技术[M]. 北京:中国轻工业出版社,2005.

[46] 杜连祥. 工业微生物学实验技术[M]. 天津:天津科学技术出版社,1992.

[47] 杨汝德. 现代工业微生物学实验技术[M]. 北京:科学出版社,2009.

[48] 刘荣臻. 微生物学检验[M]. 北京:高等教育出版社,2007.

[49] 王贺祥. 农业微生物学[M]. 北京:中国农业大学出版社,2003.

[50] 杨汝德. 现代工业微生物学[M]. 广州:华南理工大学出版社,2001.

[51] 秦春娥. 微生物及其应用[M]. 武汉:湖北科学技术出版社,2008.

[52] 诸葛健. 微生物遗传育种学[M]. 北京:化学工业出版社,2009.

[53] 汪天虹. 微生物分子育种原理与技术[M]. 北京:化学工业出版社,2005.

[54] 江汉湖. 食品微生物学[M]. 北京:中国农业出版社,2008.

[55] 刘慧. 现代食品微生物学实验技术[M]. 北京:中国轻工出版社,2006.

[56] 孙勇民,张新红. 微生物技术及应用[M]. 武汉:华中科技大学出版社,2012.

[57] 郝涤非. 微生物实验实训[M]. 武汉:华中科技大学出版社,2012.

[58] 徐晓波,蒋冬花,李杰.5株生物合成GABA酵母菌株的分离、筛选和鉴定[J].2009,29:55-59.